改訂版
情報セキュリティ概論

著者
瀬戸洋一・佐藤尚宜・越前 功・中田亮太郎・
織茂昌之・長谷川久美・渡辺慎太郎・小檜山智久・村上康二郎

日本工業出版

まえがき

　本書は、2007年に発行した情報セキュリティ概論の改訂版です。本書が発行された2007年のまえがきには、「2003年に発行した「ユビキタス時代の情報セキュリティ技術」の改訂版です。2003年当時は、社会がブロードバンド時代に突入し、一般家庭でもインターネットの常時接続が可能となり、特に、携帯電話をはじめとするモバイル環境が充実し、ユビキタスセキュリティの重要性が高まった時期でもありました。4年たち、ユビキタスセキュリティの重要性はさらに高まりましたが、現実的な形で、政府、企業におけるITガバナンスの観点からの情報セキュリティに関心が高まっています。」という記述がありました。

　本書は、最初の書籍が2003年に発行され、2007年に改訂版が発行されました。2003年は、広帯域のインターネットが本格的に広まり、大容量のマルチメディア情報がネットワークで共有され、また、共通鍵暗号AESが国際標準化され、またNimdaなどのコンピュータウイルスの問題大きく取り上げられ、一般社会にも情報セキュリティの重要性が認識されました。IoT（Internet of Things）という言葉はまだ一般的でなく、ユビキタスという言葉が使われていました。2007年以降、SNSなどのネットワークサービスが広まり、情報は個人が発信するようになりました。広く電子商取引が進展しました。例えばAmazonによる個人消費は格段に拡大しました。

　その後2010年にはスタックスネットの問題が発生し、国家的テロの問題の発生、広くネットワークで利用されているSHA-1やSSLに脆弱性が発見されるなど問題が発生した。また、スマートホンなどの携帯端末を利用したネットワークサービスへの利用が広まり、個人認証の強化が必要となりました。今回これに伴う改訂を行いました。また、情報セキュリティの対策は企業や個人が対応するものでなく、サイバーセキュリティ基本法（2014年施行）により国の責任で対応することを明確にしました。

　サイバーセキュリティ基本法は、
- 基本理念を定め
- 国及び地方公共団体の責務等を明らかにし
- 並びにサイバーセキュリティ戦略の策定その他サイバーセキュリティに関する施策の基本となる事項を定める

とあります。具体的に実施するのがサイバーセキュリティ戦略本部、内閣府サイバーセキュリティセンターであり、ここが中心となって国の施策を実行しています。「政府機関の情報セキュリティ対策のための統一基準」も制定されました。

2010年以降は、特に組織的犯罪が多くなり、標的型攻撃により、個人情報や組織の重要情報の窃取や、社会の重要インフラ、例えば、電力、交通などへのサイバー攻撃の問題が大きな問題となり、産業サイバーセキュリティセンターなどが設置されました。

　今回の改訂は、上記を考慮し、
(1) 情報セキュリティの知識体系を維持し、網羅的に技術を紹介
(2) 技術内容を最新に改訂
(3) 大学（高専専攻科）、大学院、企業技術者が利用できるように難度の構成に配慮しました。

　特にサイバー攻撃と防御と個人情報保護に関する章は大幅に改訂しました。サイバー攻撃と防御はHow to的であり、事例紹介になりがちでありますが、NIST（アメリカ国立標準技術研究所）のサイバーセキュリティフレームワークモデルにより、体系的な技術を取り入れました。また、個人情報、プライバシーは、社会制度、法律、国際標準の理解など必要であり、技術だけでなく、コンプライアンスも効率的に理解できるように記述しました。

　IoTセキュリティおよび法律と倫理に関し新たな章として設けました。この章は企業の一線の技術者および大学の法律の専門家に執筆を依頼しました。

　本書は、日本ネットワークセキュリティ協会が開発したSecBok（セキュリティ知識分野）に完全に準拠はしていませんが、参考にして構成しました。

　本書は、デジタル社会の基礎技術である暗号技術の基礎およびデジタル署名やPKIなどの応用、プロトコルやハード実装を扱うセキュア実装、バイオメトリクスや情報ハイディングなど画像セキュリティ、ネットワークセキュリティに関するサイバー攻撃と防御、リスクマネジメントやセキュア設計論などを扱うセキュリティ評価、個人情報保護、IoTセキュリティ、法律と倫理などから構成されています。

　情報セキュリティの技術体系は、理論から実践、基礎から応用と非常に幅広いですが、大学生や大学院生は、セキュリティ技術の体系を学ぶため、最初から順次学習することを勧めます。大学院生は教科書プラス最新の技術情報（IPA（情報処理推進機構）などから公開された資料）を合わせて学習すると高度な知識が習得できます。企業の技術者は、必要な箇所は参考文献を合わせ学習することを勧めます。

　本書をまとめる上で、共同執筆者の尽力に感謝します。日本工業出版㈱の井口敏男氏にお世話になりました。このほかにもあえてお名前を挙げませんが、多くの方々にお世話になりました。感謝いたします。

2019年1月　執筆者代表　瀬戸洋一

目 次

まえがき

第1章 情報セキュリティの概要 …………………………………………… 1
  1.1 情報セキュリティとは ………………………………………………2
  1.2 情報セキュリティの状況 ……………………………………………3
  1.3 セキュリティ対策 ……………………………………………………5
  1.4 法の整備 ………………………………………………………………9
  1.5 情報セキュリティ技術の学び方 ……………………………………13

第2章 暗号技術 －共通鍵暗号－ ………………………………………… 17
  2.1 暗号とは ………………………………………………………………18
  2.2 ブロック暗号 …………………………………………………………20
  2.3 ストリーム暗号 ………………………………………………………24
  2.4 ハッシュ関数 …………………………………………………………25
  2.5 共通鍵暗号の解読と安全性 …………………………………………30
  2.6 暗号標準化動向 ………………………………………………………32

第3章 暗号技術 －公開鍵暗号－ ………………………………………… 39
  3.1 公開鍵暗号の構造 ……………………………………………………40
  3.2 公開鍵暗号の実現 ……………………………………………………43
  3.3 RSA暗号 ………………………………………………………………46
  3.4 デジタル署名と認証 …………………………………………………48
  3.5 公開鍵暗号の安全性 …………………………………………………52

第4章 デジタル署名とPKI ………………………………………………… 59
  4.1 認証とは ………………………………………………………………60
  4.2 公開鍵暗号基盤 ………………………………………………………62
  4.3 信頼モデル ……………………………………………………………68
  4.4 PKIの応用分野 ………………………………………………………72

目次

第5章　セキュア実装　77
- 5.1　セキュアプロトコル　78
- 5.2　ハードウエア実装　95

第6章　情報ハイディング技術　107
- 6.1　情報ハイディングとは　108
- 6.2　電子透かし　109
- 6.3　ステガノグラフィ　120
- 6.4　情報ハイディングの今後　126

第7章　バイオメトリクス　129
- 7.1　バイオメトリクスとは　130
- 7.2　いろいろなバイオメトリクス　135
- 7.3　バイオメトリック認証モデル　144
- 7.4　バイオメトリック認証の誤差　152
- 7.5　バイオメトリック技術の標準化の動向　154
- 7.6　新しい機能　159
- 7.7　IoT・AI・ビッグデータ　163
- 7.8　FIDOによる新しい認証アーキテクチャ　166

第8章　サイバーセキュリティ技術　171
- 8.1　サイバーセキュリティの概要　172
- 8.2　サイバー攻撃とは　174
- 8.3　攻撃と防御の考え方　176
- 8.4　攻撃と防御の技術　179
- 8.5　法と政策　200
- 8.6　最新の技術動向　202

第9章　情報セキュリティマネジメントシステム（ISMS）および情報セキュリティ監査　209
- 9.1　情報セキュリティマネジメントシステム（ISMS）とは　210
- 9.2　情報セキュリティポリシー　215
- 9.3　情報セキュリティリスクマネジメント　218
- 9.4　情報セキュリティ監査　225

9.5 ISMS に関連する標準規格 …… 231
9.6 ISMS に関連する国内制度 …… 236

第 10 章 CC（ISO/IEC 15408）と情報システムセキュリティ対策の設計・実装 …… 241
10.1 情報システムセキュリティ対策への要件と CC …… 243
10.2 CC の概要 …… 245
10.3 情報システムのセキュリティ基本設計 …… 249
10.4 情報システムのセキュリティ実装における要件 …… 258
10.5 CC 策定の歴史と国内制度 …… 262
10.6 暗号モジュール試験及び認証制度 …… 265

第 11 章 個人情報保護技術 …… 269
11.1 個人情報とプライバシー …… 270
11.2 国内の個人情報保護の動向 …… 272
11.3 各国、国際機関における個人情報保護の動向 …… 275
11.4 プライバシー影響評価 …… 283
11.5 プライバシー強化技術 …… 288

第 12 章 デジタルフォレンジック技法 …… 295
12.1 デジタルフォレンジック技法の概要 …… 296
12.2 インテリジェント対応におけるフォレンジック技法の利用 …… 299
12.3 デジタル証拠の収集 …… 304
12.4 デジタル証拠の分析 …… 307
12.5 フォレンジック技法の応用 …… 312

第 13 章 IoT セキュリティ …… 319
13.1 IoT とはなにか …… 320
13.2 IoT の利用分野 …… 321
13.3 各国の取り組み …… 323
13.4 IoT アーキテクチャ …… 324
13.5 IoT セキュリティの課題 …… 328
13.6 インターネットに接続された機器への外部からのアクセス状況 …… 332
13.7 IoT システムに関わるセキュリティインシデント事例 …… 333

  13.8 IoT 関連のガイドライン……………………………………… 337
  13.9 IoT 関連セキュリティ対策 ………………………………… 338
  13.10 具体的なセキュリティ対策のポイント …………………… 344

第 14 章 法と倫理 …………………………………………………… 349
  14.1 情報セキュリティと法 ……………………………………… 350
  14.2 情報セキュリティと倫理 …………………………………… 357

演習問題の解答例………………………………………………………… 365

索引………………………………………………………………………… 397

筆者紹介…………………………………………………………………… 414

第1章
情報セキュリティの概要

1. 情報セキュリティの概要

1.1 情報セキュリティとは

　情報セキュリティ (information security) とは、「偶発、故意にかかわらず、不正あるいは好ましくない破壊、改ざん、漏えい、あるいは、情報および情報資産の使用を防止し、そこから復旧すること」である。具体的には、役所や企業などの組織あるいは個人が所有する情報資産を、危害や損傷を受けないように保護し、不測の事態が発生したときは速やかに正常な状態に回復することを意味する。

　情報セキュリティで保護される情報資産には、コンピュータや通信装置などの物理的資産、業務用ソフトウェアやシステムソフトウェアなどのソフトウェア資産、データベースやファイルなどの電子化された情報、マニュアルや契約書などの紙媒体の情報、人が保有する知識や技術、組織の評判やイメージなどが含まれる[1]~[4]。

　「情報システムに依存する者を機密性 (Confidentiality)、完全性 (Integrity)、可用性 (Availability) の欠如に起因する危害から保護すること」とも定義されることもある[5]。情報セキュリティの主要な特性には、機密性、完全性、可用性の三つがある。これらの三つの要素のことを、アルファベットの頭文字を取って「情報セキュリティのC.I.A.」と呼ぶこともある。さらに、機密性、完全性、可用性に、真正性 (Authenticity)、責任追跡性 (Accountability)、否認防止 (Non-repudiation) および信頼性 (Reliability) のような特性を維持することを含めることもある。

　JIS Q 27001:2006では、以下のように定義される[6]。

(1) 機密性

　機密性 (confidentiality) とは、認可されていない個人、エンティティ又はプロセスに対して、情報を使用不可又は非公開にする特性である。エンティティとは、情報システムにアクセスする人、ほかの情報システム、装置などの総称のことである。アクセスを認められた者だけが、決められた範囲内で情報資産にアクセスできる状態を確保することである。

(2) 完全性

　完全性 (integrity) とは、資産の正確さ及び完全さを保護する特性である。情報資産の内容が正しく、矛盾がないように保持されていることである。完全性には、情報そのものが正しいことと、情報処理の方法が正しいことの二つを満たすことが要求される。

(3) 可用性

可用性（availability）とは、認可されたエンティティが要求したときに、アクセス及び使用が可能である特性である。アクセスを認められた者が、必要なときにはいつでも、中断することなく、情報資産にアクセスできる状態を確保すること、つまり、使用可能性を意味する。

(4) 真正性

真正性（authenticity）とは、ある主体または資源が、主張どおりであることを確実にする特性である。真正性は、利用者、プロセス、システム、情報などのエンティティに対して適用することである。例えば、利用者が本人であると主張したとき、その利用者が主張する身元の正しさを検証する手段を備えており、確実に本人だけを認証できることを意味する。

(5) 責任追跡性

責任追跡性（accountability）とは、あるエンティティの動作が、その動作から動作主のエンティティまで一意に追跡できることを確実にする特性である。例えば、情報システムやネットワーク、データベースなどのログを体系的に取得しておき、どの利用者が、いつ、どの情報資産に、どのような操作を行ったかを追跡できるようにすることである。

(6) 否認防止

否認防止（non-repudiation）とは、ある活動又は事象が起きたことを、後になって否認されないように証明する能力のことである。例えば、PKIを利用したディジタル署名やタイムスタンプを付与することによって、文書作成者が、その文書を作成した事実を後から否認できないようにすることである。

(7) 信頼性

信頼性（reliability）とは、意図した動作及び結果に一致する特性である。例えば、ある条件下で情報システムを稼働させたとき、故障や矛盾の発生が少なく、指定された達成水準を満たしていることである。

1.2 情報セキュリティの状況

情報セキュリティが社会に問題になったのは、PCがビジネスなどで利用される1980年代からである。表1.1に示すように、特にインタネット利用が立ち上がった1990年代に顕著になった[2][6][8]。

第1章　情報セキュリティの概要

表1.1　ITにおける脅威の変遷

年代	脅威	事象	状況分析
1980〜1990年	・フロッピー感染型ウイルス ・パスワード解読ツールの普及	・愉快犯的・限定的な感染被害 ・特定サイトに対する侵入	第1期 ・パソコンの普及 ・愉快犯の能力誇示 ・限定的被害
1990〜2000年	・電子メール添付型ウイルス ・ネット上での攻撃ツールの入手容易化など	・インターネットを介した広域感染 ・ホームページ書き換え・DOS攻撃	第2期 ・インターネットの普及 ・被害の大規模化 ・攻撃側の情報共有の進展
2003年頃	・ぜい弱性を悪用したウイルス・ワーム	・インターネットの普及と相まった　被害の深刻化	第3期 ・ソフトウエアのぜい弱性問題の顕在化 ・ウイルス・ワームの機能高度化
2005年頃	・スパイウエア ・フィッシング ・ボット ・ランサムウエア	・経済的な利益を得ることを目的とした情報詐欺など ・組織化・分業化、複合的な手法を用いた攻撃	第4期 ・経済的動機（なりすまし・詐欺） ・攻撃側の組織化・分業化の進展 ・手口の高度化・複合化
2010年〜	・Stuxnet（スタクスネット） ・標的型攻撃	・IoTおよび社会インフラなどを攻撃しその国の基幹系システムを動作不良にするテロ行為	第5期 国家が関与する「サイバー戦争」の段階に入った

(1) 第1期（1980年〜1990年）：パソコンの普及に伴い、コンピュータに興味がある個人(愉快犯)の能力が主であり、フロッピーディスクを介した感染であり、被害も限定的であった。

(2) 第2期（1990年〜2000年）：インターネットの普及に伴い、感染のスピードと被　害の広域化が問題となった。また、攻撃側の情報共有の進展し亜種が出現した。代表的なマルウエアにNimda（ニムダ）がある。2001年9月に識別されたワームの一種で、ファイルに感染するコンピュータウイルスでもある。素早く拡散し、Code Red と同様の経済的損害を発生させた。複数の拡散方法を持っているため、Nimda はわずか22分でインターネット上で最も広く拡散したウィルス/ワームとなった。

(3) 第3期（2003年頃）：市販のソフトウエアのぜい弱性を悪用した問題のウイルス・ワームであり、機能が高度化した。高い技術レベルの技術者が開発に関与した。

(4) 第4期（2005年頃）：経済的な利益を得ることを目的にした情報詐欺など組織化・分業化している。裏社会が関与してきた。複合的な手法を用いた攻撃や攻撃側の組織化・分業化の進展し、手口の高度化・複合化した。スパイウエア、フィッシング、ボット、ランサムウエアが出現した。

(5) 第5期（2010年以降）：2010年以降は、さらに攻撃が高度化した。例えば、制御システムの脆弱性を悪用した攻撃や、不注意や運用不備による情報漏

えいが発生した。特に2015年以降は、ランサムウェアによる広域な被害やビジネスメール詐欺、仮想通貨取引所への不正アクセス等、事業に甚大な影響を与えかねない攻撃があった。国家が関与するテロなどが発生した。

2017年には、更に、IoT (Internet of Things) 機器などへ、Miraiと呼ばれるマルウエアが発生し、大きな問題になった。また、ランサムウェアWannaCryが世界規模で猛威を振るい、医療や交通サービス等に大きな影響を及ぼした。自己増殖機能によりネットワークを経由して感染が拡大した。金銭目的の攻撃については、取引先や経営者等をかたり、従業員を騙して資金を詐取するビジネスメール詐欺の被害が深刻化した。国内被害額が3億円を超える事例が発生した[6]〜[8]。

2018年1月には、国内の仮想通貨取引所が不正アクセスを受け、約580億円相当の仮想通貨が不正流出した。脆弱な機器による不正マイニングが急増している。2018年3月には、政府関連組織から個人情報を委託されていた業者が無断で海外の業者に再委託していたことが発覚した。

不正アクセス、マルウエアについては、8章で詳述する。

1.3 セキュリティ対策

標的型攻撃に対しては、そのリスクを低減するには多層防御の考え方が有効であり、また、侵入されることを前提として、入口対策と出口対策を組み合わせた多層防御によって情報を流出させないことが重要である[9]。

(1) 多層防御(多重防御)

サイバー攻撃対策として、組織のネットワークと外界であるインターネットを隔てる「境界 (perimeter)」の対策が必要である。最初の攻撃面となる「境界」部分の対策として、ファイアウォール、IPS/IDS、アプリケーション・フィルタ、コンテンツ・フィルタ、ウイルス対策ゲートウェイなどが考えられる。しかし、境界領域の対策だけでは、標的型攻撃の被害を防ぐことはできない。

標的型攻撃は、海外ではAPT (Advanced Persistent Threat：高度で持続的な脅威)とも呼ばれている。標的型攻撃とは、政府機関において機微な業務・情報を扱う特定の組織に対し、攻撃手段として電子メールに添付した不正プログラム等によって職員の端末に侵入を図るなど、組織的・持続的な意図をもって行われる外部からの情報窃取・破壊等の攻撃をいう。

図1.1に示すように、警察庁の発表によれば、平成27年に確認された標的型メール攻撃は、増加傾向にあえり3,828件である[10]。

第 1 章　情報セキュリティの概要

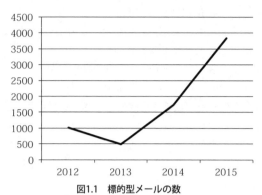

図1.1　標的型メールの数
出典：警察庁　平成27年におけるサイバー空間をめぐる脅威の情勢について

　図1.2に示すように、米国国立標準技術研究所 (NIST) の発行するNIST SP 800-61では、セキュリティ対策を考える四つのフェーズとして、「Preparation（準備）」「Detection and Analysis（検知・分析）」「Containment, Eradication, and Recovery（根絶・復旧・封じ込め）」「Post-Incident Activity（事件発生後の対応）」があるとしている[11]。この四つのフェーズの中で、「Preparation（準備）」では主にインシデントを取り扱うための準備や、インシデント発生の防止を行うフェーズである。防止策としてネットワークセキュリティ、ホストセキュリティ、そしてマルウェア対策なども含まれる。これらのセキュリティ対策ツールを導入しても、セキュリティ全体で見れば1/4もカバーできておらず、残りの3/4は対策が行き届いていないことになる。

図1.2　インシデント対応のライフサイクル

　図1.3に示す多層防御の考え方によって、マルウェアに感染しても情報が外へ出ない仕組み（封じ込め）や、情報流出の有無の証拠を保全する仕組み（事件発生後）といった、残り3/4のフェーズの重要性が再認識されている[12]。

第1章　情報セキュリティの概要

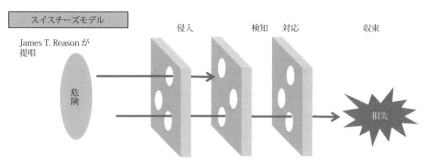

参考：ジェームズ・リーズン『組織事故』（塩見・佐相・高野訳、1999）
図1.3　多層防御のイメージ

　標的型攻撃では従来型攻撃とは異なり、まず、攻撃対象を決定する。弱点や入手できる情報を調査し、確実に攻撃を成功させるための手段を準備した上で攻撃する。ターゲットの組織内で利用しているアンチウィルスソフトが判明すれば、そのソフトウェアでは検知されないマルウェアを送り込む。また、社員の個人情報を入手できれば、SNSから取引先の情報を入手し、攻撃の精度を高める。

　実際に多層防御を構築する際、どのような防御層を設置するかについては、表1.2に示すように入口、内部、出口といった大きく分けて三つの段階に応じた対策を考えていくのが一般的である。

表1.2　対策の例

	多層防御の例
入口対策	ファイアウォール、ウイルス対策、IDS/IPSなど
内部対策	エンドポイントの対策、ログ管理、重要サーバーの隔離など
出口対策	持ち出しの制御、データの暗号化など

　進化するサイバー攻撃に対しては、「侵入が起きること」を前提に防御方法を考えて、攻撃に対応する時間を稼ぎ、最終的に攻撃者の目標達成を阻むという発想が、多層防御を構築する上では重要である。

(2) 入口対策出口対策

入口対策の役割は、攻撃を検知し駆除する、非正規の端末（人）を接続（入室）させないなどがある。一方、出口対策の役割は、情報を外部に流出させない。また、自社の設備を踏み台にさせない、流出してしまった場合でも、追跡を可能にすることにある[13][14]。

表1.3に示すように、入口対策と同時に出口対策を講じることで、入口を突破されても機密情報の外部送信や不正プログラムのダウンロードといった外部攻撃者との通信を出口で遮断し、被害を防ぐことができる。

入口対策としては、従来からの一般的セキュリティ対策であり、ファイアウォールや不正侵入検知システム（Intrusion Detection System）、不正侵入防止システム（Intrusion Prevention System）の導入など、多くの対策が講じられ、多くの企業は比較的高いセキュリティレベルにある。これに対し、出口対策は十分な対策が講じられていない[15]。

表1.3　入口対策および出口対策の役割

	入口対策	出口対策
役割	・攻撃・ウィルスを検知し駆除する ・非正規の端末（人）を接続（入室）させない	・攻撃を許してしまった際に情報を外に流出させない ・自社の設備を踏み台にさせない ・いつ？どこで？誰が？何が？どれだけ？を追跡可能する
対策	・FW、IPS等で攻撃を止める ・アンチウィルスゲートウェイでウィルス・ワームを止める ・パッチを迅速にあてる ・正規の利用者・機器のみ接続を許可する ・必要最低限のアクセス権を付与する	・サンドボックス型の標的型攻撃対策ソリューションを導入する ・FW、IPS、Proxy、各種GWで外部への通信を制限する ・操作ログを保存する ・通信データをパケットレベルで保全する

出口対策は、端末に感染したマルウェアと外部のC&Cサーバー＊との通信を防ぐことを目的として通信を監視したり、制御する対策である。例として、外向きの通信はすべてプロキシサーバーを経由させ、ファイアウォールでは外向きの通信をプロキシサーバー経由のものだけ許可するなどの方法がある。ただし、ファイアウォールやプロキシサーバーで許可されることが多いHTTPや

＊ C&Cサーバーとは、サイバー犯罪に関する用語で、マルウェアに感染してボットと化したコンピュータ群（ボットネット）に指令（command）を送り、制御（control）の中心となるサーバーのことである。

DNSなどを利用するマルウェアは素通りしてしまう場合もある。重要なサーバーと通常オフィス環境、オフィスの部門間のネットワークを分離しておき、被害を受けにくい環境も作っておくことも有効である。

米国国立標準技術研究所（NIST）の発行するNIST SP 800-61では、セキュリティ対策を考える四つのフェーズとして、Preparation（準備）、Detection and Analysis（検知・分析）、Containment, Eradication, and Recovery（根絶・復旧・封じ込め）、Post-Incident Activity（事件発生後の対応）がある[11]。

出口対策は四つのフェーズのうち「検知」や「封じ込め」をカバーするものが中心である。侵入したことに気付ければ本命の情報にたどり着くまでに対策を講じることができる。万が一、情報が外部に送信されても、データがC&Cサーバーにたどり着く前にブロックできれば標的型攻撃の目的を阻害し、「情報を流出させない」ことができる。

1.4　法の整備

2007年発行の書籍の後、デジタル社会がさらに進展し、データの利用や新たな脅威に対処するために、いくつかの法整備、国際標準化が行われた。標準化に関しては、関係する章で、法律と倫理は14章に詳述する。

情報セキュリティ対策には、管理的対策（組織的、人的、物理的対策）と技術的対策をバランスよく導入することが必要である。また、情報や情報システムの取扱いに関しては、関連する法令で規定されている場合があるため、情報セキュリティ対策を実施する際には、関連法令等を遵守する必要がある。

例えば、ITの進展に伴って、刑法が改正され、不正アクセス禁止法などのサイバー犯罪を取り締まるための法律、電子署名認証法、e-文書法などの円滑な電子商取引を支援する法律、プライバシー保護や個人情報を扱う事業者規制のための法律、迷惑メールを規制する法律、著作権保護のための法律など、様々な法律が制定された[16]～[19]。

代表的な法律を以下に簡単に紹介する。

1.4.1　サイバーセキュリティ基本法

サイバーセキュリティ基本法、2014年11月6日に成立した。この法律は、基本理念に始まり、戦略、基本的施策など全4章と附則で構成されている。サイバーセキュリティの定義を「電子情報について安全性や信頼性が確保され、それが維持されていること」とし、行政面の果たすべき責務、電力やガスなどインフラ事業者の果たすべき責務、IT関連事業者や一般事業者の果たすべき責務を定めている[20]。

教育機関の責務として、サイバーセキュリティに関する研究の促進と担い手である人材の育成に力を入れること、同時に国民の努力としてサイバーセキュリティの理解を深めることを求めている。また、サイバーセキュリティに対する戦略を定め、内閣官房長官を本部長とするサイバーセキュリティ戦略本部を設置することを明言している[21]。つまり、従来のセキュリティ対策は、企業や個人に委ねられていたが、サイバー攻撃が社会インフラなどに対するサイバーテロの様相になり、国としての対応が必須となった。

1.4.2　改正個人情報保護法

2017年平年5月30日から、改正個人情報保護法が施行された。個人情報保護法が施行された2005年から10年以上が経過し、デジタル社会を取り巻く環境は大きく変化している。特に情報通信技術は目覚ましく成長しており、世界中であらゆるデータが行き来するようになった。インターネットやテレビなどを通した消費者の購買行動などの情報が、ビッグデータとしてビジネスで活用され始めている。このような背景を受け、ビッグデータを活用した新しいサービスや社会問題の解決を後押しし、同時に消費者を個人情報漏えいのリスクから守るために、個人情報保護法が改正された[16][17]。

改正個人情報保護法には、二つの目的がある。「本人の個人情報に対する権利と利益の保護」と「個人情報を活用する有効性の維持」である。

二つのバランスを図るため、個人情報を取り扱う事業者が個人情報に対する全ての行為について守るべき義務と、行政の監視権限を定めている。

(1)　個人識別符号

以下のような情報が該当する。

- 身体の一部の特徴を電子計算機のために変換した符号、DNA・顔・虹彩・声紋・歩行の動き・手指の静脈・指紋・掌紋
- サービス利用や書類において対象者ごとに割り振られる符号
- 旅券番号・基礎年金番号・免許証番号・住民票コード・マイナンバー・各種保険証などの公的な番号

(2)　すべての事業者へ適用

改正法では、小さい規模（5,000人以下の個人情報を扱う事業者）でも、個人情報保護法が適用される。

(3)　個人情報の活用

個人情報の利用目的を変更する場合の要件が緩和された。本人の同意を得れば、新しい目的に利用できる。規律にのっとり特定の個人を判別できないよう情報に加工を加えれば、「匿名加工情報」として個人情報の対象から外れ、本人

の同意がなくとも別の目的に利用できる。
　(4)　個人情報の流通
　オプトアウト手続きの厳格化された。オプトアウト手続きとは、あらかじめ本人に通知し拒否されない限り、「要配慮個人情報」を除いた個人情報を第3者に提供する場合、本人の同意を得る必要がなくなる手続きのこと。
　「要配慮個人情報」とは、以下の個人情報を指す。
・人種、信条、社会的身分・病歴、犯罪歴、犯罪被害歴
・その他本人に不当な差別や偏見などの不利益が生じないよう、取り扱いに配慮を要するもの
　(5)　トレーサビリティ（追跡可能性）の確保
　個人情報を第3者に提供した場合、その提供者の氏名などの記録を一定期間保存しておくことが義務付けられた。また提供を受けた側も、提供者の記録を保存する必要がある。
　(6)　個人情報保護のグローバル化
　日本に住んでいる方の個人情報を取得した外国の事業者にも個人応報保護法が適用される。また、「個人情報保護委員会の規則に則って体制を整備した場合」「個人情報保護委員会が認めた国の場合」「本人の同意を得た場合」、個人情報を外国の第3者に提供することも可能である。

1.4.3　EU一般データ保護規則

　2018年5月25日EU一般データ保護規則（GDPR：General Data Protection Regulation）が施行された。GDPRは企業や組織がEU域外への個人データの移転を行うことを原則禁止し、違反した場合、多額の制裁金が科せられる大変厳しい規制である[23]。
　GDPRは、1995年から適用されていたEUデータ保護指令に代わり、EU市民のデータプライバシーの保護・強化を目的に施行された新たな規制である。
　個人情報の範囲が広がるうえ、個人がデータの消去を要求できる「消去の権利（忘れられる権利）」では、データベース本体やバックアップファイル含めすべて消去しなければならないことや、EU域外へのデータの移転が原則禁止されるなど、現在のデジタルに依存したビジネスへの影響も大きく、EUに拠点がない日本企業も対象になる可能性があることから各企業で影響範囲の特定や具体的な対応に迫られている。

1.4.4　政策

　2017年度は国内外で政府・組織が新しい制度に基づく施策を展開するとともに、次の施策の準備を開始した年となった。

第1章　情報セキュリティの概要

　国内では、2017年4月に「重要インフラの情報セキュリティ対策に係る第4次行動計画」が決定し、「サイバーセキュリティ戦略」に基づく施策の実現、2020年東京オリンピック・パラリンピック競技大会に向けたリスク評価が始まった。また、人材育成においても、産業サイバーセキュリティセンターが発足し、社会インフラや産業基盤のサイバー攻撃に対する防御力を強化するための人材育成を開始した。情報処理安全確保支援士登録者数は、2018年4月1日時点で9,181名となった。更に、IPAでは中小企業が自らのセキュリティへの取り組みを宣言する制度「SECURITY ACTION」を創設した。
　2017年10月に経済産業省が「『Connected Industries』東京イニシアティブ2017」、総務省が「IoT セキュリティ総合対策」を公表し、12月には産業サイバーセキュリティ研究会が発足して対策を推進した。また、11月には「サイバーセキュリティ経営ガイドライン」が改訂され、サイバー攻撃の検知、攻撃からの復旧への備え及びサプライチェーン対策等の取り組み等を強化した。
　人材の育成・確保に関しては、以下の通りである。
　国や民間企業、大学が、業務効率化を主な目的とした企業の持つ基幹系システムや情報系システムをサイバー攻撃から防御するためのサイバーセキュリティ技術を持つ専門人材を中心に育成に取り組んできた。サイバー攻撃の脅威が高まっている中、2020年東京オリンピック・パラリンピック競技大会を見据え、サイバーセキュリティ技術の専門人材の確保は引き続き重要な課題となっている。
　「サイバーセキュリティ人材育成プログラム」等を踏まえ、NISC はサイバーセキュリティと経営の問題等を含むサイバーセキュリティ人材育成に関する方向性について議論を行い、検討結果を報告書（案）として取りまとめた。また、関係省庁・独立行政法人は、以下のような事業を行った。
－ 突出した能力を有しグローバルに活躍できる人材の発掘・育成・確保を目指した「セキュリティ・キャンプ事業」
－ 人材が将来にわたって活躍し続けるための環境整備のための情報処理安全確保支援士制度の普及事業
－「ナショナルサイバートレーニングセンター」での若年層のICT 人材を対象とした「若手セキュリティイノベーター育成事業『SecHack365』」
－ 国の行政機関、地方公共団体、重要インフラ等を対象とする実践的なサイバー防御演習「CYDER（CYber Defense Exercise with Recurrence）」
　政策の詳細は、総務省、経済産業省のサイトを参照[24][25]。

1.5　情報セキュリティ技術の学び方

図1.4に示すように、情報セキュリティを学ぶということは、基礎から応用、理論から実践と幅広い、実践的な知識が必要である。

暗号技術だけでは安全性を確保することは難しく、安全な応用を実現するために暗号の手順や鍵の管理などプロトコル、あるいは外部から簡単に処理をいじくれなくするハードウエア実装などが必要である。

また、脅威や脆弱性の発生源は人であることが多く、技術的な対応だけでなく、人や組織の管理的な対応なども必要である。

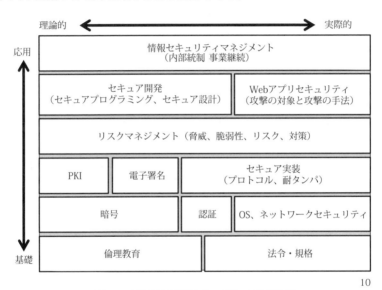

図1.4　本書で扱う情報セキュリティの技術体系

バイオメトリクス技術の専門家として、モバイル端末の認証を強化するにしても、暗号との連携は必要であり、対象システムの脅威と脆弱性を把握した上でリスク分析することが重要である。つまり、PKIやプロトコルなどの技量も必要である。

セキュリティに関わる技術者は自分が担当する技術だけではなく、セキュリティ技術の体系を理解した上で、専門となる技術を活かすことが重要である。

したがって、本書に書かれたセキュリティ技術は技術者のリテラシーとして身につけ、さらに専門性を深める必要がある。

本書は、まず、共通鍵暗号、公開鍵暗号の原理を学んだうえ、その応用であ

第1章　情報セキュリティの概要

るデジタル署名，PKIなどの暗号応用技術，また，プロトコルや耐タンパ技術であるセキュア実装，関連するセキュリティ技術としてバイオメトリック認証や情報ハイディング技術，セキュアな設計技法を規定するISO/IEC15408，組織のセキュリティを構築することを規定するISO/IEC27001などのセキュア評価，そして，セキュリティに関係する法律や倫理などコンプライアンスについて学ぶ[27]～[35]。

　本書では，特に2007年より著しく進展のあった技術について新規に章を設けた。IoT（Internet of Things），フォレンジクス，個人情報保護技術である。さらに学ぶために，参考文献を充実した。各章に演習問題をつけた。基礎，応用，発展の三つのレベルを意識した。学びの確認のため活用して欲しい。各技術について深く学ぶ場合は参考文献に掲載の専門書やサイト情報を見ることを勧める。

■演習問題
問1　情報セキュリティの機能を三つあげ説明しなさい。

問2　情報セキュリティ技術がなぜ他のエンジニアリング技術と比較し扱いが難しいのか説明しなさい。

問3　最新のマルウエアの状況について説明しなさい。

参考文献
(1) 瀬戸洋一編著：ユビキタス時代の情報セキュリティ技術，日本工業出版（2003.9）
(2) 瀬戸洋一編著：情報セキュリティ概論，日本工業出版（2007）
(3) 佐々木良一監修：情報セキュリティプロフェッショナル総合教科書，秀和システム（2005.5）
(4) 佐々木良一監修：情報セキュリティの基礎，共立出版（2011.10）
(5) JIS Q27002：2014情報セキュリティ管理策の実践のための規範
(6) IPA：情報セキュリティ白書2018
　　https://www.ipa.go.jp/security/publications/hakusyo/2018.html
(7) 情報処理推進機構：情報セキュリティ読本，実教出版（2006.11）
(8) Mirai（マルウエア）Wikipedia
(9) IPA：「高度標的型攻撃」対策に向けたシステム設計ガイドhttps://www.ipa.go.jp/files/000046236.pdf
(10) 警察庁　平成27年におけるサイバー空間をめぐる脅威の情勢について
　　https://www.npa.go.jp/publications/statistics/cybersecurity/index.html

⑾　NIST SP800-61 https://www.ipa.go.jp/files/000025341.pdf
⑿　James Reason著，塩見　弘，佐相 邦英，高野 研一翻訳:組織事故，日科技連出版社（1999）
⒀　佐久間 淳：データ解析におけるプライバシー保護，講談社 (2016.8)
⒁　徳丸　浩：体系的に学ぶ 安全なWebアプリケーションの作り方 第2版 脆弱性が生まれる原理と対策の実践，SBクリエイティブ（2018.6）
⒂　IPA：「新しいタイプの攻撃」の対策 に向けた設計・運用ガイド 改訂第2版（2011）
⒃　岡村久道：情報セキュリティの法律 [改訂版]，商事法務（2011）
⒄　岡村久道：個人情報保護法の知識(第4版)日経文庫（2017）
⒅　村上康二郎：現代情報社会におけるプライバシー・個人情報の保護，日本評論社 (2017.9)
⒆　「政府機関等の情報セキュリティ対策のための統一基準群」
　　https://www.nisc.go.jp/active/general/kijun28.html
⒇　大谷卓史：情報倫理‒技術・プライバシー・著作権 – みすず書房（2017.5）
(21)　サイバーセキュリティ基本法
　　http://www.soumu.go.jp/main_sosiki/joho_tsusin/security/basic/legal/11.html
(22)　サイバーセキュリティ戦略本部　内閣サイバーセキュリティセンター
　　https://www.nisc.go.jp/conference/cs/
(23)　日経xTECHおよび日経コンピュータ編集：欧州GDPR全解明，日経BP(2018)
(24)　内閣サイバーセキュリティセンター
　　https://www.nisc.go.jp/conference/seisaku/index.html
(25)　総務省　http://www.soumu.go.jp/main_content/000463592.pdf
(26)　経済産業省　http://www.meti.go.jp/policy/netsecurity/index.html
(27)　日経ネットワーク，特集 狙われるセキュリティプロトコル", pp.22-39（2018.1）
(28)　日経ネットワーク，特集　SSLはもう古いTLSがおもしろい, pp.22-40（2018.9）
(29)　日経ネットワーク，特集1　常時TLS時代の衝撃, pp.24-41（2018.9）
(30)　Bruce Schneier：Applied Cryptography，2nd Edition, John Wiley & Sons（1995）
(31)　結城 浩：暗号技術入門 第3版，SBクリエイティブ（2015.8）
(32)　サイモンシン著，青木　薫訳：暗号解読，新潮社(2001)
(33)　ブルースシュナイアー著，山形浩生訳：暗号の秘密とウソ，翔泳社(2001)
(34)　特集　情報セキュリティ研究開発の動向，情報処理学会誌, Vol.48, No.7 (2007.7)
(35)　Ross Anderson著トップスタジオ訳：情報セキュリティ技術大全，日経BP社（2002.9）

第2章
暗号技術 ─共通鍵暗号─

2. 暗号技術 —共通鍵暗号—
2.1 暗号とは

　人類は太古から情報を第三者に対して隠したいという要求を持ち、それを実現するための種々の技術を構築してきた。その代表が暗号技術である。古くはローマのジュリアス・シーザーが使ったといわれるシーザー暗号が有名で、これはアルファベット表などに従って字を数文字ずらしたものに置き換えるという方法である。その後、暗号は主に軍事目的で用いられてきた。軍事暗号では、アルゴリズム、すなわち暗号化、復号化規則は、場合によっては勝敗を左右する最高軍事機密であり、第三者が目にすることができるのは、運が良くても、あるメッセージを暗号化した暗号文のみであった。

　第二次大戦後、計算機やそれらを結ぶネットワークが発達、一般に広まるにつれ、民間においてもセキュリティへの要求が高まりを見せる。しかし、民間使用の暗号では、そのアルゴリズムを完全に秘密にしておくことは困難であるし、逆に公開することでソフトウェアなどにより広く流通することが可能となる。無論全てを公開することは無意味であり、よって、アルゴリズムのうち大部分を公開しても、残りの部分さえ秘密にしておけば安全性が確保できる方式の研究が必要となった。この秘密にする部分はなるべく少ない方がよいことから最終的にはある長さのデータという形にまで削られていき、鍵と呼ばれるようになった。暗号化、復号化アルゴリズムでの鍵はそれぞれ暗号化鍵、復号化鍵といわれるが、これらのデータの機密性に安全性の全てを依存させるという、究極方式への挑戦が始まったのである。これが現代暗号研究の幕開けであった。

　70年代後半はインターネットの誕生に伴い、暗号技術が劇的に進展した。米国標準暗号としてDES（Data Encryption Standard）が選定され、民間でも高度な暗号技術の利用が始まった。また、暗号史上最大級の革命と言われる公開鍵暗号が発明される。軍事暗号や上記DESを含む従来の暗号では暗号化と復号化のアルゴリズムは対称的であり、暗号化鍵の情報から容易に復号化鍵を導くことができるという形をしていた。これに対し、暗復号化を非対称にし、暗号化鍵から復号化鍵を導くことが困難であるような方式である、公開鍵暗号の構想がスタンフォード大学の研究者、W.DiffieとM.E.Hellmanによって提案された。また翌年にはRivest、Shamir、Adlemanらがそれを実際に実現した。その方式はRSA暗号と呼ばれ、現在でも公開鍵暗号技術の中心的存在である。

第2章　暗号技術　—共通鍵暗号—

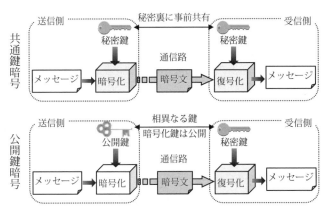

図2.1　共通鍵暗号と公開鍵暗号

　これらをきっかけに現代暗号の研究は幅広く展開し、現在では、インターネットの普及や、行政サービスの電子化（電子政府構想）などを支える情報セキュリティにおける重要基盤技術となった。今後、暗号技術は日常生活の中でも不可欠な技術として定着することになると考えられる。

　従来型の暗号は、公開鍵暗号と区別して共通鍵暗号と呼ばれるが、現在、計算機上などでの運用を鑑みた方式の追求や、後を絶たない新たな攻撃法の発見に対抗すべく、理論は高度に進展を続け、現在もなお完璧を目指す研究は続いている。一方、公開鍵暗号は発明されてからまだ40年ほどの技術であるが、数学的要素を多く含むことから理論の発達は早く、安全性証明理論が構築され

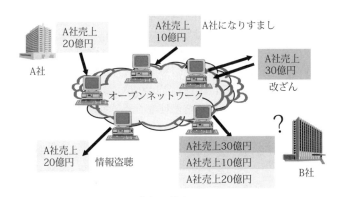

図2.2　デジタル社会のリスク

第2章 暗号技術 ―共通鍵暗号―

るまでに至っている。しかし、依然問題点は数多く残っており、共通鍵暗号とともに研究は盛んに行われている。

本章では主な共通鍵暗号技術であるブロック暗号、ストリーム暗号、ハッシュ関数を中心に説明する。また、ISOなどの標準化動向についてもふれる。公開鍵暗号技術については次章で説明する。

2.2 ブロック暗号

共通鍵暗号とは、暗号化、復号ともに同じ鍵を用いる、あるいは一方から他方を容易に導くことができる暗号方式のことである。後に述べる公開鍵暗号と区別してこのように呼ぶ。共通鍵暗号を用いるには送受信者間でなんらかの方法で鍵の共有を行う必要があるが、公開鍵暗号に比べ、暗号化、復号化の処理速度が速く、ネットワーク通信などにおける通信内容の暗号化やファイルデータの暗号化など、高い処理能力が求められる場合は共通鍵暗号が必須となっている。また前述のように、現在では、軍事など特殊な場合を除き、アルゴリズムが公開されている方式が用いられる。

2.2.1 ブロック暗号とストリーム暗号

共通鍵暗号はブロック暗号とストリーム暗号に大別される。ブロック暗号は、暗号化対象のデータ(平文)を固定長のブロックに分割し、各ブロックごとに暗号化関数を適用して暗号化していく方式である。ブロック長は128ビットが標準的である。厳密には「ブロック暗号」は平文ブロック(例えば128ビット)と暗号化鍵を入力に持ち、暗号文ブロックを出力する関数のことを意味する(図2.3)。復号化関数は実用上の要求により、暗号化関数を逆方向に用いればよいものが主流である。

任意長の平文に対してはブロック暗号を繰り返し適用して暗号化を行う。繰り返しの適用方法は「操作モード」と呼ばれ、いくつかの種類が提案されている。

一方、ストリーム暗号は、もともとは(擬似)乱数生成器の出力と平文とのビットごとの排他的論理和(XOR)により暗号化する方式のことを指し、ストリーム処理をすることからこのように呼ばれていたが、現在では擬似乱数生成器の出力を用いて暗号化する方式の総称とされることが多い。

ブロック暗号としては、アメリカ国立標準技術研究所(NIST)の定める米国標準暗号であったDES(Data Encryption Standard [5])が有名で、IBMのH.Feistelにより開発されたブロック暗号Luciferをもとに作られた方式である。1977年に米国政府が公式に標準暗号として認定した。国内ではNTTのFEAL、三菱電機のMISTY、また、ディジタル衛星放送暗号化日本標準である日立製作所の

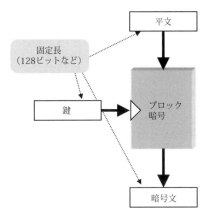

図2.3 ブロック暗号

MULTIなどが知られている。さらに、1990年代に入ってDESへの攻撃手法が発達し、安全性が脅かされたのを機に、DESの後継としてAES（Advanced Encryption Standard）が2001年に定められた。DESはブロック長64ビット、鍵長56ビットであったのに対し、AESはブロック長128ビット、鍵長は128、192、256ビットの3種類から選択できる。AESはそのアルゴリズムは誰もが無償で使用できる。

2.2.2 ブロック暗号の構造

ブロック暗号は、鍵スケジュール部とデータ攪拌部から構成されることが多い。データ攪拌部ではさらに副鍵加算、線形変換、非線形変換といった処理で構成されるラウンド関数を順番に繰り返し処理を行うことで、データのランダム化を行う。

データ攪拌部の構造としてはDESに代表されるFeistel構造とDESの後継方式であるAESが採用しているSPN（substitution permutation network）構造に分類される。

Feistel構造は、入力のブロックをさらに上位、下位の半分に分け、各ラウンド関数では一方を通称、F関数と呼ばれる関数に入力、その出力と他方との排他的論理和をとる。次のラウンド関数では上位、下位を入れ替えて同様の処理を行う。F関数には半分のブロックのほかに、鍵スケジュール部で作成された副鍵が入力される。

Feistel構造は、F関数が置換（1対1の関数）でなくても全体として置換となり、逆関数、すなわち復号は手順を逆にするだけで実現する。実装時には主にF関

第2章　暗号技術　―共通鍵暗号―

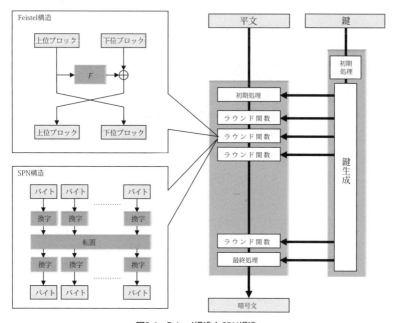

図2.4　Feistel構造とSPN構造

数の実装のみで実現でき、ハードウェアなどで比較的回路規模の小さい実装が可能となるなどのメリットを持つ。DESが制定された1970年代において、ハードウェアで小規模実装可能であることは極めて重要な要件であった。Feistel構造はこの点で優れた方式で、DES以外にも多くのブロック暗号方式がFesitel構造を採用している。

　一方、SPN構造は、各ラウンド関数において、直接的に換字処理（substitution）と転置処理（permutation）を繰り返し行う構造のことをいう。SPN構造では、暗号化に対し復号化の処理がFeistel構造のように単純ではなく、それぞれに専用の処理が必要となる。従って、ハードウェアの実装などではFeistel構造より実装コストがかかってしまう。しかし、Feistel構造よりも 各ラウンドでの攪拌処理が速く、実装規模よりも暗号化、復号化の処理速度が重要視される場合に有効である。Feistel構造におけるF関数も内部ではSPN構造を持っている。

　換字処理（substitution）はS-boxと呼ばれる換字表に従って行われる。S-boxはブロック暗号に限らず、共通鍵暗号技術全般にわたって、安全性確保のための重要な要素となっている。

第２章　暗号技術　―共通鍵暗号―

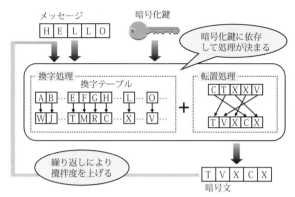

図2.5　換字・転置処理の概念図

2.2.3　ブロック暗号の操作モード

ブロック長より長い平文を暗号化する場合には、ブロック暗号を繰り返し適用するメカニズムが必要である。これをブロック暗号の操作モードという。

もっとも素朴な操作モードは、単に各平文ブロックをそれぞれ独立にブロック暗号に入力して暗号文ブロックを得た後、順番どおりに結合する方法で、これはECB（Electronic Code Book）モードと呼ばれる。しかしECBモードでは、同じ平文ブロックは同じ暗号文ブロックに暗号化されるため、暗号文を見ただけで、複数の平文の中で同一の箇所（ブロック）があるかどうかが判定できてしまう。すなわち、平文についての情報が漏れてしまうことを意味する。これを防ぐために、現在ではCBC（Cipher Block Chain）モードに代表されるような、

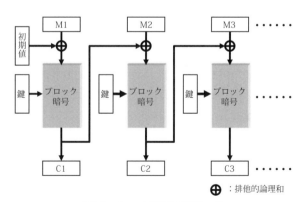

図2.6　ブロック暗号のCBCモード

あるブロックの処理結果を次のブロックの処理になんらかの形で反映させるモードが主流である。

2.3 ストリーム暗号

ブロック暗号に対して、ストリーム暗号はデータをブロック分割することなく、ストリーム処理をする暗号化方式である。例えば単にデータと乱数とのビットごとの排他的論理和をとるというバーナム暗号と呼ばれるものなどがある。

真の乱数を生成し、何らかの手段で送受信者間で安全に事前共有できている場合、暗号化はこの乱数列と平文との排他的論理和、乱数は一度使ったら再利用しないという暗号化方式はワンタイムパッド(One-time Pad)と呼ばれる。ワンタイムパッドは、シャノンにより情報理論的な安全性を持つこと、すなわち無限の計算力(処理速度、記憶領域)を持つ攻撃者でも平文の情報は一切漏れないことが証明されている。

しかし、共有する乱数は平文と同じ長さでなければならず、大きなデータの送受信を想定する場合には、鍵の共有をいかに安全に行うかが大きな問題である。インターネットなど、民間利用を考えた場合、鍵の共有にかかる金銭的コストや時間などによりワンタイムパッドは非現実的である。

これほどの理論的に完全な安全性を必要とせず、現実問題として安全であればよい状況においては、擬似乱数(真の乱数ではないが乱数的という意味)生成器の出力が用いられる。擬似乱数生成器は、固定長のビット列であるシード(seed)が入力されると(シードの他に「初期値」を入力に持つことも多い)、真の乱数列と区別しにくい擬似乱数列を出力する関数である。暗号通信の場合には、シードを暗復号化鍵とみなし、ブロック暗号と同様、送受信者間でシードを共有すればよい。「初期値」を入力に持つ擬似乱数生成器であって、シード(鍵)は固定して用いるが、初期値は暗号化ごとに異なるものを用いることで安全性が確保できる方式が実用方式としては主流である。

暗号で用いられる実用的な擬似乱数生成器は、その擬似性について厳密な証明はついていないものの、統計的乱数性や非線形性、長周期性など、現在考えられる乱数性評価手法を適用して問題が発見されていない方式となっている。

実用的擬似乱数生成器としては、RSA社のRC4、ISO標準となっている日立製作所のMUGIや、CRYPTREC暗号リストに含まれているKDDIのKcipher-2などが有名である。

これらはシードが入力されると初期化手順(シードを攪拌、伸張したりする手順)を経た後、擬似乱数列として、ビット列を出力し始める。暗号化としては、

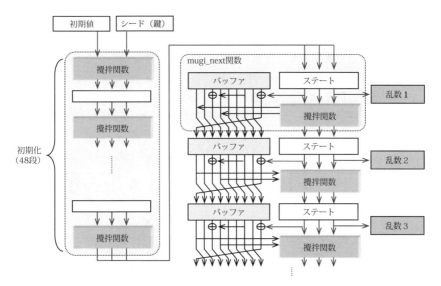

図2.7 擬似乱数生成器MUGI

この出力ビット列と平文とのビットごとの排他的論理和をとればよく、この処理は一般に高速に行われる。暗号文の単位長あたりの出力時間は、初期化手順を除くとブロック暗号に比べ、ストリーム暗号の方が速く、よってストリーム暗号は大きなデータの暗号化をするのに適していると言われている。

ブロック暗号の出力を擬似乱数生成器として用いる操作モードもある（CFBモード、OFBモード、CTRモードなど）。しかし、一般には専用設計された擬似乱数生成器が処理速度の観点で勝る。

最近では、擬似乱数生成器の出力を、単に平文と排他的論理和するだけではなく、処理を追加して暗号化のほかに別の機能を持たせた、擬似乱数生成器の操作モードも提案されている。ISOに選定されたストリーム暗号操作モードであるMULTI-S01は擬似乱数生成器の出力と平文との排他的論理和やある種の積を施すことにより、暗号化の機能と、データの改ざん検知機能を同時に実現している。

2.4 ハッシュ関数

2.4.1 ハッシュ関数の概要

共通鍵暗号技術に分類される要素技術として、ハッシュ関数がある。ハッシュ関数とは、（実質的に）任意長のデータに対し、そのデータの、以下に述べるよ

うな性質を持つ代表値(ハッシュ値)を出力する関数のことである。現在では出力長200ビット前後~500ビット程度のものが主に使われている。

暗号で用いられるハッシュ関数は、いくつかの要件を満たさなければならない。代表的な要件としては、ハッシュ値からもとの入力の情報がわからないこと(一方向性)、同じハッシュ値を持つ、異なる入力の組(衝突、collision)を見つけることが困難であること(衝突困難性)などがある。また、二つの似たデータから似たハッシュ値が生成されないことも必要とされている。

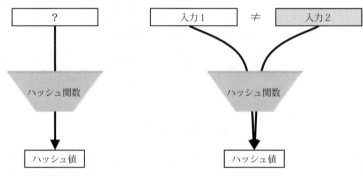

一方向性：与えられた出力に対し、その出力を持つ入力を見つけることが困難

衝突：同じ出力を持つ相異なる入力の組
衝突困難性：衝突を見つけることが困難

図2.8　ハッシュ関数の一方向性と衝突困難性

無限の計算力があれば、与えられた値をハッシュ値として持つ入力を計算でき、また、入力長が出力長を超えれば、必ず衝突は存在するので、計算力を駆使してそれを見つけることは理論的には可能である。しかし、ここで要求していることは、現実的な計算力のもとでの計算困難性である。

ハッシュ関数は、デジタル署名や、メッセージ認証方式などを構成する要素として用いられ、暗号機能実現のための極めて重要なビルディングブロックとなっている。デジタル署名では、署名対象の文書のハッシュ値に対して、公開鍵暗号技術を用いた処理を行うが、同じハッシュ値を持つ文書が容易に見つかる(衝突が見つかる)ならば、同じ署名がその二つの文書の有効な署名となる、すなわち署名の偽造が可能ということになる。このようにデジタル署名の安全性はハッシュ関数の安全性に大きく依存している。メッセージ認証子の場合も同様のことが言える。

第 2 章　暗号技術　―共通鍵暗号―

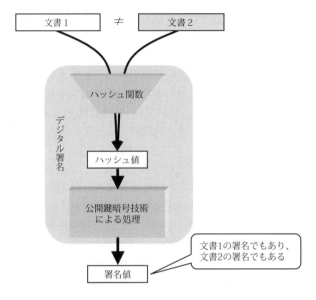

図2.9　ハッシュ関数の衝突による署名偽造

ハッシュ関数の構造として主流となっているのは、固定長の入出力を持ち、入力長より出力長が短い「圧縮関数」を繰り返し用る構造である。圧縮関数をブ

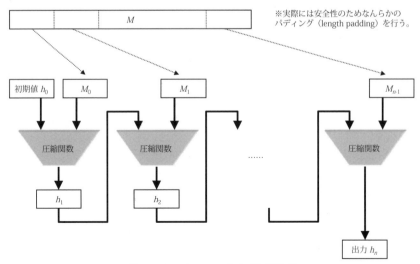

図2.10　Merkle‐Damgårdの繰り返し法

ロック暗号のようなコア関数として、また、繰り返し用いる方法は操作モードとして捉えた構成法である。

さらに、圧縮関数は、ブロック暗号のように、鍵スケジュール部およびラウンド関数を繰り返すデータ攪拌部とで構成されることも多い。実際に内部にブロック暗号を内包し、ブロック暗号の平文に相当する値を最後に加えるというDavis-Mayer構成方法が多く使われている（平文と暗号文の長さが等しいブロック暗号は鍵長の分だけ圧縮する圧縮関数となっている）。

このようにブロック暗号をベースにする構成方法は、巨大なデータのハッシュ値を計算するためには高速処理が可能であることが必須であり、よって共通鍵暗号技術を応用することが望ましいこと、また、研究の歴史が比較的長いブロック暗号をもとにすることで、安全性の考察が比較的容易であると考えられていたことなどに端を発するが、その安全性の議論は現在でも種々の観点から続いている。また、ブロック暗号のアイデアを脱却し、ストリーム暗号（擬似乱数生成器）の代表的構成法のアイデアを応用した、convolutional hashingという構成法も考察されており、ハッシュ関数の本格的研究はいまだ途上である。

現在、実際に用いられている代表的ハッシュ関数は、アメリカ国立標準技術研究所（NIST）によってアメリカ政府の標準のSHS（Secure Hash Standard、FIPS180-1）に採用されているSHA（Secure Hash Algorithm）シリーズである。ハッシュ値の長さが異なるSHA-1（160ビット）、SHA-256、SHA-384、SHA-512の四種類が含まれており、これらはいずれもブロック暗号ベースの類似した構造を持っている。これらのうち、SHA-1がもっとも広く利用されている。しかし、2005年、SHA-1の衝突を見つけることが、想定していたより大幅に少ない計算量で可能であるという攻撃手法が発見された。これを受けて次世代のハッシュ関数の選定コンペティション（SHA-3コンペ）が行われ、2012年10月2日、Keccakが勝者として選ばれ、2015年8月5日にFIPS PUB 202として公表されている。

SHA-1の衝突については、2017年に具体的な衝突例が発見されている。今後のハッシュ関数の利用に際しては、SHA-256やSHA-3の利用が望ましい。

2.4.2 メッセージ認証子

セキュリティへの要求は、単に情報の秘匿だけではない。例えば、記憶装置にデータを保存している場合、そのデータを秘密にしておくことのほかに、第三者によって内容が書き換えられたりするのを防ぎたい場合もある。電子化されたカルテの投薬データが改ざんされたために死亡事故までおきている。ネッ

第2章　暗号技術　―共通鍵暗号―

トワーク化が進むにつれ、このような事件が増化していくことは想像に難くない。このような改ざんを防ぐことは、共通鍵暗号を用いて実現できる。

改ざん防止対象メッセージに対して、そのメッセージと、秘密鍵に依存したデータ（MAC：Message Authentication Code）を作成し、メッセージに付加する。これは言わば文書に対する署名のようなもので、検証者は、再度MACを同手順で生成し、比較することで改ざんの有無を判定する。無論、秘密鍵を知らない第三者は、異なるメッセージに対する正当なMACを生成することが出来ない（次章で説明するデジタル署名は誰もが検証できる点でMACと異なることに注意）。

MAC機能を実現する方法はいくつか知られているが、繰り返し型の構造を持つハッシュ関数を用いたHMAC方式や、ブロック暗号のCBCモードを応用したCBC-MACなどが代表的である。

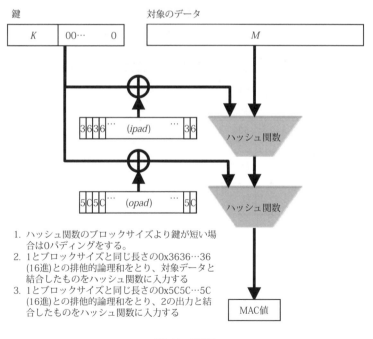

1. ハッシュ関数のブロックサイズより鍵が短い場合は0パディングをする。
2. 1とブロックサイズと同じ長さの0x3636…36（16進）との排他的論理和をとり、対象データと結合したものをハッシュ関数に入力する
3. 1とブロックサイズと同じ長さの0x5C5C…5C（16進）との排他的論理和をとり、2の出力と結合したものをハッシュ関数に入力する

図2.11　HMAC

29

2.5 共通鍵暗号の解読と安全性

　暗号は安全でなければならない。すなわち、仮に暗号文を見られたとしても、もとのメッセージや、暗復号化鍵の情報が漏れてはならないのである。しかし、近年の計算機能力の向上は目覚しく、1990年代には、前述のDESの安全性が脅かされるまで至った。

　共通鍵暗号への攻撃法は、鍵の総当り法と、アルゴリズム特化法とに分けられる。いずれもアルゴリズムが公開されていることによって可能となる攻撃である。総当りはその名のとおり、可能性のある全ての鍵を試してみて正しい鍵を探索するものであり、完全に計算機能力依存の攻撃法である。

2.5.1 ブロック暗号の安全性

　1997年のDES暗号解読コンテストの結果は世界に衝撃を与えた。ネットワーク上に分散する計算機を使って秘密鍵の総当りを行い、最終的に解読に成功した「DES Crack」は、事実上DESへの信頼の終焉であった。1998年にはDESを短時間で解読する専用装置が発明され、1999年には分散処理と解読装置により22時間で鍵の発見に成功している。DESの鍵の総数は2の56乗個であるが、これだけの数ですら、十分現実時間内で総当りが可能となった。

表2.1　DESの鍵全数探索：DES Challenge（RSA社主催）

コンテスト名	解読時間	計算量
Challenge (1997.1.28)	96日間 1997.6.17完了	参加者　8156(IP) PC 約7万台
Challenge II (1998.1.13)	39日間 1998.2.26完了	参加者 22000人 50000 CPU
Challenge II-2 (1998.7.13)	56時間 1998.7.17完了	専用ハードDES Cracker (製作費：25万＄)
Challenge III (1999.1.18)	22時間15分 1999.1.19完了	DES Cracker ＋PC 10万台

　また、DESへのアルゴリズム特化攻撃としては、1989年に発表された差分解読法[1]や、1993年の線形解読法[3]が有名である。これらはDESの暗復号化方法を緻密に分析し、その"癖"を見抜くことに成功した画期的結果であり、理論的に「DESは解読可能」であることを証明している。

　これらのDESの安全性低下を受けて、米国では暫定的に、DESを暗号化-復号化-暗号化の順に3回施すブロック暗号Triple　DESを用いることを推奨する一方、1997年に次世代に向けた新しいブロック暗号標準の制定に着手した。計算機能力の進展に伴いより強力になってきた鍵の総当り攻撃に対抗するため、

鍵長は128ビット以上（すなわち鍵の総数は2の128乗以上）であるような暗号方式が求められた（DES攻撃に用いられた専用装置と同等の性能ならば、128ビットブロック暗号の鍵総当り法は10の17乗年かかってしまう）。一般から応募された種々の方式から、次世代米国標準暗号AESとしてルーベン大学（ベルギー）から提案されたブロック暗号Rijindael(レインドール)が選定された。

AESは、十分な安全性と処理速度を兼ね備えた優れた暗号である。線形/差分解読法に対しては理論的な安全性検証がなされ、まったく問題がないとされている。提案後に、その構造の代数的な性質から攻撃の糸口が見つかるのではないかと言われたが、現在のところ有効な攻撃には至っていない。実装面では多くのプロセッサ上でのソフトウェア実装や、ASICやFPGAなどのハードウェア実装で優れた処理効率が実証された。今後の暗号標準技術として普及されることが期待される暗号である。

2.5.2 ストリーム暗号の安全性

ストリーム暗号の安全性はブロック暗号における鍵の導出を目的とした攻撃の他に、コアの擬似乱数生成器の出力の乱数性が重要となる。すなわち、理想的には真の乱数生成器の出力との見分けが付かないことが望まれるが、そのことを何らかの意味で証明することは実用方式においては困難である。

実際には真の乱数との区別のために用いられることが想定されるいくつかの具体的な攻撃法に対し、耐性を持つことを保証することで安全性を確保している。その具体的な攻撃法はブロック暗号で用いられたものを擬似乱数生成器に応用したものも少なくない。例えば、擬似乱数生成器の出力において、ある二箇所のビットが相関を持って出力されることがなんらかの手法により導かれた場合、真の乱数との区別をすることが可能となる（擬似乱数生成器への攻撃が成功する）が、その相関を考察するのにブロック暗号で適用された線型解読法が応用されることがある。

しかし、現代暗号理論においては、ストリーム暗号はブロック暗号に比べ、歴史が浅く、今後も様々な進展があると考えられる。

2.5.3 ハッシュ関数の安全性

ハッシュ関数は前述のように、衝突耐性や一方向性を持たなければならない。衝突耐性に関しては、バースデーパラドックスのため、ハッシュ長（ハッシュ値の長さ）の半分の長さの計算量を用いれば高い確率で衝突を見つけることができると言われている。例えばSHA-1はハッシュ長160ビットであり、よって2の80乗回のハッシュ計算を行えば高い確率で衝突が見つかる。これはブロック暗号における鍵の総当り攻撃に相当し、アルゴリズム特化法が見つからない

優れたハッシュ関数の保証する安全性ラインである。

ここでバースデー問題とは、何人ぐらいの人が集まれば、確率1/2(以上)で同じ誕生日を持つ人が複数人出てくるであろうか?という問題であり、その答えが、365の半分などではなく、確率論的理論値であるが、365の平方根、すなわちおよそ24名である、ということが直感に反することからこのことはバースデーパラドックスと呼ばれている。

　ハッシュ関数の攻撃は、バースデーパラドックスによる安全性ラインを明らかに下回る計算量で実行可能であることが示されたとき成功したと呼ばれる(この段階では実際の衝突が見つかってない場合もある)。

SHA-1に対し、2004年から2005年にかけて、Wangらの研究グループは、差分攻撃のアイデアを用いて2の63乗回の演算で衝突を発見できるという研究成果を発表した。バースデーパラドックスによるラインは2の80乗であるから、大幅な計算量削減であり(約13万分の1)、また、理論的な考察のみならず2の63乗という計算量は非現実的とはいえないもので、実際に衝突が発見される可能性が濃厚になった。世界中の研究者らによって、Wangらの手法を精密化し、さらに計算量を軽減した後に実際に計算機を用いて衝突を発見する試みがなされた結果、前述のように2017年にSHA-1の具体的衝突が発見された。

これらの攻撃により、現在SHA-1を用いているシステム全てにおいて深刻な脅威にさらされるというわけではないが、今後新たに設計するシステムにおいては可能な限りSHA-1の使用を避けるべきである。Wangらの攻撃がSHAシリーズの他の方式に有効かどうかは不明であるが、有効であるとしてもハッシュ長が十分長いことから理論的な攻撃に留まり、実際には計算量が非現実的になると考えられている。よってSHA-1の代替方式としてはSHA-256やSHA-3などが推奨される。

2.6　暗号標準化動向

暗号技術は主に標準化という過程を経て、利用者の手に届くことが多い。一般の利用者が暗号の安全性を判断することは難しく、よって、学会などでの多数の研究者の評価を経て、さらに標準化の過程において、暗号の専門化を含む委員らによって安全性評価の妥当性が十分確認されて標準となった方式を用いることが望ましいからである。

本節では暗号技術に関する主な標準化の動向について説明する。

国際標準化組織ISO/IEC JTC1 SC27では、さまざまな暗号技術がすでに標準化終了、もしくは選定中という段階である。

ISO/IEC 18033 (Information technology-Security techniques - Encryption algorithms)では次の四つのパートに別れ、標準化を行った。
Part 1：General(総論)
Part 2：Asymmetric ciphers(非対称暗号(公開鍵暗号))
Part 3：Block ciphers(ブロック暗号)
Part 4：Stream ciphers(ストリーム暗号)
2006年までにすべてのパートが審議を終了し、標準を発行している。パート2から4に採用されている方式を表2.2にまとめた。

表2.2 ISO/IEC 18033に選定された暗号

Part 2：Asymmetric Ciphers (公開鍵暗号)

提案国	暗号名称
日本	HIME(R), PSEC-KEM
ドイツ	ACE-KEM
米国	RSA-ES, RSA-KEM, ECIES-KEM

Part 4：Stream Ciphers (ストリーム暗号)

	提案国	暗号名称
専用キーストリーム生成法	日本	MUGI
	カナダ	SNOW2.0
ストリーム暗号利用モード	日本	MULTI-S01
	—	binary-additive
ブロック暗号利用モード		OFB, CTR, OFB

Part 3：Block Ciphers (ブロック暗号)

提案国	暗号名称
日本	MISTY1, Camellia
カナダ	CAST-128
米国	AES, TDEA
韓国	SEED

　上記以外にも、ブロック暗号の操作モード、データ完全性、相手認証、ディジタル署名、否認防止はすでに世界標準として文書の入手が可能である。またタイムスタンプサービス、楕円暗号技術、メッセージ回復型RSAディジタル署名、暗号処理(公開鍵、ブロック暗号、ストリーム暗号)、疑似乱数、素数生成、ハッシュベースの相手認証などが現在審議の途中である。
　国内では、電子政府向け政府調達暗号技術の選定が行われた(2000年~)。この作業はCRYPTRECと呼ばれ、ブロック暗号、ストリーム暗号、公開鍵暗号、乱数生成などのカテゴリーについて技術の選定が行われてた([CRYPTREC])。ここで選定された方式は、電子政府安全性確保用の核技術として用いられることになる。例えば全国民に配布されるICカードなどには、本人認証用にこれらの方式が実装されることになる。

第2章 暗号技術 —共通鍵暗号—

表2.3 CRYPTREC暗号（電子政府推奨暗号）

技術分類		暗号技術
公開鍵暗号	署名	DSA
		ECDSA
		RSA-PSS
		RSASSA-PKCS1-v1_5
	守秘	RSA-OAEP
	鍵共有	DH
		ECDH
共通鍵暗号	64bitブロック暗号	該当なし
	128bitブロック暗号	AES
		Camellia
	ストリーム暗号	Kcipher-2
ハッシュ関数		SHA-256
		SHA-384
		SHA-512

技術分類		暗号技術
暗号利用モード	秘匿モード	CBC
		CFB
		CTR
		OFB
	認証付き秘匿モード	CCM
		GCM
メッセージ認証コード		CMAC
		HMAC
認証暗号		該当なし
エンティティ認証		ISO/IEC 9798-2
		ISO/IEC 9798-3

　米国では政府利用のための標準であるFIPSに暗号技術のいくつかが掲載されている。暗号技術としては、ブロック暗号技術であるDESやAES、また、ブロック暗号の操作モード、暗号学的ハッシュ関数のSHAシリーズ、ディジタル署名標準DSSなどが掲載されている。

　欧州においては、欧州連合（EU）の制定した暗号規格NESSIE（New European Schemes for Signature, Integrity, and Encryption、ネッシー）が、IST（Information Society Technologies）の一環として2000年から2003年までの間活動し、最終的にAES、MISTY1（三菱電機）、Camellia（三菱電機、NTT）が採択された。

　これに続き、新たなプロジェクトとしてECRYPT（European Network of Excellence for Cryptology）が始まり、ストリーム暗号などの評価や、暗号研究の今後の動向調査などを行った。

　単に、通信路上の情報の秘匿や、改ざん検知機能が必要ならば、これらは本章で説明した共通鍵暗号技術を用いて目的は達成される。しかし、共通鍵暗号では、送信者と受信者の間で事前に暗復号化鍵を共有しておかねばならない。国家機密、軍事機密などの重要機密ならば、膨大なコストがかかっても鍵の共有を敢行するし、一般個人レベルであっても、例えば鍵データを郵送するということでも鍵の共有は達成できる。しかし、秘密通信の回数や、やり取りする相手の数が大きくなってきた場合には、一般個人レベルでは手におえなくなる、あるいはネットワークのメリットが希薄になることは想像に難くない。

　例えばネット上のショップなどでは、スピードと低価格を"売り"にしたくて

第2章 暗号技術 ―共通鍵暗号―

も、そこで秘密通信の必要が生じるたびに郵送に頼っていては本末転倒であり何らメリットを発揮できないことになる。

この大問題を見事に解決したのが、次節で紹介する、公開鍵暗号技術なのである。

■演習問題

問1 次の二つの暗号文は、シーザー暗号によって暗号化されている。ただし、ここでは鍵k($1 \leq k \leq 26$)で暗号化するとは、アルファベットをk個後方にずらすことを意味するものとする(例$k=3$のとき$A \to D$)。二つの暗号文について、それぞれ鍵と平文を全数探索により求めよ。
 (1) ESTDTDLAWLTYEPIE
 (2) VHFUHW

問2 データ暗号標準DESも含めて,現在利用されている多くの共通鍵暗号ではビットごとの排他的論理和演算(XOR)が用いられている。このビットごとの排他的論理和演算についてその演算方法,および多くの共通鍵暗号に用いられている理由を説明せよ。

問3 Feistel構造に関する問題
(1) 図は、与えられた平文X、Yを暗号鍵$K1$、$K2$で暗号化し、暗号文A、Bを生成する暗号化方式である。このA、BをX、Y、$K1$、$K2$、F、および排他的論理和記号を用いて表わせ。

問題用図

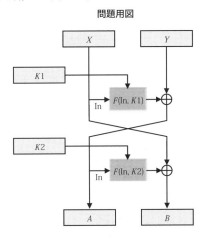

(2) 図において、暗号文A、Bを元の平文X、Yに復号するための復号方式を図示せよ。

問4 ブロック暗号操作モードに関する問題

平文101010101010(ビット列)をECBモードとCBCモードを使って暗号化せよ。ただし、暗号化の際には以下のようなブロック長3の置換暗号と鍵を使用するものとし、初期ベクトルは000とする。

$$K = \begin{pmatrix} 1 & 2 & 3 \\ 2 & 1 & 3 \end{pmatrix}$$

問5 ハッシュ関数の利用例と、その際に求められる安全性要件を調査し説明せよ。

参考文献

(1) E. Biham and A. Shamir, Differential Cryptanalysis of the Data Encryption Standard, Springer-Verlag (1993)
(2) ブルースシュナイアー (山形浩生監訳), 暗号技術大全, ソフトバンクパブリッシング㈱ (2003)
(3) 松井充, DES暗号の線形解読法 (I), 1993年暗号と情報セキュリティシンポジウム,SCIS講演予稿集, SCIS93-3C (1993)
(4) A.Menezes, P.van Oorschot and S.A.Vanstone, Handbook of Applied Cryptography, CRC Press, 1996. http://www.cacr.math.uwaterloo.ca/hac/
(5) National Institute of Standards and Technology, Data Encryption Standard (Federal Information Processing Standards Publication 46-3) (1999)
(6) 岡本龍明, 山本博資, 現代暗号, 産業図書 (1997)
(7) R. Rivest, A. Shamir and L. Adleman, "A Method for Obtaining Digital Signature and Public-Key Cryptosystems", Commun. of the ACM, 21, 2, pp.120-126 (1978)
(8) 佐々木良一, インターネットセキュリティ入門, 岩波 (1999)
(9) 佐々木良一, 宝木和夫, 櫻庭健年, 寺田真敏, 浜田成泰, インターネットセキュリティ 基礎と対策技術, オーム社 (1996)
(10) B. Schneier, "Applied Cryptography, 2nd Edition", John Wiley & Sons (1995)

[AES]
http://csrc.nist.gov/CryptoToolkit/aes/
http://csrc.nist.gov/publications/fips/fips197/fips-197.pdf
[CRYPTREC]
http://www.ipa.go.jp/security/enc/CRYPTREC/index.html,
http://www.cryptrec.jp/
[ECRYPT]
http://www.ecrypt.eu.org/
[ISO] http://www.din.de/ni/sc27/
[NIST] http://csrc.nist.gov/publications/fips/index.html

第3章
暗号技術－公開鍵暗号－

3. 暗号技術－公開鍵暗号－
3.1 公開鍵暗号の構造

共通鍵暗号における、鍵の共有問題を解決するアイデアはStanford大学の2人の研究者、W.DiffieとM.E.Hellmanによって提案された（1976年[4]）。そのアイデアは、誰でも暗号化はできるのだが、復号化は、ある秘密の鍵を知っているもののみが可能というもので、暗号化鍵を一般に公開することから、その方式による暗号を公開鍵暗号（または暗号化、復号化が非対称なので非対称暗号）と呼ぶ。これらの方式を、ドアの錠に例えるなら、共通鍵暗号は通常の錠前、施錠するにも開錠するにも同じ鍵を用いるものであるのに対し、公開鍵暗号は言わば、オートロック式の錠である。ドアを閉じるだけ（誰でも可能）で施錠できるが、開錠するには鍵が必要である。

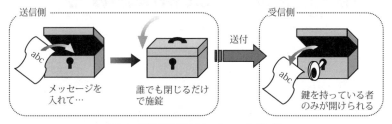

図3.1　公開鍵暗号は「オートロック式金庫」

DiffieとHellmanらが提案したこの都合の良いアイデアを最初に実現したのは、当時マサチューセッツ工科大学（MIT）にいた3人の研究者Rivest、Shamir、Adlemanであった（1977年[9]）。この暗号は彼らの頭文字からRSA暗号と呼ばれ、現在でも公開鍵暗号技術の中心的な存在である。

Diffie、Hellmanらは、デジタル署名のアイデアも提案したが、MITの3人はそれも実現した。デジタルの世界でも、文書（電子データ）に対して署名や印のような権威付けを行いたい場合がある。しかし、単にあるデータを付加しただけならば、容易に改ざんや、偽造が可能である。また、前述のMACでは、検証はある秘密の鍵を知る特定の者のみが可能であり、誰もがその文書の正当性を検証できるという性格のものではない。しかし、公開鍵暗号と類似の技術をもちいてこの要求を実現したのがデジタル署名なのである。

公開鍵暗号を構成するには落とし戸付き一方向性関数があればよい。これは、順像計算、すなわち、入力に対し出力を計算することは容易（高速に計算可能）

であるが、その逆である逆像計算は困難（一方向）であるような関数で、しかしながら、ある情報（落とし戸）を知っていれば逆像計算が容易になるという性質を持つものである。

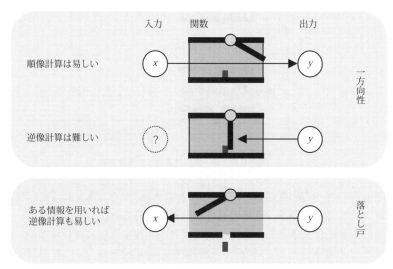

図3.2　落とし戸付き一方向性関数

　このような落とし戸付き一方向性関数であって、各利用者に相異なる関数が割り当てられるよう、パラメータが付いたもの（関数族）があればDiffieとHellmanらが提案した公開鍵暗号の機能は実現できる。

　実際、各利用者は、あるパラメータに対する関数自体、あるいはそのパラメータを暗号化鍵として公開（公開鍵）し、逆像計算のための落とし戸を復号化鍵として秘密にしておく（秘密鍵）。その利用者に暗号文を送りたい送信者は、公開された関数にメッセージを入力し、その出力を暗号文として利用者に送る。関数の性質により、逆像計算、すなわち出力＝暗号文から入力＝メッセージを求めることが困難であるから、第三者は暗号文を見てもメッセージはわからない。利用者は、関数の逆像計算を容易にする秘密鍵を知っているので暗号文からメッセージを計算することができる、というわけである。

第3章 暗号技術－公開鍵暗号－

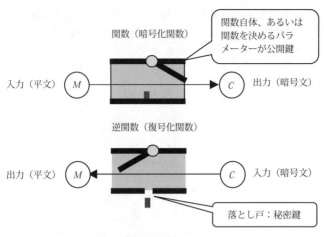

図3.3　落とし戸付き一方向性関数と公開鍵暗号

　落とし戸付き一方向性関数の記述（順像計算方法）から、落とし戸を容易に計算できるとすると、逆像計算そのものが容易であることになり、よって、一方向であるためには、落とし戸を見つけることが困難でなければならない。このことは、公開鍵暗号として見ると、公開鍵から秘密鍵を計算することが困難であることを意味する。
　以上により、公開鍵暗号を実現するには、落とし戸付き一方向性関数を見つければよいことになる。
　Diffie、Hellmanは、落とし戸がない一方向性関数でも、ある性質を持てば公開鍵暗号機能を実現できることを示している。次節でDiffie-Hellmanによる鍵交換方式を説明し、公開鍵暗号機能を実現する手法を説明する。
　公開鍵暗号技術は秘密鍵の事前共有が不要な、理想的な方式のようにも思えるが、実は現在でもいくつかの大きな問題を抱えている。そのうちの一つが効率性である。公開鍵暗号で用いられる一方向性関数や落とし戸付き一方向性関数は、次節以降で詳述するが、ある種の数学構造を利用して構築されている。数学の理論に乗せて議論すると明快であるが、一方で処理効率を一部犠牲にせざるを得ないというジレンマに陥る。一般に共通鍵暗号に比べれば処理速度は2〜3桁遅く、公開鍵暗号は大きなデータの暗号化には適さない。共通鍵暗号、公開鍵暗号両方式とも一長一短であるのだが、実はこれらを組み合わせて用いることで問題はほぼ解決する。

表3.1　共通鍵暗号と公開鍵暗号の比較

	共通鍵暗号	公開鍵暗号
鍵の関係	暗号化鍵と復号化鍵は同じ	暗号化鍵と復号化鍵は異なる
鍵の共有	事前共有が必要	事前共有は不要
秘密に保持する鍵	通信相手ごとに必要	自分の秘密鍵のみ
処理速度	高速	低速
主な用途	大容量データの暗号化	共通鍵暗号用鍵配送
代表方式	DES、AES	RSA、DSA（署名）

　すなわち、暗号化したいデータ本体は共通鍵暗号で暗号化し、その共通鍵暗号用鍵を公開鍵暗号で暗号化して両方を送信すればよい。このように公開鍵暗号は共通鍵暗号の鍵を配送することによく用いられている。さらに鍵配送に特化した公開鍵暗号技術である、鍵のカプセル化メカニズム（KEM：Key Encapsulation Mechanism）の概念が提案されている。

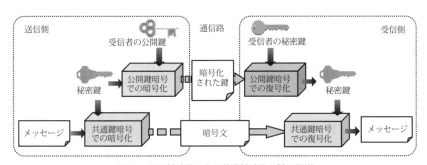

図3.4　公開鍵暗号による共通鍵暗号用鍵の配送

　しかしながら、ICカードやIoT機器のような計算能力の低い装置では、なお一層、効率性の高いものが望ましい。また単に配送する鍵のみでなく、付加情報をも含めて暗号化したい場合もあり、平文長（一回で暗号化できるメッセージの長さ：現在では数百〜千数百ビットが主流）の長い方式が望まれるなど、公開鍵暗号の効率性の向上は重要課題となっている。

3.2　公開鍵暗号の実現

　Rivest、Shamir、Adlemanらは、二つの大きな相異なる素数の積を法としたべき乗剰余関数を落とし戸付き一方向性関数の候補として提案した。公開鍵は

法とべき指数、秘密鍵は逆像計算のためのべき指数、あるいは同じことになるが、法の素因子である二つの素数である。この関数の一方向性は厳密な意味では証明されていない（証明されると計算量理論における大問題であるP≠NP問題が肯定的に解決される！）が、提案から40年経過した現在でも否定的な見解はない。このべき乗剰余関数を用いたRSA暗号については次節で具体例を交えて詳細を説明する。

一方で、DiffieとHellmanは、落とし戸がないある種の性質を持つ一方向性関数を用いて、二者間で、秘密情報を事前共有することなく、数回の通信でランダムに生成されたデータを秘密裏に共有できるプロトコルを提案した。そのデータを共通鍵暗号の秘密鍵として用いれば、秘匿通信が可能となる。これがDiffie-Hellman鍵共有である。具体的手順は次のとおりである。

ランダムな値を秘密裏に共有したい利用者AとBは（大きな）素数pと、pを法としたある元g、$0<g<p$、$g^n \bmod p=1$となる最小の自然数nが十分大きなもの、を事前に共有しておく。pとgは公開してよい。ここでmodは剰余をあらわす（例5 mod 3＝2）。A、Bはそれぞれランダムに自然数x、y（＜p−1）を生成し、Aは

$$a = g^x \bmod p \qquad \cdots (3.1)$$

を、一方、Bは

$$b = g^y \bmod p \qquad \cdots (3.2)$$

を計算して送信し合う。その後Aは

$$k_A = b^x \bmod p \qquad \cdots (3.3)$$

を、Bは

$$k_B = a^y \bmod p \qquad \cdots (3.4)$$

を計算すれば

$$k_A = k_B = g^{xy} \bmod p \qquad \cdots (3.5)$$

が共有した乱数ということになる。通信内容のaやbから、x、yを求める問題を離散対数問題（discrete logarithm problem：DL）といい、pが十分大きい場合（厳密にはさらに条件が必要）、この問題は困難であると信じられている。また、通信路上を流れる情報から$k_A = k_B$を求める問題は計算Diffie-Hellman問題と言われ離散対数問題と同じぐらいの困難さを持つと考えられている。よってこれらの問題が困難であるという仮定のもとで、Diffie-Hellman鍵共有は安全に$k_A = k_B$を共有できることになる。あとはこれを共通鍵暗号の秘密鍵として用い、秘匿通信を行えばよい。ここで用いられている原理は、離散対数問題の困難性に基づく一方向性と、ある種の可換性、すなわち、式3.5が成り立つとい

う指数法則である。

このように、Diffie-Hellman鍵共有方式は極めて単純な方式でありながら安全性も高いことから多くの場面で用いられている。また離散対数問題を考える数学的対象として、剰余ではなく、楕円曲線を用いて構成した楕円Diffie-Hellman方式も効率よいことから頻繁に用いられている。

さらに、この鍵交換方式を公開鍵暗号方式に焼き直したものはElGamal暗号として知られている。

ElGamal暗号は、素数pと、gを、pを法とした元で$(0<g<p)$、$g^n \bmod p = 1$となる最小の自然数nが十分大きなものとし、システムパラメータとして公開する。

［鍵生成］
各利用者の秘密鍵と公開鍵をそれぞれ以下のように定める：

《秘密鍵》　乱数$x(0<x<p-1)$　　　　　　　　　　　　　　　…（3.6）
《公開鍵》　$h = g^x \bmod p$　　　　　　　　　　　　　　　…（3.7）

［暗号化］
平文Mに対し暗号文Cを次のように計算する：
1. 乱数 $y(0<y<p-1)$を生成する。
2. $C_1 = g^y \bmod p$, $C_2 = h^y M \bmod p$ を計算し、
　　$C = (C_1, C_2)$　　　　　　　　　　　　　　　　　　　…（3.8）
をMの暗号文とする。

［復号化］
暗号文$C=(C_1, C_2)$に対し平文Mを次のように
計算する：
　　$M = C_2 / (C_1)^x \bmod p$　　　　　　　　　　　　　…（3.9）
　　（ただし、平文Mは$1<M<p$を満たす整数とする）

前節で公開鍵暗号の使い方として共通鍵暗号用の鍵配送を述べたが、Diffie-Hellmanの鍵共有とは機能が異なることに注意する。鍵共有は通信ごとに共通鍵暗号を用いた暗号化用の鍵（セッション鍵）をとり変えて秘匿通信したい場合に用いられる技術である。一方、鍵配送は送信側が任意に選択したデータ（鍵）を送ることができることに特徴がある。

3.3 RSA暗号

本節ではRSA暗号を実例を用いて説明する。また、実際に使われる際に必須となっている高速化手法も説明する。

次のような数を考える。

$$p=5, q=11, N=pq=55 \quad \cdots (3.10)$$

p, qは素数である。xを$N-1$以下の正整数、例えば$x=17$とし、

$$y=x^3 \bmod N=18 \quad \cdots (3.11)$$

とする。このとき$N=55$と$y=18$からxを計算するという計算問題を考える。すなわちべき根(3乗根)を求める問題である。

この例の場合、Nが小さいので、暗算でも求められるかもしれない。しかし、Nが大きかったら、例えばp, q共に10進150桁ほどの大きさで、よってNが10進300桁の大きさならばどうであろうか?。暗算では無理でも、高性能な計算機なら求められるのだろうか?実は現在のところ、Nが大きくなると効率的な方法は知られておらず、スーパーコンピュータでも膨大な(天文学的な)時間が必要となる。すなわち実際問題としては不可能なのである。しかし、情報としてNの素因子p, qも与えられる場合ならば、xを簡単に求める方法がある。それにはまず、

$$3 \times d \bmod (p-1)(q-1) = 1 \quad \cdots (3.12)$$

となるdを求め(Euclidの互除法という計算法で効率的に求まる)、

$$y^d \bmod N = x \quad \cdots (3.13)$$

を計算すればよい。べき乗剰余算はNが大きい場合でも効率的に計算できる(バイナリ法など)。上記の例の場合、$d=27$ であり、さらに$18^{27} \bmod 55 = 17$、すなわちyからxの値が復元することが確かめられる。大きな数に対しても、べき乗剰余算は効率的に実行できることが知られている(この手順でyからxを求められることは(拡張された)フェルマーの小定理から直ちにわかる)。

R.S.Aの3人は、公開鍵暗号を構築するための落とし戸付き一方向性関数fの候補として、べき乗剰余関数

$$f(x) = x^e \bmod N \quad \cdots (3.14)$$

を提案した。この関数はRSA関数と呼ばれている。RSA関数を用いたRSA暗号の手順を以下に示す。

受信者は大きな素数p, qを生成し、これらを秘密鍵とする。一方、$N(=pq)$、$e > 3$を公開する。送信者はメッセージx($N-1$ 以下の正整数として表されているとする)に対し、$y=x^e \bmod N$を計算しyを暗号文として送信する。攻撃者はN、e, yを情報として盗み取っても、xを計算することができないが、正当な受信

者はN、e、p、qを用いてEuclid互除法などで$e \times d \bmod (p-1)(q-1) = 1$なる$d$を求め、最後に$y^d \bmod N = x$を計算して$x$を復元することが出来る、というしくみである($d$をあらかじめ計算しておき、秘密鍵に加えてもよい)。

現在では種々の公開鍵暗号が発表されているが、いずれもこのような計算量的に困難な数論(計算)問題を安全性の拠りどころとしている。

代表的な数論問題としては、合成数の素因子を求める素因数分解問題(integer factoring problem:IF)や、離散対数問題がある。楕円曲線暗号と呼ばれる、楕円曲線上の離散対数問題を安全性の根拠とする暗号も盛んに研究されている。

RSA暗号
[鍵生成]
各利用者は素数p, qを生成し、$N = pq$を計算する。

適当な$2 < e < (p-1)(q-1)$、$(\gcd(e, (p-1)(q-1)) = 1)$を定め、$d = 1/e \bmod (p-1)(q-1)$を計算する。このとき秘密鍵と公開鍵をそれぞれ以下のように定める:

《秘密鍵》d(およびp, q)　　　　　　　　　　　　　　　…(3.15)
《公開鍵》N, e　　　　　　　　　　　　　　　　　　　　…(3.16)

[暗号化]
平文Mに対する暗号文Cを次のように計算する:
$$C = M^e \bmod N \quad \cdots (3.17)$$

[復号化]
暗号文Cに対する平文Mを次のように計算する:
$$M = C^d \bmod N \quad \cdots (3.18)$$

(ただし、平文Mは$1 < M < N$を満たす整数とする)

RSA暗号の暗号化指数eは、最近では安全性のため3は用いられず、$e = 2^{16} + 1 = 65537$が用いられることが多い。この場合でも暗号化の処理は比較的高速に実行できる。

しかし、Cは一般にNと同程度の大きさとなり、復号化処理は式3.18を直接計算すると効率が悪い。これを改善するために中国人剰余定理によるアイデアを用いることが多い。中国人剰余定理とは直感的にいうと、法Nの世界は、法

pの世界と、法qの世界により忠実に表現できる、というものである。法が小さくなるとべき乗剰余算の演算が早くなることから、この定理を利用して、法p、法qでのべき乗剰余算をそれぞれ実行し、その結果を結合して法Nでの求める結果を得るというものである。この高速化手法で処理速度は約4分の1に改善する。具体的手順を以下にまとめる。

1. $d_p = d \bmod (p-1)$、$d_q = d \bmod (q-1)$ を計算する
2. $m_p = C^{d_p} \bmod p$、$m_q = C^{d_q} \bmod q$ を計算する
3. $M = [p^{-1}(m_q - m_p) \bmod q]p + m_p$ を計算する

このほかにも、べき乗計算の高速化手法が数多く提案されている。

3.4 デジタル署名と認証

3.4.1 デジタル署名

電子データはその性格上、コピーや内容の変更を、痕跡を残さずに実行できる。しかし、ときには実社会と同様に署名や捺印をしてそのデータの正当性、完全性や作成者の権利を保障したいこともある。この要求に応える技術がデジタル署名であり、データに対する認証機能を与えるものである。

ではデジタル署名は公開鍵暗号技術を用いてどのように実現されるのだろうか。RSA暗号の暗号化と復号化を逆の手順で行うことを考えてみる。つまり、まず秘密鍵を持つものが、データをRSA復号化関数に入力し"復号"する。次に、この"復号"化されたデータをRSA暗号化関数と公開鍵を用いて"暗号"化するわけである。そこで、"復号"化されたデータを、元のデータに対する署名とみなし、元のデータと署名を公開する。また"暗号"化作業およびその結果とデータとの照合作業を署名の検証作業とみなすことにする。

RSA暗号では暗号化は公開鍵を用いて誰もが可能であり、復号化は秘密鍵を持つものにしかできない。このことは上記の逆の操作においては署名を作成できるのは秘密鍵を持つものに限られ（署名の偽造ができない）、一方で検証は誰もが可能ということを意味し、従って署名機能が実現できることになる。これがデジタル署名の基本アイデアである。

しかし問題が一つある。上記の署名生成関数（暗号でいうなら復号化関数）の入力データのサイズは限定（RSAの場合は法の長さ）されており、様々なサイズのデータに対応できない。そこで登場するのが第2章で説明したハッシュ関数である。大きいサイズのデータを、ハッシュ関数を用いて署名生成関数の入力サイズまで圧縮し、それに対して署名を生成すればよい。しかし、単に圧縮す

るだけでは容易にわかるように偽造が可能になる場合がある。ハッシュ関数において、もし異なる入力に対し同じ出力が得られたら生成される署名は同じものになってしまう。

よってあるデータとそれに対する署名があったとき、ハッシュ値が等しくなるような別のデータ(ハッシュ関数の衝突)を見つけることができれば、もとの署名をその別のデータの署名とすることで署名の偽造ができることになる。従ってハッシュ関数は衝突を見つけることが困難であるようなもの(衝突困難ハッシュ関数)でなければならない。このようにしてデジタル署名は、公開鍵暗号技術と衝突困難ハッシュ関数を用いて実現される。

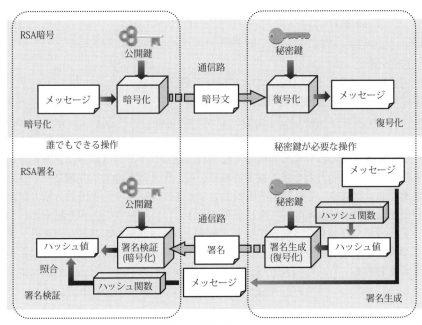

図3.5　RSA暗号とRSA署名

RSA署名の具体的手順を以下に示す。

RSA署名
［鍵生成］
各利用者は素数p, qを生成し、$N=pq$を計算する。
適当な$2<e<(p-1)(q-1), (\gcd(e,(p-1)(q-1))=1)$を定め、

$d=1/e \bmod (p-1)(q-1)$を計算する。

また、値域(出力の空間)が1からNまでの整数であるようなハッシュ関数Hを固定する。

このとき署名生成鍵と署名検証鍵をそれぞれ以下のように定める：

《生成鍵》d(およびp, q) ⋯（3.19）
《検証鍵》N, e ⋯（3.20）

［署名生成］
文書Mに対する署名sを次のように計算する：
$$s=H(M)^d \bmod N \qquad \cdots (3.21)$$

［署名検証］
署名付き文書$[C, s]$に対し次の式が成り立てばOKを、
成り立たないときはNGを出力する。
$$H(M)=s^e \bmod N ? \qquad \cdots (3.22)$$

現在では上記のような公開鍵暗号を単純に逆操作する方式以外に、署名専用に設計された署名方式も多く提案されている。例えば離散対数問題に安全性の根拠をおくDSAや、それを楕円曲線上で考えたECDSA、また素因数分解問題に根拠をおくFiat‐Shamir署名などがある。さらに、データの内容を秘密にしつつ、署名をつけてもらうブラインド署名や、あるグループのあるひとりのメンバが署名を生成という状況下で、グループ内の誰かが生成したことを誰でも検証可能である一方、どのメンバが生成したのかはわからないという機能を持つグループ署名といった、様々なデジタル署名の変形版が考察されている。

脚注
※RSAは暗復号関数が対称的であることから、逆操作をすることで暗号と署名を同時に作ることができた。一般に、平文、暗号文空間が等しく、かつ暗復号化関数が平文暗号文空間上の全単射対応を与えるような公開鍵暗号方式ならばそれを逆の順序で操作することによりデジタル署名ができる。しかし、例えば後述の、確率的な関数を使う公開鍵暗号などからは単純には署名方式を作ることができないことに注意。

3.4.2 相手認証

共通鍵暗号や公開鍵暗号を用いて秘匿通信が可能となり、さらにデジタル署名を用いればデータの正当性や完全性が保障できることを述べた。しかしオープンネットワークでの安全な通信を実現するにはもう一つ達成しなければならない重大な要求が残っている。すなわち通信相手の正当性の保障である。そもそも通信している相手が本当に意図している人物なのかどうかはっきりさせた上で通信しなければ全ては無意味となってしまう。実はこの相手認証も暗号技術を用いて解決することができるのである。

意図している通信相手と事前に秘密鍵などを共有しておくことができるのであれば、共通鍵暗号技術を用いて認証を行うことができる。しかし、暗号の場合と同様にこれだけでは広く通信を行うには都合が悪い。相手を認証するための情報として、信頼できる公開情報を用いることが出来れば非常に便利であるが、これも公開鍵暗号技術により解決するのである。

もっとも素朴な方法は公開鍵暗号やデジタル署名を認証用に使う方法である。公開鍵暗号を用いた方法を簡単に説明する。検証者はある利用者が正当であるか否かを検証するものとする。利用者は公開鍵暗号の公開鍵、秘密鍵を保持しているものとし、公開鍵は公開しておく。検証者は乱数を生成し、それを利用者の公開鍵で暗号化したものを利用者に送信する。利用者は受け取った暗号文を自身の秘密鍵で復号化しその結果を検証者に送信する。検証者は送られてきたものと最初に生成した乱数とを比較し、一致していれば正当な利用者で

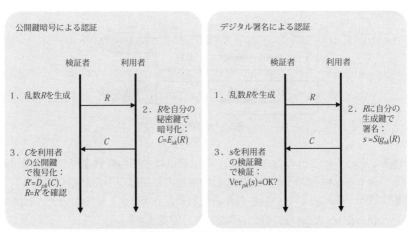

図3.6　公開鍵暗号、デジタル署名を用いた相手認証

あると判断すればよい。すなわち検証者は公開されている公開鍵と対をなす秘密鍵を持っている者、よって正しく復号することができる者が意図した相手であると認識するわけである。このことはデジタル署名を用いても同様に行うことができる。検証者が生成したランダムなデータに利用者により署名をしてもらい、公開されている検証鍵により正しく検証できるかを確かめるのである。

また相手認証専用に設計された方式もある。素因数分解問題の困難性に安全性の根拠をおくFiat-Shamir認証などが代表的である。

3.5 公開鍵暗号の安全性

3.5.1 数論問題の困難性

公開鍵暗号の安全性が、ある数論問題の困難性に依存するとき、その数論問題の困難性を十分慎重に検討する必要がある。その中で素因数分解問題は人類が最も長く触れてきた計算問題であり、信頼性は高い。もちろん、現在までにさまざまな素因数分解法が研究されてきており、楕円曲線を用いた方法や、数体ふるい法と呼ばれるものなどが強力な方法として知られている。これらを受け、素因数分解問題に頼る暗号では、2の1,000乗かそれ以上の大きさの合成数が推奨されている。2の500乗程度の合成数は数か月の計算により素因数分解できたという報告があるが、2の1,000乗では、その約16,000,000倍の計算量が必要である。この数値から単純に計算すると2の1,000乗程の合成数の素因数分解は現在の計算機能力の場合、数百万年から一千万年程度必要ということになり、事実上、安全であると考えられている。

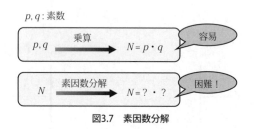

図3.7 素因数分解

RSAで用いられる形の合成数について、RSA社主催の懸賞金付き素因数分解コンテスト「RSA Factoring Challenge」の最近の結果は以下のとおりである。右の数字はホームページで公開された合成数の長さ(ビット長の場合と、10進の場合とがある)を表し、日付は分解された日である。

2003年4月1日	RSA－160(530ビット(10進160桁))
2003年12月3日	RSA-576(576ビット)
2005年5月9日	RSA-200(663ビット(10進200桁))
2005年11月2日	RSA-640(640ビット)
2009年12月12日	RSA-768(768ビット)

現時点では1024ビットの合成数の素因数分解が成功したという報告はないが、分解記録の伸びを考慮すると、やはり長期的（10年以上など）な安全性には疑問があり、アメリカ標準技術研究所（NIST）もすでに1024ビットの合成数の安全性を保障していない。RSA暗号/署名の長期的安全性が必要なシステムには倍長の2048ビットかそれ以上の合成数を用いることが推奨される。

3.5.2 安全性証明理論

数論問題が困難であっても、本当にその公開鍵暗号が安全であるか否かについてはさらに議論が必要である。共通鍵暗号と同様、公開鍵暗号でもアルゴリズムを公開することがほとんどであり、攻撃者はそのアルゴリズムの弱点を探す十分な時間が与えられることになる。このような状況下では、安全性がなんらかの意味で理論的に証明できるような暗号が求められるようになるのは自然なことであり、90年代に入って安全性証明可能公開鍵暗号が研究されるようになった。安全性証明可能とは、その公開鍵暗号を解読することが、ある数論問題を解くこと、またはそれ以上に(計算量的に)困難であることを理論的に証明できることをいう。安全性証明に成功した暗号としては、RSA暗号をベース

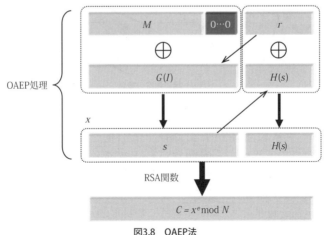

図3.8　OAEP法

にしたRSA-OAEP暗号[1]が有名で、クレジットカードに基づく電子決済システムなどで広く用いられている。

　安全性証明理論では、"攻撃者"のおよび"解読"の厳密な定義を行い、その組み合わせで安全性レベルの分類を行う。現在考えられている最強の攻撃者モデルは適応的選択暗号文攻撃といわれるものであり、攻撃者は、ターゲットとなる暗号文以外であれば、任意に選んだ暗号文に対する平文を手に入れることができるという環境を想定したモデルである。また暗号に要求される"解読"困難性の分類でもっとも厳しいのは強秘匿性というもので、暗号文からは対応する平文の部分情報を一切漏らさないことを要求している。決定性のアルゴリズムを持つ方式(同じ平文に対しては常に同じ暗号文が作成されるような方式)では強秘匿性は持つことができず、従って最強レベル暗号を構成するには確率暗号であることが必須である。

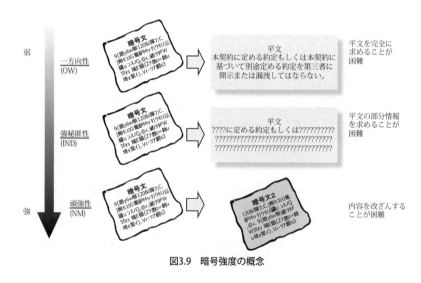

図3.9　暗号強度の概念

　3.3節で述べた基本的なRSA暗号は暗号化復号化が決定性であるから最強レベル暗号ではない。しかし、上述のRSA-OAEPは基本的なRSA暗号にランダムな要素を取り入れて確率暗号化したもので、最強レベルの安全性が証明されている。

　同様の安全性証明理論がデジタル署名にも展開されており、その最強概念である適応的選択文書攻撃に対して存在的偽造不可という性質が証明された署名

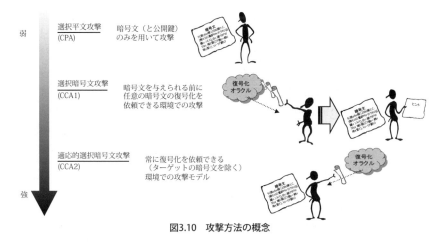

図3.10　攻撃方法の概念

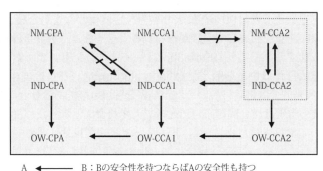

A ← B：Bの安全性を持つならばAの安全性も持つ

図3.11　暗号の安全性レベルの概念と関係

方式が望ましいとされている。

　※頑強性というより強い概念もあるが、適応的選択暗号文攻撃のもとでは強秘匿性と等価になることが証明されている。

3.5.3　公開鍵の正当性、管理問題

　共通鍵、公開鍵暗号技術を用いることで、安全でない通信路上での相手認証、秘匿通信、通信内容の完全性保障が可能となることを述べたのだが、それでもなおこれら暗号技術が根本的に抱える大きな未解決問題が残っている。すなわち公開鍵の正当性保障の問題である。公開鍵暗号の公開鍵自身が第三者によって偽造されてしまうと、容易にわかることだが、なりすましなど様々な攻撃が自明に成立し、システム全体が崩壊する。従って公開鍵が本当にその利用者の

ものであることを保証するしくみが必要となる。しかし残念ながら、この問題は現在のところ、暗号技術だけでは解決していない。すなわち無条件、あるいは数論問題の困難性のような客観的に信頼できる条件のもとでこの問題を解決する方法は構築できていないのである。現状では、公開鍵暗号、その他の公開鍵暗号技術における公開鍵とその利用者とのつながりを保証する機関、認証局（CA：Certification Authority）を設けて、利用者に認証局を（主観的な意味で）信頼してもらうことを要求しなければならない。このような信頼できる機関を設立し、オープンネットワークでの暗号技術の安全な利用を可能とする社会基盤（PKI：Public-Key Infrastructure）を構築することが必要となっている。PKIについては第6章で詳しく説明する。

3.5.4 量子技術による脅威

80年代、従来の概念を覆す、量子計算機の概念が登場した。1985年Deutschは量子の重ね合わせの原理を応用して並列計算を行う量子チューリングマシンを定式化した。90年代に入り厳密な定式化がなされた後、90年代後半には実際に装置を作成して実験が行われるようになり、数qbit（量子ビット）の制御に成功する。一方、1994年Shorは量子計算機を用いて、素因数分解が極めて高速に行えることを示した（Shor's algorithm）。これは現在の、RSA暗号も含む、代表的公開鍵暗号のいくつかが完全解読可能であることを意味する。量子計算機の実現は、公開鍵暗号にとって大変な脅威となった。従来の公開鍵暗号を用いて構築されたシステム（RSA暗号などはクレジットカードなどで幅広く用いられている）が将来、完全に無力化する可能性が顕現したわけであり、行政、経済などにおいて、世界的な混乱を招くことも予想されるのである。

量子計算機は現状では実際に暗号を解読するには遠く及ばない状態ではあるが、今後、量子計算機実現に向けて技術は着実に進歩していくであろう。また、量子計算機を用いた既存の暗号技術を打ち破る研究も進んでいくと考えられる。しかし、これらに対抗して、量子計算機を用いても解けないような暗号方式（耐量子計算機暗号、ポスト量子暗号）の研究が進んでいる。NISTではこのような暗号方式の標準化を計画しており、2017年に耐量子計算機の公開鍵暗号プリミティブを公募し、69件が応募された。今後数年をかけて安全性の評価などを行っていく予定である。

量子計算機とともに注目されているのが量子暗号である。これは量子に情報を乗せて送受信をする量子通信路を用いて秘匿通信を行う技術で、量子を観測すると量子は観測に応じた固有状態に縮退するという量子的性質を巧みに応用し、通常の公開鍵暗号のような計算量的安全性を超えた安全性を達成できる。

量子計算機が登場しても安全性を確保できる方式として話題を呼んでいる。

方式としてはBB84プロトコル[2]が代表的である（BB84は厳密には古典通信路を用いた古典共通鍵暗号による秘匿通信のための秘密鍵共有プロトコルである）。BB84はデバイスの開発も実験室レベルでは比較的容易にできることからすでに盛んに実験が行われており、光ファイバを用いて100km程度の量子暗号通信に成功している。

しかしながら、実用となるには中継方法やコストなど越えるべき課題が山積している状態である。

■演習問題

問1 RSA暗号に関する問題
(1) 素数p、qがそれぞれ5、11であり、かつ、復号化鍵dが23であるとき、暗号化鍵eの値を求めよ。
(2) (1)の各パラメータを用いて平文7を暗号化した結果を求めよ。また、(1)で求めた復号化鍵で復号し、もとの平文にもどることを確認せよ。

問2 中国人剰余定理を用いたRSA復号化
各パラメータは問題1と同じとする。暗号文C＝9が与えられたとする。
(1) $dp=d \bmod (p-1)$、$dq=d \bmod (q-1)$とし、$m_p=C^{dp} \bmod p$、$m_q=C^{dq} \bmod q$を計算せよ。
(2) 中国人剰余定理により、M ($0<M<N$) であって$M \bmod p=m_p$、$M \bmod q=m_q$を同時に満たすものが存在する。このMを求めよ。
   4. $dp=d \bmod(p-1)$、$dq=d \bmod(q-1)$を計算する
   5. $m_p=C^{dp} \bmod p$、$m_q=C^{dq} \bmod q$を計算する
   6. $M=[p^{-1}(m_q-m_p) \bmod q]p+m_p$を計算する

問3 暗号解読に関する問題
RSA暗号を用いたシステムにおいて、ユーザAの公開鍵を$(N, e1)$、ユーザBの公開鍵を$(N, e2)$とする（同じ法Nを用いていることに注意）。また、$\gcd(e1,e2)=1$であるとする。CがA、B両者に平文Mをそれぞれの公開鍵を用いて暗号化して送った場合、二つの暗号文と公開情報（A、Bの公開鍵）から平文Mを求める方法（解読法）を考えよ。

第3章 暗号技術－公開鍵暗号－

問4 デジタル署名に関する問題
　　デジタル署名の多くではハッシュ関数を用いる。その理由をいくつか述べよ。

参考文献

(1) M.Bellare and P.Rogaway, Random Oracles are Practical：A Paradigm for Designing Efficient Protocols, Proceedings of the 1st ACM Conference on Computer and Communications Security, ACM Press, 62-73(1993)

(2) C.H.Bennett and G.Brassard, Quantum Cryptography：Public Key Distribution and Coin Tossing, Proc. Of IEEE Int. Conf. On Comp. Sys. And Signal Proc., Bangalore, India, 175－179(1984)

(3) ブルースシュナイアー（山形浩生監訳），暗号技術大全，ソフトバンクパブリッシング㈱（2003）

(4) W. Diffie and M.E.Hellman, "New Directions in Cryptography", *IEEE Trans. Inf. Theory*, IT-22, 6, pp.644-654(1976)

(5) T.ElGamal, A public key cryptosystem and a signature scheme based on discrete logarithms, IEEE Trans. Information Theory, IT-31, 4, 469-472(1985)

(6) 黒澤 馨，尾形わかは著，現代暗号の基礎数理，コロナ社(2004)

(7) A.Menezes, P.van Oorschot and S.A.Vanstone, Handbook of Applied Cryptography, CRC Press(1996)
　　http：//www.cacr.math.uwaterloo.ca/hac/

(8) 岡本龍明，山本博資，現代暗号，産業図書(1997)

(9) R. Rivest, A. Shamir and L. Adleman, "A Method for Obtaining Digital Signature and Public-Key Cryptosystems", *Commun. of the ACM*, 21, 2, pp.120－126(1978)

(10) B. Schneier, "Applied Cryptography, 2nd Edition", John Wiley & Sons(1995)

[RSA]
http：//www.rsa.com/rsalabs/node.asp?id＝2125

第4章
デジタル署名とPKI

4. デジタル署名と PKI

この章では、デジタル署名を用いた電子認証についての概念について説明し、それを実現するための社会基盤である、PKI（Public Key Infrastructure）について説明する。

4.1 認証とは

認証（authentication）とは、現在やりとりをしている相手もしくは物体が、本当に意図した人（もの）であることを確認する行為を意味する[1]～[3]。我々は日常生活のさまざまな局面で認証を行っている。例えば、パスポートの提示、受験時の受験票の携帯、コンサートでの入場券の確認、あるいは銀行のATMでのキャッシュカードと暗証番号の入力などがそれである。

認証を行うためには、意図した相手であることを確認するための情報を事前に入手しておかなければならない。すなわち認証を行う者（検証者）は、相手を識別した後に意図した相手であるかを確認するための情報、または手段を有していなければならない。

認証行為は、その意味によっていくつかの概念に分類されている。前述の認証（authentication）は、相手が意図した人であることを確認する行為を意味するのに対し、その前段に行われる、相手もしくは物体を一意に識別することを識別（identification）という。また、認証は無目的に行われることはなく、認証した相手に対する何らかの行為が引続き行われるが、認証された相手に対して、何らかのサービスを享受できるなどの権限を付与することを、権限付与（authorization）と呼ぶ。さらに、第三者によって本人の身元等の正しさを証明し保障することを第三者認証（certification）と呼ぶ。本章では単独で「認証」と表記した場合には、二者間で行われる"authentication"を意味することとする。表4.1に、認証に関連する概念についてまとめる。

表4.1 認証に関連する概念

概念	意味
識別（identification）	相手もしくは物体を一意に識別すること。
認証（authentication）	相手もしくは物体が本当に意図した人（もの）であることを確認すること。
権限付与（authorization）	認証によって正しいと確認された相手に対して、何らかのサービスを提供したり、権限を付与すること。
第三者認証（certification）	第三者によって（身元などが）正しいことを証明し保障すること。

第4章　デジタル署名とPKI

　電子認証とは、認証を電子的手段で行うことを意味するが、本書では特に区別せず、認証と表記する。ネットワークや様々なデジタルデバイスが発達し、情報がデジタルコンテンツとして流通している現在において、電子認証は必要不可欠な技術となっている。
　認証を行う際に利用する手段として、本人が持つ知識や所有物、生体的特徴(バイオメトリクス)などが用いられている[4]。
　本人が持つ知識を利用する場合、その知識は本人しか知らないことが認証の根拠となる。知識を認証に用いる代表例はパスワードである。認証を行う検証者と本人のみが知っているパスワードを照合することにより、相手を認証することができる。
　本人の所有物を利用する場合、その所有物の複製が困難であり、本人のみがその所有物を保持していることが認証の根拠となる。本人の所有物を認証に用いる例として、ICカード等のハードウェアトークンがある。ICカードが保持する識別情報や識別機能を用いて認証することにより、ICカードの真正性が確認され、またICカードは一般に偽造/複製が困難であることから、盗難されたものでない限り、所有している相手が意図した人であると判断することができる。
　本人の生体的特徴を利用する場合、その生体的特徴が個人により異なっていることを認証の根拠とする。生体的特徴を認証に用いる例として、指紋認証や指静脈認証がある。あらかじめ入手した指紋や指静脈のパターンと、認証時に本人から入力された指紋、指静脈のパターンとを照合して、相手を認証する。
　表4.2に、さまざまな認証手段の例についてまとめる。

表4.2　さまざまな認証手段

認証手段	例
知識	パスワード、PIN、暗号鍵
所有物	パスポート、運転免許証、ハードウェアトークン
生体的特長（バイオメトリクス）	顔、指紋、指静脈パターン、声門、虹彩、筆跡

　認証を確実に行うには、事前情報、認証手段、認証時にやり取りする情報のすべての完全性や秘匿性を考慮する必要がある。例えば、パスワードによる認証を行う場合、検証者が事前に入手するパスワードが正確であること、パスワードが容易に類推できないこと、認証時にパスワードを盗聴、改ざんされないことが要求される。また、ローカル端末による認証を行う場合と、ネットワークを介してリモート認証を行う場合では、要求されるセキュリティ要件が異なる。

リモート認証を行う場合は、ネットワークを流れる認証データを保護することと、入力デバイスの完全性を実現することが重要である。このような要求に応えるためには、複数の認証手段を組合わせることも効果的である[2]。

4.2　公開鍵暗号基盤

　PKI（Public Key Infrastructure）は公開鍵暗号基盤と呼ばれる電子認証およびその後に行われる電子サービスを実現するには公開鍵暗号技術が有効である。3章で詳述したように、公開鍵暗号技術は、公開鍵暗号の場合、暗号化と復号化、またデジタル署名の場合には署名生成と検証でそれぞれ異なる鍵を用い、暗号化鍵、署名検証鍵は公開する。これはセキュリティシステムを柔軟に設計するために極めて有効である。

4.2.1　公開鍵暗号を用いた暗号通信

　3章で説明したように、公開鍵暗号を用いて他人に知られることなく特定の相手に情報を伝える暗号通信が実現できる。受信者は秘密鍵を保持し、対となる公開鍵を送信者に事前に配布しておく。送信者は、受信者の公開鍵を使って送りたい情報（平文）を暗号文に暗号化して、受信者に送付する。受信者は、受け取った暗号文を自分が保持している秘密鍵を用いて復号する。第三者が送信された暗号文を盗聴しても、受信者のみが保持している秘密鍵が無ければ復号することはできない。

4.2.2　デジタル署名を用いたデータの完全性保障

　デジタル署名のもともとの機能はデータの完全性、すなわち第三者による改ざんがなされていないことを検証することである。またその検証は署名者が公開している公開鍵（署名検証鍵）を入手すれば誰でも可能である。デジタル署名の対象となる情報は、デジタル化されたビット列であれば良い。すなわち、テキストデータに限らず、画像や音声等さまざまなコンテンツにデジタル署名を施すことが可能である。

4.2.3　デジタル署名を用いた本人確認

　デジタル署名は、署名対象データの完全性を維持するだけではなく、データの発信者を特定することが可能である。すなわち当該デジタル署名の署名者が、署名の検証に用いた公開鍵に対応する秘密鍵の所有者であることを認識することが可能である。

　繰り返し、通信相手を認証するには、静的に署名されたデータを提示されただけでは不十分である。なぜならば、データの署名者とそのデータの送信者が一致している保証がないからである。そのため通信相手を認証するためには、

動的に送付した情報について デジタル署名を行う等のプロトコルが必要となる。デジタル署名を用いて通信相手を認証する場合、検証者（検証者）は、まず任意の乱数を生成し被検証者へ送付する。被検証者は、受け取った乱数に対して署名を施し検証者へ送付する。検証者は、受け取った署名をあらかじめ入手した被検証者の公開鍵を用いて検証する。ここで被検証者から送られる署名を第三者が入手して再送攻撃を行うことを防ぐためには、検証者が認証のたびに異なる乱数を送付することが重要である。

このように、公開鍵暗号技術を活用して通信におけるデータの秘匿性や完全性、通信相手の認証が実現できる。しかし、これらの仕組みは、通信相手の公開鍵、署名検証鍵を事前に確実に入手することが前提になっていることに注意しなければならない。なぜならば、悪意のある攻撃者が正当な通信相手の公開鍵を、攻撃者自身の秘密鍵に対応した公開鍵にすりかえた場合、その公開鍵を正当な通信相手のものと思い込んで暗号化した情報は攻撃者により復号化され、情報が漏洩してしまうからである。公開鍵の正当性保障は暗号技術のみでは解決しておらず、"信頼"を介した社会基盤を構築し、公開鍵の安全な配布を実現する必要がある。その基盤が、公開鍵基盤PKI（Public Key Infrastructure）である。

PKIは、認証、秘匿性、完全性を提供する。狭義には、ユーザの公開鍵の正当性を保障する公開鍵証明書と、それを発行する認証局からなるシステムを指す。IETFのPKIXワーキンググループの定義[8]では、「公開鍵暗号方式にもとづき、公開鍵証明書を生成、管理、保管、配布、失効させるために必要となるハードウェア、ソフトウェア、人、ポリシーおよび手続きからなるセット」としている。狭義のPKIを利用した応用技術を含めた周辺の仕組みの総称として用いられることも多い。公開鍵証明書の規格には、X.509勧告[9]が広く使われており、本書では、X.509（Version 3）公開鍵証明書を前提として解説する。またIETFのPKIXワーキンググループで制定されたX.509公開鍵証明書のプロファイルを中心に解説する[2]。PKIの中心となるのは、公開鍵証明書（Public Key Certificate）を発行する認証局（Certification Authority、CA）である。公開鍵証明書の構造とそれを発行する認証局の仕組みについて説明する。

4.2.4　公開鍵証明書（Public Key Certificate）

公開鍵証明書は、公開鍵と対となる秘密鍵の所有者を結びつけることを証明する電子データであり、認証局により署名され発行される。公開鍵証明書は、X.509（Version 3）公開鍵証明書が広く利用される。

第4章　デジタル署名とPKI

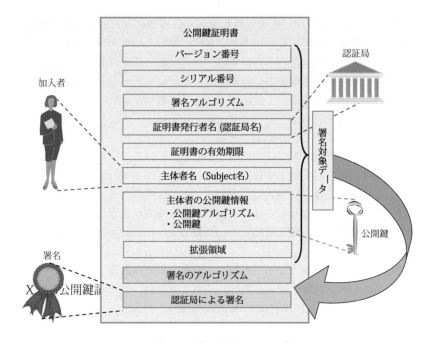

図4.1　X.509公開鍵証明書（Version 3）の基本構造

　バージョン番号（Version）：X.509証明書フォーマットのバージョン。バージョン3の場合は、"2"を設定する。
　シリアル番号（Serial Number）：認証局によって一意に付与される番号。
　署名アルゴリズム：認証局による署名に用いられるアルゴリズム。署名対象部分と署名対象外の二箇所に同じ値を設定する。
　認証局発行者名（Issuer）：認証局を識別する名称。
　有効期限（Validity）：この証明書が有効となる期間（開始時刻と終了時刻）。
　主体者名（Subject）：この証明書の記載事項の主体となる人、すなわち対となる秘密鍵を所有している人を識別する名称。
　主体者の公開鍵情報（SubjectPublicKeyInfo）：公開鍵アルゴリズムと公開鍵情報。
　署名アルゴリズム：認証局による署名に用いられるアルゴリズム。
　認証局による署名：認証局の秘密鍵によって生成された署名データ。
　拡張領域（Extension）：鍵用途やCRL配布点等、証明書の拡張情報を格納する。
　X.509公開鍵証明書は、ITUによって規定されているX.500ディレクトリ仕

様群の一部であり、認証局発行者名および主体者名は、X.500のディレクトリ名として表現される。

認証局自身が保持する秘密鍵に対しても、対となる公開鍵を証明する公開鍵証明書を発行する。認証局の公開鍵証明書は、認証局自身が発行する場合と、上位の認証局が発行する場合がある。いずれにしても最上位の認証局の公開鍵証明書は、その認証局自身により発行される。認証局自身により発行される証明書は、証明する対象となる公開鍵と公開鍵証明書に署名に用いる公開鍵（秘密鍵）が一致しているため、自己署名証明書と呼ばれる。

4.2.5 認証局と加入者、依存者

狭義のPKIは、公開鍵証明書を発行する認証局（Certification Authority、CA）、公開鍵証明書およびそれに対応した秘密鍵を所有する加入者（Subscriber）、加入者によるデジタル署名を検証し、加入者の本人認証を行う依存者（Relying Party）の関係によって説明することができる。図4.2に三者の関係を示す。

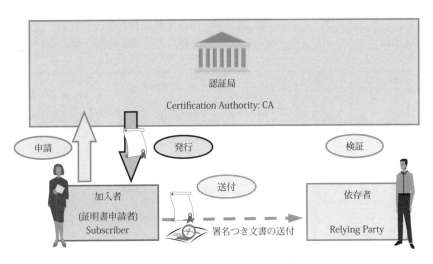

図4.2　認証局、加入者、依存者の関係

認証局は、加入者からの証明書申請を受け付け、加入者に対する審査を行い、公開鍵証明書を発行する。加入者が保持する秘密鍵と公開鍵の鍵対は、加入者が生成する場合と認証局が生成する場合がある。

加入者は、保持している秘密鍵を用いて署名生成を行い、依存者に提示する。

逆にいうと、依存者とは、加入者によって提示する署名を検証する立場の人を指す。署名を提示する際に、公開鍵証明書を依存者に提示する。

依存者は、加入者が提示する署名を検証する際に、認証局自身の公開鍵証明書を信頼できる方法で入手しておく必要がある。また、検証の時点で加入者の公開鍵証明書が失効していないか認証局に確認することができる。

加入者の責務は、秘密鍵の機密性を維持し、秘密鍵情報を漏洩しないことである。仮に秘密鍵が漏洩した場合には、速やかに認証局に届け出る義務がある。

依存者の責務は、署名検証を正しく行うことであり、それには公開鍵証明書有効期限の確認、失効確認、信頼すべき認証局の公開鍵証明書の入手が含まれる。

認証局の責務は、加入者と公開鍵の対応関係を確実に確認した上で、公開鍵証明書を発行することと、発行した公開鍵証明書の失効管理を行い、依存者に失効確認手段を提供することである。

4.2.6 認証局の構成

認証局は、一般に登録局（Registration Authority、RA）、発行局（Issuance Authority、IA）、リポジトリ（Repository）の機能要素から構成される。認証局の機能構造を図4.3に示す。登録局は、加入者からの公開鍵証明書の発行申請

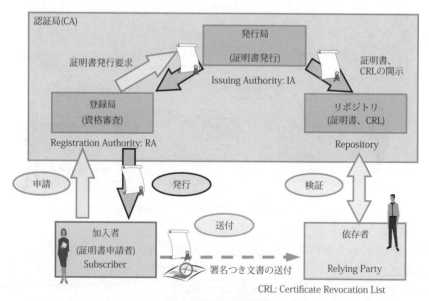

図4.3 認証局の機能構造

を受け取り、申請者の資格審査を行い、発行局に公開鍵証明書の発行依頼を行う。また、証明書の失効についての判断を行う。発行局は、登録局からの依頼に基づき、認証局の秘密鍵を用いて、公開鍵証明書を発行する。リポジトリは、認証局の公開鍵証明書や証明書失効リストを依存者に開示する。認証局の運用形態によっては、加入者の公開鍵証明書を開示することもある。

4.2.7　認証局の階層構造

認証局は、図4.4に示す通り、複数の認証局により階層構造を構成することがある。ルート認証局は、最上位に位置する認証局であり、その公開鍵証明書は、自身の秘密鍵によって署名されており、他の認証機関の公開鍵証明書は、上位の認証局の秘密鍵によって署名されている。加入者に対して公開鍵証明書を発行する認証局を下位認証局と呼び、認証局の階層構造の中間に位置する認証局を中間認証局と呼ぶ。

図4.4　認証局の階層構造

4.2.8　認証局の運用

認証局の運用は、証明書発行ポリシー (Certificate Policy、CP) および認証実践規定 (Certification Practice Statement、CPS) という二つのドキュメントにより規定される。証明書発行ポリシーは、発行する証明書に対する規定であり、その識別子が公開鍵証明書に記載される。認証実践規定には、認証局の運営方針や運用内容、認証局、加入者、依存者の責務等が記載され、加入者、依存者もしくは、これから証明書を利用しようと考えるものが、その認証局を信頼する根拠とするものである。証明書発行ポリシーと認証実践規定を一つの文書に

まとめ、CP/CPSとして扱われることもある。CPSに記載されている内容は、表4.3に示すRFC2527[6]によって提示されている標準的な目次構成に従って作成するのが一般的である。

表4.3 CPSの一般的な内容（RFC2527）

章	タイトル	内容
1	はじめに（Introduction）	概要、識別子、体制、連絡先等
2	一般規定（General Ptrovisions）	義務、責任、準拠法、料金、公開、監査、知的財産権等
3	本人確認と認証（Identification and Authentication）	本人確認、証明書の更新、再発行、失効要求等
4	運用要件（Operational Requirements）	各運用手段（証明書発行、失効、セキュリティ監査、記録、鍵更新、災害時の対応、認証業務の終了）
5	物理面、手続面及び人事面のセキュリティ管理（Physical, Procedural, and Personnel Security Controls）	物理的管理、手続き的管理、人事的管理のセキュリティ管理
6	技術的管理（technical Security Controls）	鍵ペア生成、秘密鍵管理、活性化データ管理、コンピュータセキュリティ管理、システムのライフサイクル管理
7	証明書とCRLプロファイル（Certificate and CRL Profile）	証明書のプロファイル、CRLのプロファイル
8	仕様管理（Specification Administration）	仕様変更手順、公開、本CPSの承認手順

4.2.9 証明書失効

　有効期限内の公開鍵証明書でも、秘密鍵が漏洩した場合など、証明書を利用できないようにする必要がある。認証局の責務として公開鍵証明書の失効について、依存者に確認手段を提供しなければならない。この方式として、CRLモデルとOCSPモデルがある。CRLモデルは認証局が失効された証明書のリストを運用ポリシーに従い、即時的あるいは定期的に公開する方式で、このリストを証明書失効リスト（Certificate Revocation List、CRL）という。図6.3の構成でのリポジトリはCRLモデルにおける失効リスト公開を行う。利用者はこのリストを定期的に取得し、証明書の有効性を確認する。一方、OCSPモデルは利用者からの問い合わせに対して失効情報を保持したサーバ（このサーバをOCSPレスポンダと呼ぶ）が回答する方式である。

4.3 信頼モデル

　依存者が、提示されたデジタル署名を検証するには、加入者の公開鍵証明書を用いて署名データの確認をした後、認証局の公開鍵証明書を用いて加入者の公開鍵証明書を検証する必要がある。この検証プロセスは、図4.5に示す通り、

最終的に自己署名された最上位の認証局の公開鍵証明書に行き着くが、自己署名証明書を検証する手段は無い。言い換えると、自己署名証明書は信用する以外に方法はないため、信頼できる手段により正しい自己署名証明書を入手しておく必要がある。このように検証する手段がなく、信頼することが前提になっている証明書をトラストアンカーと呼ぶ。

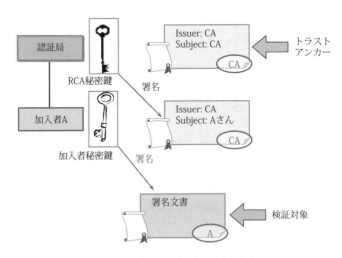

図4.5　署名検証におけるトラストアンカー

　一般に、ある認証局の配下で、共通の運用ポリシーに従い運営されている認証局群を認証ドメインと呼ぶ。複数の認証局が存在している場合、それらの認証局の信頼関係および依存者が保持するトラストアンカーの持ち方によって、さまざまな信頼モデルが実現される。以下に信頼モデルのバリエーションについて例を示す。

(1)　階層モデル

　階層モデルは、一つのルート認証局の配下にすべての認証局が配置される信頼モデルである。ルート認証局のポリシーに従う一つの認証ドメインを構成しており、比較的管理が容易なモデルである(図4.6)。

(2)　相互認証モデル(メッシュモデル)

　複数のルート認証局が、それぞれの配下に信頼モデルを構築している場合、ルート認証局が互いに相互認証証明書を発行することにより、一方のトラストアンカーにより他方の加入者のデジタル署名を検証することを可能とする信頼

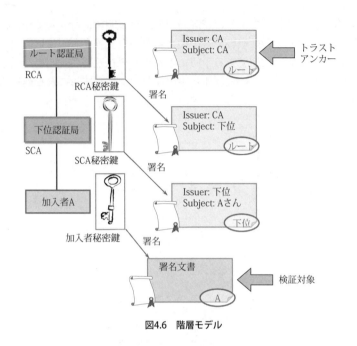

図4.6 階層モデル

モデルである。相互認証証明書とは、一方の認証局の公開鍵に対して他方の認証局が発行する公開鍵証明書である。相互認証証明書を発行して他方の認証局を信頼する際には、双方の認証局の運用ポリシーを比較しレベルを合わせる必要がある(図4.7)。

(3) 相互認証モデル(ブリッジモデル)

それぞれの配下に信頼モデルを構築しているルート認証局が多数存在する場合、ルート認証局同士が直接相互認証証明書を交換すると、発行コストが増大してしまう可能性がある。そのため、ブリッジ認証局を設置し、それぞれのルート認証局が、ブリッジ認証局と相互認証証明書を交換することにより、相互認証にかかる証明書発行コストを抑えることができる。ただし、一度ブリッジ認証局との相互認証を行うと、その後ブリッジ認証局と相互認証を行うルート認証局との信頼関係が成立してしまうため、ブリッジ認証局の運営者を中心とした一貫した運営ポリシーを整備しておく必要がある(図4.8)。

第4章　デジタル署名とPKI

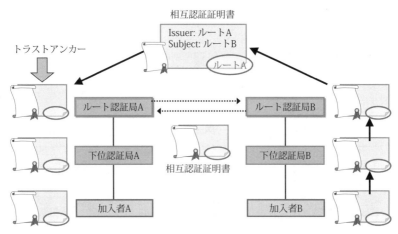

図4.7　相互認証モデル（メッシュモデル）

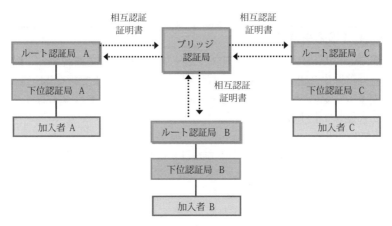

図4.8　相互認証モデル（ブリッジモデル）

(4) Webモデル

　Webブラウザに信頼できるルート認証局の公開鍵証明書をバンドルして配布することにより、複数のルート認証局が保持する認証ドメインを信頼する信頼モデルである。依存者は、ブラウザにバンドルされて配布されたトラストアンカーを信用する必要があるが、トラストアンカーの配布責任が不明確であるため、利用する際には注意が必要である（図4.9）。

第4章　デジタル署名とPKI

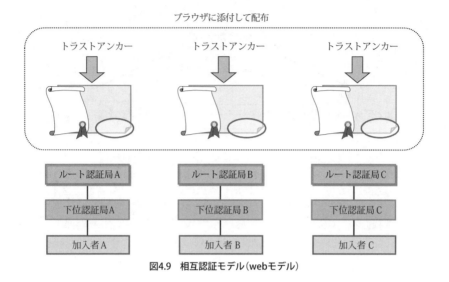

図4.9　相互認証モデル（webモデル）

4.4　PKIの応用分野

　本節では、PKIを活用したPKIアプリケーションについて概説する。例としてWebの暗号化と認証を行うことを目的としたプロトコルであるSSL/TLS、および電子データの生成された時刻を保障するサービスであるタイムスタンプサービスを取り上げる。

(1)　SSL/TLS

　SSL（Secure Socket Layer）プロトコルは、Netscape社によって開発された汎用の暗号通信プロトコルであり、TLS（Transoport Layer Security）プロトコルと名称を変えて標準化された(1)(2)。

　上位プロトコルとして、HTTPと組合わせて使用されることが多いが、他のプロトコルを上位プロトコルとして利用することも可能である。

　SSL/TLSは、ネゴシエーションを行うハンドシェークプロトコルとネゴシエーションの結果に基づいて上位プロトコルデータを通信するレコードプロトコルの二つのプロトコルから構成される。

　X.509公開鍵証明書を用いて、サーバ認証、クライアント認証、暗号通信を利用することが可能である。図4.10に、TLSのプロトコルフローについて示す。

　図4.10において、クライアントは利用可能な暗号方式を提示する（ClientHello）。サーバは、クライアントに提示された暗号方式から一つの方式

第4章　デジタル署名とPKI

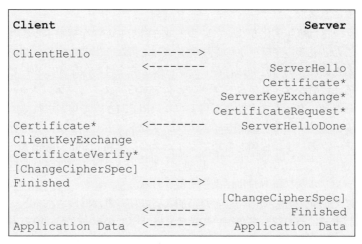

図4.10　TLS(SSL)ネゴシエーションフロー（RFC2246）

を選択して返答する（ServerHello）。さらにサーバは、自身のサーバ証明書を含む上位認証局の公開鍵証明書の一覧を送信する（Certificate）。

　サーバは、選択した暗号方式によって追加パラメータが必要な場合には続けて送信する（ServerKeyExchange）。サーバがクライアント認証を要求する場合は、要求するクライアント証明書の条件を送る（CertificateRequest）。サーバからの送信が終了したことを伝え、クライアントからの応答を待つ（ServerHelloDone）。

　クライアントは、サーバから送付された公開鍵証明書の有効性をチェックし、要求された場合はクライアント証明書を送る（ClientCertificate）。さらに、サーバから入手した公開鍵を用いてデータ通信に使用する乱数を暗号化して送る（ClientKeyExchange）。これによりサーバが公開鍵証明書に対応する秘密鍵を保持していなければデータ通信を継続できないため、サーバ認証が実現できる。次にクライアントは、クライアント証明書を要求されている場合、ネゴシエーションでやりとりしたメッセージのハッシュ値を自分の秘密鍵で署名をして送付する（CertificateVerify）。サーバはクライアントから送付された署名を検証し、クライアント認証を行う。ネゴシエーションが終了したら、クライアント、サーバともに、ネゴシエーション結果の送信を行い（ChangeCipherSpec）、最初のデータ通信プロトコルの通信を行う（Finished）。

第4章　デジタル署名とPKI

(2)　タイムスタンプサービスとデータ証明

電子データは経年劣化がなく、いつ生成されたものかを特定することは出来ない。このことが電子データの証拠性を著しく損なう場合もある。この問題を解決するために、ある時刻に存在したデータの完全性を保証するサービスが求められる。これがタイムスタンプサービスである。タイムスタンプサービスを実現するためのタイムスタンププロトコルはRFC3161[12]で規定されている。タイムスタンプサービスとは、タイムスタンプ要求メッセージに、完全性を確保したいデータのハッシュ値を含めてタイムスタンプ局（Time Stamp Authority、TSA）に送信すると、信頼のおける時刻とともにTSAの署名が施されて返信するというシンプルなプロトコルにより実現される。

一般にデジタル署名には、ひとたび加入者の秘密鍵が漏洩されると、その瞬間にそれまでにその秘密鍵を用いて署名したすべてのデータが、第三者によって改ざん可能なデータとして扱わざるを得ないという問題がある。すなわち加入者は、自己が保有する秘密鍵がすでに危殆化されていた可能性を主張することにより、過去に行ったデジタル署名に対して、簡単に否認することが可能である。この問題を解決するために、データ検証・認証サービス（DVCS）がRFC3029[13]として規定されている。ただしタイムスタンププロトコルと異なり、プロトコルで規定すべきサービスの範囲が複雑であり、現在改訂作業が滞っている状態である。

■演習問題

問1　デジタル署名を用いて相手を認証（authentication）する方法を述べよ。

問2　デジタル署名を用いた認証では、認証のたびに異なる乱数が必要である。その理由を述べよ。

問3　公開鍵の正当性が保障ができない状況ではどのような事態が生じるか。攻撃方法を述べよ。

問4　PKIにおいて、依存者が加入者に秘密の情報を送信する場合のフローを述べよ。

問5　PKIの信頼モデル：階層モデル、メッシュモデル、ブリッジモデル、webモデルのそれぞれの問題点を述べよ。

第 4 章　デジタル署名と PKI

問6　PKIを用いたアプリケーションを調べ、説明せよ。

参考文献

(1)　土居範久監修：情報セキュリティ辞典，共立出版㈱(2003.7)
(2)　Richard E. Smith著，稲村雄監訳：認証技術，オーム社(2003.6)
(3)　ウイリアムスターリング著，石橋啓一ほか訳：暗号とネットワークセキュリティ，ピアソンエデュケーション(2001.9)
(4)　瀬戸洋一：サイバーセキュリティにおける生体認証技術，共立出版㈱(2002.5)
(5)　ブルースシュウナイアー著，山形浩生訳：暗号技術大全，ソフトバンクパブリシング(2003.6)
(6)　ウォーイックフォード，マイケルバウム著，山田真一郎訳：デジタル署名と暗号技術，ピアソンエデュケーション(2001.10)
　　RFC2437：PKCS#1：RSA Cryptography Specifications Version 2.0
(7)　FIPS180-2
(8)　RFC2828：Internet Security Glossary
(9)　ITU-T Recommendation X.509：The Directory _ Public-key and Attribute Certificate Frameworks 2000

第5章
セキュア実装

5. セキュア実装

　暗号技術は、ネットワーク社会における各種サービスのセキュリティを支える重要な要素技術である。しかし、これらのサービスにおいて、暗号は単独で使われるわけではない。多くの場合、利用者は、あらかじめ決められた手順(プロトコル)やハードウエアに実装された形で利用される。

　セキュア実装とは、プロトコルとハードウエア実装を総称する言葉である。プロトコルは脆弱性を回避するため、またハードウエア実装は耐タンパ性を確保することを主な目的とする。

5.1　セキュアプロトコル

5.1.1　概要

　暗号や電子署名などの暗号技術は、ネットワーク社会における各種サービスのセキュリティを支える重要な技術である。しかし、これらのサービスにおいて、暗号方式や署名方式は単独で使われるわけではない。多くの場合、あらかじめ決められた手順(プロトコル)に従い、暗号技術や署名技術を使いデータをやり取りすることで、サービスは実現されている[1]~[5]。

　セキュアプロトコルは、セキュリティプロトコルあるいは暗号プロトコルとも言い、「実現しようとするサービスが要求する安全性を明らかにした上で、暗号要素技術を組み合わせたり、必要であれば要素技術そのものの改良を行うことによって、要求された安全性を達成する方法を提供すること」である。ただし、特に決まった定義があるわけではない。公開鍵暗号スキームそのものを指して暗号プロトコルという場合もあるし、もっと上位のレイヤーのアプリケーションだけを対象とする場合もある。

　表5.1にセキュアプロトコルの基本要素を示す[6]~[11]。

表5.1　セキュアプロトコルの基本要素

要素	内容
暗号化	メッセージを秘匿
認証	相手が正しいか確認 メッセージが改ざんされていいないことを保証
アクセス制御	許可レベルまたはポリシーに基づくアクセスの許可
鍵管理	鍵の生成、配布および維持管理

　多くのプロトコルが開発されているが、基本的には上記の機能を有する。そ

第5章 セキュア実装

そもそもプロトコルとは、通信分野で(通信)手順、(通信)規約として使われていた。セキュリティの場合は、脅威への対策を行ったのがセキュアなプロトコル、つまり、セキュリティ機能をもつプロトコルをセキュアプロトコルと呼ぶ。

もし暗号技術が容易に解読可能であれば、それを利用したセキュアプロトコルは安全にはなりえない。では逆に、利用する暗号技術が安全であれば、サービスが要求する安全性は実現できるのであろうか？実は、要素技術である暗号技術が安全であっても、それらを正しく組み合わせないと、サービスが要求する安全性は達成できないことがある。

以下に例を紹介する。ここで取り上げるのは、ユーザIDとパスワードを使ったユーザ認証処理の例である。

システムの設計者は、パスワードを平文のままインターネットをつかって送ってしまうと、通信路の途中で盗聴の危険があることに気がついた。パスワード情報を盗まれてしまうと、だれでも不正にログインできてしまうため、ユーザ認証の意味をなさない。

そこで、設計者は、図5.1に示すようにパスワードを、公開鍵暗号方式を使って暗号化することを考えた。

① サーバBはユーザAにサーバBの公開鍵を送る
② ユーザAはサーバBの公開鍵を使ってパスワードを暗号化する
③ ユーザAはユーザIDと暗号化されたパスワードを送る
④ サーバBは暗号化されたパスワードをサーバBの秘密鍵を使って復号し、あらかじめ登録されているパスワードと一致するかどうかをチェックする

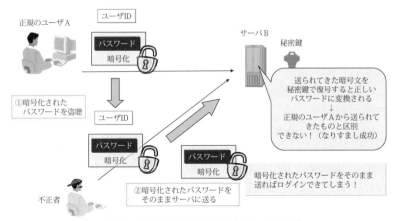

図5.1 公開鍵暗号方式によるパスワードの保護

第5章 セキュア実装

　これでパスワードが秘匿され、一見したところ安全になったように見える。しかし、本当にユーザ認証は安全に行えるようになったであろうか？残念ながら、答えはNOである。

- 不正者は、インターネットを流れているユーザIDと暗号化されたパスワードを盗聴し、保存する
- 不正者は、サーバBにログインしたいときは、保存しておいたユーザIDと暗号化されたパスワードをそのままサーバBに送る
- 送られてきた暗号文を秘密鍵で復号すると正しいパスワードに変換される

正規のユーザAから送られてきたものと区別できない(なりすまし成功)！

　以上のように、パスワードを暗号化しても不正者によりなりすましが生じる。したがって、単に暗号技術を使えば、安全性の高い認証方式が実現できるわけでなく、脆弱性がないよう、その利用の方法を考え実現するのがセキュアプロトコルである。

　例えば、図5.2に示すように、公開鍵暗号を次のように使用した場合は、安全性の高い認証が実現できる。

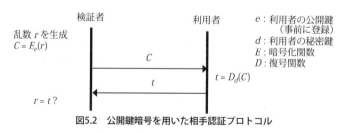

図5.2　公開鍵暗号を用いた相手認証プロトコル

① 検証者(例えばサーバ)は、乱数rを生成し、利用者の公開鍵で暗号化($E_e(r)$)した乱数Cを利用者(例えばクライアント)に送る。
② 利用者は利用者の秘密の鍵で復号($D_d(C)$)し乱数tを求める。乱数tを検証者に送る。
③ 検証者は、利用者から送られた乱数tと検証者が生成した乱数rを比較し、同じならば、正しい利用者であることを認証できる。

　この場合、検証者と利用者の間でやり取りされるデータ乱数C、tは盗聴される恐れもあるが、毎回異なる乱数を利用するため、盗聴されても再利用ができない。また、復号の鍵は、利用者が安全な形で保管している秘密鍵であるため、この鍵が漏洩しない限り、認証の安全性は確保できる。

以上のように、強い暗号を使えば安全かというと、そうではなく、安全性を高めるためには、利用する際の脅威と脆弱性を把握した上で、暗号技術の適切な利用の仕方、鍵の保管などが必要である。

以下に3種類のセキュアプロトコルの一例を紹介する[1][5]。

- 暗号系：Diffie-Hellman鍵共有
- ネットワーク系：IPsec、SSL/TLS
- アプリケーション系：電子投票、電子入札

インターネットは図5.3に示すように各階層でセキュリティを考慮している。本節では代表的なプロトコルであるネットワーク層のIPsecとトランスポート層のSSL/TLSの二つを説明する。

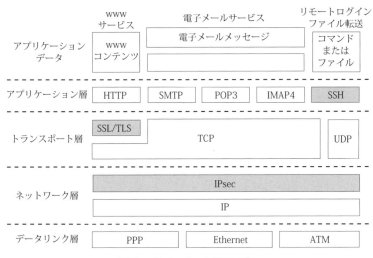

図5.3　インターネット階層モデル

5.1.2　暗号系プロトコル

暗号系プロトコルとして、Diffie-Hellman鍵共有を紹介する。1976年にスタンフォード大学の研究員ホイットフィールド・ディフィー（Bailey Whitfield Diffie）とマーティン・ヘルマン（Martin Edward Hellman）は、公開鍵暗号の概念を提案し、その具体的な方式の一つとして、ディフィー・ヘルマン鍵共有（Diffie-Hellman鍵共有）プロトコルを提案した。この鍵共有方式は共通鍵暗号方式における鍵の受け渡しを安全に行うために提案された方式である[8][11]。

このプロトコルは、通信を行いたい2者が各々公開データと秘密データを用

第5章 セキュア実装

意し、公開データのみを相手に送信し、各自、自分の秘密データと受信した公開データから共通鍵を作成できる方法である。第三者が送受信されるデータ(すなわち、二人の公開データ)を盗聴しても鍵を生成することができない点に特徴がある。

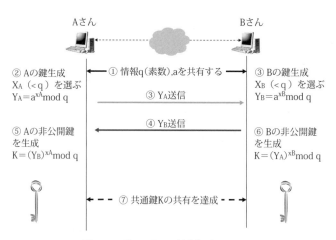

図5.4 Diffie-Hellman鍵交換プロトコル

図5.4に示すように、値の大きな素数qと任意の整数a(原始根)を用意する。このaとpは公開されているものとする。いまAさんとBさんが通信を行うとする。このときAさんとBさんはお互い秘密の値X_A、X_Bを選択する、この値は0以上、(q-2)以下の中からランダムに選ぶ。

Aさんは次の値Y_Aを計算してこれをBさんに送信する。

$$Y_A = a^{x_A} \bmod q \quad \cdots (5.1)$$

Bさんも同様にY_Bを計算してこれをAさんに送信する。

$$Y_B = a^{x_B} \bmod q \quad \cdots (5.2)$$

Aさんは自身の秘密の値X_Aと受信したY_Bから以下の値を計算する。

$$K_A = (Y_B)^{X_A} \bmod p \quad \cdots (5.3)$$

Bさんも自身の秘密の値X_Bと受信したY_Aから以下の値を計算する。

$$K_B = (Y_A)^{X_B} \bmod p \quad \cdots (5.4)$$

このときAさんとBさんが計算したK_A、K_Bは共に

$$K_A = (Y_B)^{x_A} \bmod q$$
$$= (a^{x_B} \bmod q)^{x_A} \bmod q$$

$$= (a^{x_B})^{x_A} \mod q \quad 剰余計算の規則により$$
$$= a^{x_A x_B} \mod q$$
$$= (a^{x_A} \mod q)^{x_B} \mod q$$
$$= (Y_A)^{x_B} \mod q$$
$$= K_B \quad \cdots (5.5)$$

のため、以後この値を共通鍵暗号方式の鍵として使用する。

ここで第三者Cさんが、この二人の通信を盗聴してYAとYBを入手しても、

$$K_A = (Y_B)^{X_A} \mod p \quad \cdots (5.6)$$
$$K_B = (Y_A)^{X_B} \mod p \quad \cdots (5.7)$$

から

$$K = a^{x_A x_B} \mod q \quad \cdots (5.8)$$

離散対数を多項式時間で計算する方法は現在、存在しないので、Cさんは鍵Kを生成することが困難である。このためAさんとBさんが安全に通信を行うことが可能になる。

例として以下に具体的な数値を入れて計算する。

① 公開情報

　　q=97, a=5

② 利用者Aの鍵生成Y_A、および鍵Y_Aを利用者Bへ送信

　　$X_A = 36$ とする

　　$Y_A = a^{x_A} \mod q$

$$= 5^{36} \mod 97 = 50 \quad \cdots (5.9)$$

③ 利用者Bの鍵生成Y_Bおよび鍵X_Bを利用者Aへ送信

　　$X_B = 58$ とする

　　$Y_B = a^{x_B} \mod q$

$$= 5^{58} \mod 97 = 44 \quad \cdots (5.10)$$

④ 利用者A(B)の秘密の鍵Kを生成(利用者B(A)との共有鍵)

　　利用者A：$K = (Y_B)^{x_A} \mod q = (44)^{36} \mod 97 = 75 \quad \cdots (5.11)$

　　利用者B：$K = (Y_A)^{x_B} \mod q = (50)^{58} \mod 97 = 75 \quad \cdots (5.12)$

5.1.3　ネットワーク系プロトコル

(1)　トランスポート層

代表的なプロトコルにSSL/TLSがある[1][4][5][11]～[14]。SSL（Secure Sockets Layer）とは、安全に通信をするためのセキュリティプロトコルである。このセキュリティプロトコルが開発された背景には、インターネット利用者の拡大がある。インターネットができた当初は（少なくとも1990年代初頭まで）、セキュリ

第5章　セキュア実装

ティに対する関心は低く、対策を考慮することはなかった。これは、インターネットに関わる関係者(軍あるいは大学関係者)は性善説を前提としていたからである。現在のような不特定多数の人々が誰でもインターネットに接続できる状況では、セキュリティにも配慮する必要が出てきた。そのため、セキュリティを必要とする通信のために作られたのがSecure Sockets Layer (SSL)である。SSLは、SSL/TLSと表記されることがある。

- 1990年代中頃：SSL (SSL 1.0) は、Netscape社により当時の主要なブラウザNetscape Navigatorとして開発された。ただし、SSLプロトコルの最初のバージョンであるSSL1.0は、プロトコル自体に重大な欠陥があったため、公開されなかった。
- 1994年：SSL2.0リリースは、Netscape Navigator 1.1に実装されたが、脆弱性が発見された
- 1995年：SSL 3.0がリリースされた。TLSプロトコルの基本設計に相当する。SSL3.0は広く利用された。
- 1996年：安全なインターネット通信を実現するためにセキュリティプロトコルSSLを、セキュリティ専門家を交えた第三者機関で開発するため、SSLをNetscape社からIETFへ移管するために、TLSワーキンググループが結成された。
- 1999年：TLS (Transport Layer Security) という名称でTLS 1.0がリリースされ、実質SSLからTLSへと移行した。SSL 3.0との違いはわずかであるが、両バージョンの互換性はない。しかし、SSL3.0が広く広まり、TLSの普及は限定的であった。
- 2006年：TLSの改良としてTLS 1.1がリリースされ、それまでに発見された攻撃手法に対応することを目的としたセキュリティの強化が行われた。
- 2008年：TLS 1.2がリリースされ、脆弱性のある古い仕組みの排除や、最新の暗号化に対応するなど、安全性を高める改良が行われた。
- 2014年：SSL 3.0も仕様上の脆弱性(POODLE)が発見され、根本的な対処法としてはSSL 3.0を無効化(IETF(インターネット技術タスクフォース)により使用禁止)した[12]～[14]。
- 2017年12月：TLS 1.3がドラフトとして提案された。安全性をさらに高める改良が行われた。

SSLは、TCP上で暗号化通信を行うためのプロトコルであり、Netscape Communicate社が開発し、SSL3.0を基にしたTLSがIETFで標準化された。

図5.5に示すように、SSLでは、はじめにHandshakeプロトコルで暗号通信に

使用するアルゴリズムの決定、サーバの認証、鍵の生成を行い、Recordプロトコルで暗号化通信を行う。

まずクライアントがサーバにアルゴリズムのリストと鍵生成用の乱数を送信し、サーバは使用するアルゴリズムを決定する。次に、鍵生成用の乱数と証明書を送信し、クライアントは証明書を検証し、サーバの公開鍵で秘密情報pre_master_secretを暗号化して送信する。クライアントとサーバは、乱数とpre_master_secretを使って各自暗号鍵とMAC鍵を生成し、今まで送信した全メッセージのMACを送信する。MACの検証に成功すると、Recordプロトコルにより暗号化通信を開始する。送信するデータを複数に分割し、各データのMAC付与と暗号化を行い、Recordヘッダを付与して送信する。

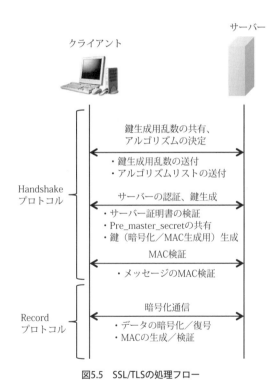

図5.5　SSL/TLSの処理フロー

SSL/TLSハンドシェイクでは、
　・利用する暗号スイートの選択

第5章 セキュア実装

- データの暗号化に使用する鍵の確立
- 認証

暗号スイート（Cipher Suite）とは、SSL/TLS通信をする際に、サーバーとクライアントでお互いに利用可能な以下の方法をまとめたものである。

- 鍵交換の方法
- サーバー認証の方法
- 暗号化の方法

表5.2 暗号スイート例

暗号スイート	鍵交換	署名	暗号化	ハッシュ関数	備考
TLS_RSA_WITH_3DES_EDE_CBC_SHA	RSA	RSA	トリプルDESのCBCモード	SHA-1	TLS1.2のRFCでは必須としている
TLS_DHE_RSA_WITH_AES_256_GCM_SHA384	DHE	RSA	256ビットAESのGCMモード	SHA-384	高セキュリティ型
TLS_ECDHE_RSA_WITH_CAMELLIA_128_GCM_SHA256	ECDHE	RSA	128ビットCamelliaのGCMモード	SHA-256	高セキュリティ型
TLS_DHE_RSA_WITH_AES_128_GCM_SHA256	DHE	RSA	128ビットAESのGCMモード	SHA-256	高セキュリティ型
TLS_DHE_RSA_WITH_CAMELLIA_128_CBC_SHA	DHE	RSA	128ビットCamelliaのCBCモード	SHA-1	高セキュリティ型

出典：日経NETWORK 特集1 2015年9月

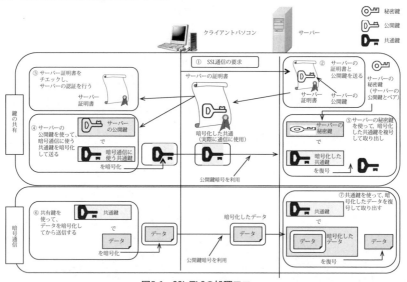

図5.6 SSL/TLSの処理フロー

図5.6は、SSL/TLSの処理のフロー概要を示す。詳細は上記に記した内容と同様であるので、説明は省略する。

(2) ネットワーク層

IPsecはネットワーク層において通信セキュリティを保証するプロトコルである。つまり、暗号技術と認証技術を利用してIPパケットの安全な通信を実現するための技術である。IPパケットを暗号化することにより盗聴による通信内容の漏洩を防ぎ、改ざんを検知する仕組みにより通信経路での改ざんなどがないことを保証する。IPsecはインターネットを仮想的に専用線のように利用するVPN（Virtual Private Network）を実現する[1][4][5]。

そのため、上位層に位置するアプリケーションの種類に依存せず、全てのアプリケーション通信は透過的に通信セキュリティを確保することができる。

IPsecは、通信送信元の認証、通信の暗号化、メッセージ認証、トンネリングによる安全な通信路の構築を提供する。暗号化機能とメッセージ認証機能によってIPパケット全体か、パケット中に格納されているデータ部分を保護する。

IPsec には、AH（Authentication Header）と ESP（Encapsulating Security Payload）の二つのプロトコルと、トンネルモードとトランスポートモードの二つのモードが存在し、各プロトコルでそれぞれのモードが適用できる。以下に、二つのモードについて説明する。AH では、認証と IP パケットの改ざん検知が可能である。ESP では、認証、データの暗号化および IP パケットの改ざん検知が可能である（ただし、IP ヘッダの改ざん検知はできない）。

トンネルモードでは、IPヘッダを含むIPパケット全体をデータとして扱い。トランスポートモードでは、IPパケットのデータのみをデータとして扱う。

①トランスポートモード

図5.7に示すように、ホスト間でIPsecパケット出力処理とIPsecパケット入力処理を行うもので、このときIPsec暗号化、復号化処理が送信・受信ホストで行われるならば、ホスト間トランスポートIPsec通信となる。この場合は、それぞれのホストがIPsec実装を備えることが必要となる。トランスポートモー

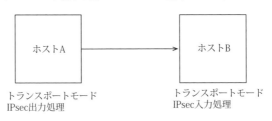

図5.7　トランスポートモード

第5章　セキュア実装

ドでは、IPパケットで運ぶデータ部分のみを暗号化し、これにあて先などを指定したIPヘッダを付けて送信をする。

②トンネルモード

図5.8には、ホスト間にセキュリティゲートウェアを挟み、セキュリティゲートウェイが、IPsecパケット出力処理とIPsecパケット入力処理を行うものである。このときはホストにはIPsec実装は必要ない。これらの処理はIPsecサブプロトコルによって実現されている。トンネル・モードでは、ほかのホストからいったん受信したIPヘッダとデータ部分を合わせたものをまとめて暗号化したうえで、新たに相手先のセキュリティゲートウェイ宛のIPヘッダを再度つけ直して送信を行う。

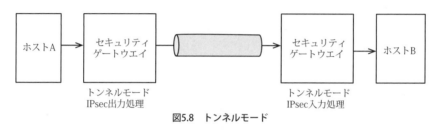

図5.8　トンネルモード

図5.9にパケット構成図を示す。AHのトンネルモードでは、IPパケット全体をデータとみなし、AHヘッダおよび新規のIPヘッダを付加し、新規IPヘッダ、AHヘッダおよび元のIPパケット全体に対する改ざん検知コードを作成する。

AHのトランスポートモードでは、IPパケットのヘッダとデータの間にAHヘッダを挿入し、AHヘッダを含むIPパケットに対する改ざん検知コードを作成する。トンネルモードでもトランスポートモードでも作成された改ざん検知コードは、AHヘッダに設定する。

ESPのトンネルモードでは、IPパケット全体をデータとみなし、データの前にESPヘッダおよび新規のIPヘッダ、後ろにパディング、パディング長などの値を含むESPトレイラを付加する。元のIPパケットとESPトレイラは暗号化され、新規IPヘッダを除くデータに対する改ざん検知コードが作成される。

ESPのトランスポートモードでは、IPパケットのヘッダとデータの間にESPヘッダを挿入し、ESPトレイラはデータの後ろに付加する。元のIPパケットのデータとESPトレイラは暗号化され、IPヘッダを除くデータに対する改ざん検知コードが作成され、ESPトレイラの後ろに付加される。

図5.10にIPsecの処理概要を示す。まず、使用するプロトコル、モード、暗

第5章　セキュア実装

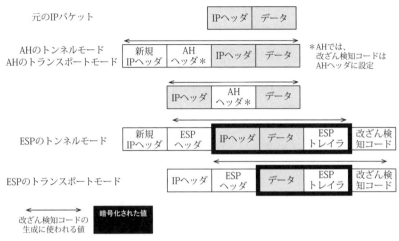

図5.9　パケット構成図

号化アルゴリズム、鍵などのセキュリティパラメータを指定するためにSA（Security Association）を生成し、IPsec通信を行う。SAは、手動と自動による管理方法があり、自動管理の場合、IKE（Internet Key Exchange）を用いて鍵を共有する。

5.1.4　アプリケーション系プロトコル

本項では、アプリケーションレベルのセキュアプロトコルを紹介する。一口にアプリケーションレベルのセキュアプロトコルといっても、さまざまな目的のプロトコルが存在し、それらの中にはすでに広く利用されているものもあれば、実用に向けて研究中のものもある。それらすべてを挙げることはできないので、ここでは実用に向けて研究および実用が進んでいる代表的な例として電子投票およ

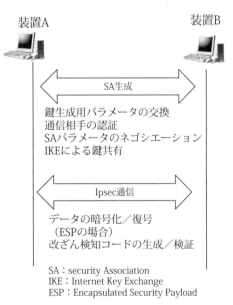

図5.10　Ipsecの処理概要

び電子入札のプロトコルを紹介する。

このほかにも、電子抽選、ビットコインなどの電子マネーなど様々なアプリケーションプロトコルがある[1]。

(1) 電子投票

公職選挙法特例法（電子投票法）が2002年2月1日に施行され、地方選挙において電子投票が法律的に可能となった。2002年6月23日には、岡山県新見市の新見市長・市議同日選挙において実際に電子投票が行われている。現状は、投票所に行って電磁的記録式投票機を用いて投票を行う方法が実現されている段階であるが、将来的には、投票所に行かなくてもインターネットを活用し自宅から投票できるようになる。

インターネットを活用した電子投票を安全に実現するために重要なことは、
- 投票の匿名性を保証
- 有権者を正しく認証

することである。

これを実現するプロトコルはいくつか提案されている。ここでは、ブラインド署名と呼ばれる技術を利用した電子投票プロトコルを紹介する。

ブラインド署名とは、署名者に文書の中身を開示することなく、署名してもらう技術である。ちょうど、封筒の上から、中に入れた紙まで写るように、はんこを押すようなものである（図5.11、図5.12）。

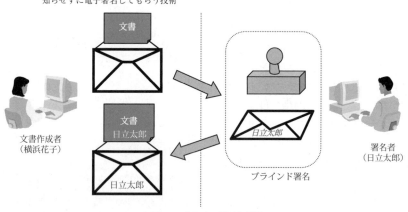

図5.11　ブラインド署名技術

第 5 章　セキュア実装

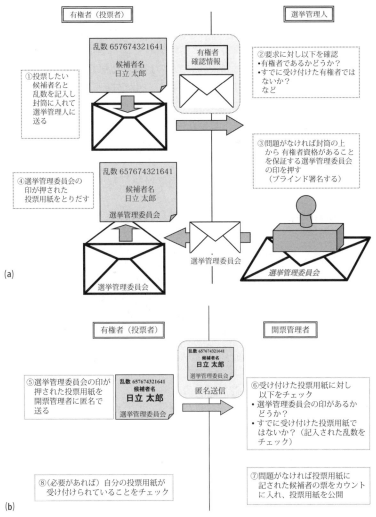

図5.12　ブラインド署名を使った電子投票

ブラインド署名を使うと、以下の手順で電子投票を実現できる。

① 有権者は投票用紙に、自分が投票したい候補者の名前と、他人の投票用紙と区別するための乱数を書き込み、封筒に入れ、選挙管理人に持っていく。

② 選挙管理人は、有権者確認情報と有権者名簿によって、有権者であるか

どうか、すでに受け付けた有権者ではないか等を確認する。
③ 確認の結果、問題がなければ、封筒の上から選挙管理委員会の印を押し（ブラインド署名し）有権者名簿に受付済みである旨記録する。
④ 有権者は、選挙管理人から署名つきの封筒を受け取ると、中から選挙管理委員会の署名つき投票用紙を取り出し、開票管理者に送る（このとき発信者は特定されないようにする）。
⑤ 開票管理者はまず、送られてきた投票用紙に書き込まれた乱数を調べて、すでに集計済みの投票用紙でないことを確認する。次に、選挙管理委員会の署名がついていることを確認する。
⑥ 確認の結果、問題がなければ、正当な投票とみなしカウントし、投票用紙を公開する。
⑦ 有権者は公開された投票用紙の乱数部分を調べ、自分の投票が確かにカウントされていることを確認する。

この電子投票プロトコルの安全性は以下の通りである。

選挙管理人がわかるのは、有権者資格があるかどうかだけであり、投票内容は分からない。一方、開票管理者がわかるのは、誰に投票したか、だけであり、誰が投票したか、は分からない（注：投票用紙に書き込まれた乱数は分かるがその乱数と投票した有権者の関係は分からない）。したがって、投票の匿名性は保証される。また、正しい投票用紙は、選挙管理人が署名しない限り作られないため、無資格者による投票や2重投票も防止できる。したがって、匿名性を保ちつつ、有権者を正しく認証することもできている。

電子投票プロトコルの技術的安全性は確保されたが、日本国内では、インターネットによる電子投票は実現されていない。この理由は、投票は本当に本人の意思で行われたのか？

脅迫されて不本意な投票をしたかもしれない？などが解決されていないからである。

ただし、エストニアでは実施されている。投票期間内であれば、何度でも投票を修正可能なように投票システムを構築し、脅迫による投票をある程度（完全には無理であるが）回避できるからである。

(2) 電子入札

電子入札とは、官公庁の入札担当部局と各入札参加業者とをネットワークで結び、一連の入札事務をそのネットワーク経由で行う方法である。これを活用することにより、手続きの透明性の確保（情報公開）、品質・競争性の向上（談合機会の減少）、コスト縮減（業者の移動コスト等）、事務の迅速化などの効果

が期待される[3]。

ICT化推進の位置付けとして、公共事業については、国土交通省の「CALS/EC(地方展開アクションプログラム2001年6月)」において、株式会社帝国データバンクが全国初となる電子入札向けの認証局業務を受託して展開した。都道府県・政令指定都市にも広がっている。

ここでは、ハッシュ関数を用いた電子入札プロトコルの原理を紹介する。

電子入札を安全に実現するために求められる主なセキュリティ要件は以下の通りである。

- 入札時点から入札価格が変更されていないこと
- 開札までは入札価格の秘匿性が保たれていること
- だれもが落札価格の正当性(例:確かに入札価格中最低値であったか)が確認できること
- (さらに、開札後であっても落札者以外の入札価格の秘匿性が保たれていること、が望ましい)

これらの要件をいかに実現するかが電子入札プロトコルに求められる課題である。

① まず、準備として開札者は入札可能価格の一覧を公開する(ここで紹介するプロトコルは、理解し易いように実際の入札と異なり、あらかじめ指定された入札可能価格の中から入札価格を選択しなくてはならない)。

例えば、パソコンの入札を、50万、60万、、、100万円から選択する。

② 各入札者は入札期間内に入札価格を決定しハッシュ関数を用いて生成した入札データを開札者に送る

入札者Aは80万円で入札する場合、図5.13のように80万円:秘密裏に生成した乱数$L_{A,80}$と、$L_{A,70}$を求める。

$$L_{A,70} = \text{Hash}(\text{"YES"} || L_{A,80}) \quad \cdots (5.13)$$

次に、70万円は入札価格でないので、Noとし、$L_{A,60}$を求める。

$$L_{A,60} = \text{Hash}(\text{"NO"} || L_{A,70}) \quad \cdots (5.14)$$

同様、$L_{A,50}$は、

$$L_{A,50} = \text{Hash}(\text{"NO"} || L_{A,60}) \quad \cdots (5.15)$$

50万円もNOであるので、

$$L_A = \text{Hash}(\text{"NO"} || L_{A,50}) \quad \cdots (5.16)$$

をもとめ、80万円で入札したL_Aを開札者に改ざんを防止するため、ディジタル署名をつけて送る。

同様に、入札者B、Cも同様にL_B、L_Cを求め改札者に送る。

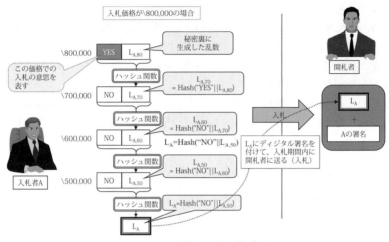

図5.13 ハッシュ関数を用いた入札プロトコル

③ 開札者は開札日時がきたら、開札手続きを行い最低価格を入札した者を決定する図に示すように、開札手続きにおいては、開札者は各入札者に対し、随時、開札に必要なデータの提出を要求する。

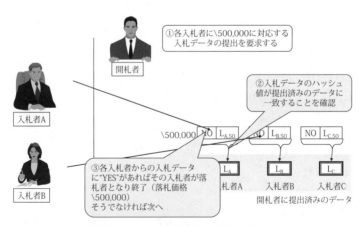

図5.14 ハッシュ関数を用いた開札プロトコル

順次、入札と逆の手順で入札金額を確認する。

例えば、入札者Aの50万円でのハッシュ値LA,50を確認する。このためには

入札者よりL$_{A,50}$を入手し、

$$L_A = \text{Hash}(\text{"NO"} || L_{A,50}) \quad \cdots (5.17)$$

を計算する。開札者に送られたLAと同じならば、50万円はNoであることが分かる。もし、入札者Aが50万円で入札したと虚偽の申請をした場合、

$$L_A \neq \text{Hash}(\text{"YES"} || L_{A,50}) \quad \cdots (5.18)$$

であり、入札者Aが虚偽の申請をしていることが分かる。入札者B、Cも同様に行う。

結局、図5.15のように、

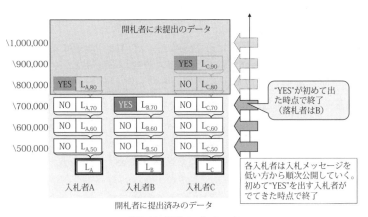

図5.15　開札のプロトコル

各入札者は入札メッセージを低い方から順次公開していく。初めて"YES"を出す入札者がでてきた時点で終了する。落札者はBであることが判明する。

電子入札プロトコルの安全性は、図5.15に示すように、

① 開札者に送信済みのデータとハッシュ値が一致するのは元々の入札データだけ(ハッシュ関数の一方向性による)つまり入札価格が変更されていないことが誰にでも確認できる

② 開札時点まで入札価格を示すデータは開札者に送らない落札できなかったときも送らない。つまり入札価格の秘匿性の確保

以上により確保できている。

5.2　ハードウエア実装

本節では情報化社会におけるセキュリティ確保の手段のうち、ハードウェア技術と密接に関係する暗号のハードウエア実装について紹介する。ハードウェ

第 5 章　セキュア実装

ア実装の主な目的は、
- ① 耐タンパ性の向上
- ② 暗号処理の高速化
- ③ ユーザ利便性

の三つが挙げられる[3]。

まず、ICカードなどセキュリティを保つ上で重要となる耐タンパ性、ハードウェア実装における暗号処理の高速化とユーザから見た利便性としてインタフェースについて述べる。次に、ICカードにおける暗号のソフトウェア実装について述べる。最後に、暗号モジュールの安全性評価について紹介する。

5.2.1　耐タンパ性の向上

タンパ(tamper)とは、「勝手に改ざんする。許可無く変更する。」といった意味を持つ動詞である。いわゆる暗号に対する攻撃を意味する。このタンパに対する耐性、tamper resistantを訳して、耐タンパ性と呼ぶ。なお、耐タンパー性を有するモジュールとは、「暗号化・復号・署名生成のための鍵をはじめとする秘密情報や秘密情報の処理メカニズムを外部から不当に観測・改変することや秘密情報を処理するメカニズムを不当に改変することが極めて困難であるように意図して作られたハードウェアやソフトウェアのモジュール」のことである。

耐タンパ性は、本来タンパ(攻撃)に対する耐性であるから、攻撃に耐える仕組みを指すものであるが、最近は内部秘密情報の推測に役立つ情報を外部に漏らさない機能も含めるようになっている。ここでは、前者を物理的耐タンパ性、後者をサイドチャネル攻撃に対する耐タンパ性と呼ぶ。

(1)　物理的耐タンパ性

物理的耐タンパ性は、物(装置、回路基板、半導体部品等)に関する暗号解析を困難にするとか、解析しようとすると何らかの方法で解析を検知し、暗号機能を動作させない、あるいは、外部に漏れる可能性のある秘密情報(暗号鍵)を消去する機構を設けるなどの方法で実現される。

具体的な攻撃の検出方法は、装置の筐体、回路基板あるいは半導体部品など攻撃の検知場所で異なるが、基本的にはスイッチ等の物理的なセンサーや光センサーなどを用いて、正常動作状態からの変化を捉えることで検出を実現する。例えば、基盤を覆うカバーを無理やり開閉した場合、光センサーで開閉を検知し、メモリに保管した暗号鍵などのデータを消去する。

耐タンパ性の基準では、アメリカのFIPS PUB (Federal Information Processing Standard Publication) 140-2が有名である。FIPS140-2は、2012年

にISO/IEC 19790 (Security requirements for cryptographic modules) として国際標準規格が発行された。また、その全訳日本工業規格JISX19790 (暗号モジュールのセキュリティ要求事項)が発行されている。

一般に、半導体集積回路 (IC、LSI) は、それ自体で耐タンパ性が高いものではあるが絶対ではない。実際、図5.16に示すように、SEM (Scanning Electron Microscope：走査型電子顕微鏡)やFIB (Focused Ion Beam：収束イオンビーム)などの半導体検査装置を用いると、半導体の内部を解析することが可能である。ただし、これらの装置は高額であり、使用するには技術も必要なため、誰でも利用可能というわけではない。

SEM

FIB

・SEMを用いると、電荷の有無を判断でき、フラッシュROM内のデータ解析も可能。
・FIBを用いると、半導体チップ内部の配線を操作可能。セキュリティキーズ等は復元可能。

・FIBによる加工例

半導体の一部を切断／掘削し、断面を観察

金属配線を成長させる

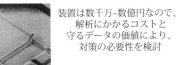
装置は数千万〜数億円なので、解析にかかるコストと守るデータの価値により、対策の必要性を検討

図5.16　FIB/SEMによる解析

(2)　サイドチャネル攻撃に対する耐タンパ性

近年注目されているのは、サイドチャネル攻撃と呼ばれる攻撃手法である。サイドチャネル攻撃は、暗号解読手法の一つで、暗号を処理する装置が発する電磁波や熱、電力量や処理時間の違いなどを物理的手段で観察することで暗号解読の手がかりを得ようとするものです。サイドチャネルとは、正規の入出力経路ではないことを意味しており、暗号本体のアルゴリズムとは異なる副次的情報であることからこのように呼ばれている。ネットとの接続を示すLEDの点滅、プリンターの印字の際の音、キーボードから発生する高周波、モニターケー

ブルから漏れ出るデジタル信号など、いわばコンピュータと現実の世界の接点から情報を盗み出すのがサイドチャネル攻撃と言える。こうした攻撃は、過去ログが残るわけでもないので攻撃の痕跡をたどることも攻撃を防ぐことも難しいと言われる[2]。

サイドチャネル攻撃というアイディアそのものは古くからあった。パソコン等の情報処理装置からは微弱ながら電磁波が放射されている。これを受信して復調することで、もとのディスプレイ画面を再現することができるが、アメリカでは1960年代から「テンペスト(TEMPEST)」というコードネームで、軍事目的に研究が行われていた。以後、このような漏えい電磁波から情報を再現する技術及びその対策を総じてテンペスト(TEMPEST)と呼ばれるようになった。

手がかりを得る「DFA攻撃(Differential Fault Analysis)」など、多数の攻撃方法が考えられている。

サイドチャネル攻撃は、装置そのものを分解／解析するのではなく、装置の外から動作を観測するので、より低コストで内部解析が実現できる。このため、物理的耐タンパ性だけでなく、サイドチャネル攻撃に対する耐タンパ性も、暗号処理装置には重要となる。

具体的には以下のような対策が施されている。
・プログラムで処理時間が一定になるように対処する。
・消費電流の変化の隠蔽またはかく乱するために、ノイズ源を搭載する。
・消費電力の特徴を出す部分を常に動作させる。

5.2.2 暗号処理の高速化

ICカードのようにCPU、ROM、RAMを同じ半導体チップ上に集積し、ROMに書かれた暗号処理プログラムをCPUが実行した場合も、暗号アルゴリズムを完全にハードウェアだけで実装した半導体チップを用いた場合も、外部から見ると同じ様に半導体チップ内部で暗号処理を行っていることになる。

共通鍵暗号やハッシュ関数は、一般にCPUを用いてソフトウェアで実装するよりも、ハードウェアの専用回路で実装した方が、処理速度を上げることができる。その理由は、共通鍵暗号には欠かせないビット単位のデータの並べ替えをソフトウェアよりも遥かに簡単に実現できる点と、ハードウェアの論理規模が許す限り処理の並列度を上げて多重化できる点である。

AESのような新しい暗号アルゴリズムは、32bitCPUで効率よく動作させるために、標準的な命令だけで実装できるように工夫されている。しかし、DESのような古い暗号アルゴリズムではビットの並べ替え(転置：permutation)を効率よくソフトウェアで実装することが困難である。一方、ハードウェアでの

第5章 セキュア実装

実装では、配線を変えるだけで実現でき、処理時間はほとんどない。他にもハードウェア実装の方が処理速度を上げられる部分がある。例えば、図5.17に示すようDES*のS-Boxと呼ばれる非線形変換部分である。DESのS-Boxは8種類存在する。それぞれのS-Boxは6bit入力4bit出力の非線形変換であるため、ソフトウェアで実装する場合には通常1要素4bit、64エントリーのテーブル作成し、このテーブルを参照して4bitの結果を求める仕組みで実装するのが一般的である。この方法だと8種類存在するS-Boxを順に8回処理する必要がある。しかし、ハードウェア実装では、8種類のS-Box処理論理回路を設けて同時に処理させ

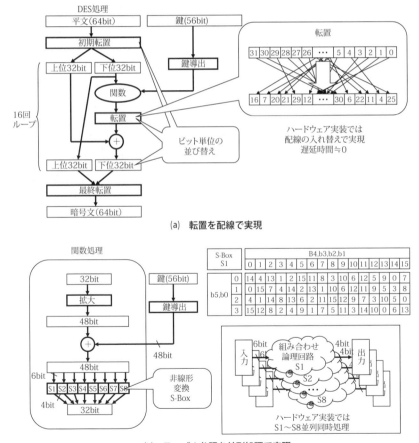

(a) 転置を配線で実現

(b) テーブル参照を並列処理で実現

図5.17 DESのハードウェア実装

99

ると、1回分の処理時間で済む。

　これらのハードウェアの特徴を有効に活用することで、ソフトウェア実装とハードウェア実装とで、同一周波数で動作させると数10倍から100倍程度の処理速度の差になる。

　公開鍵暗号の場合、共通鍵暗号とは異なり、多倍長データの演算をいかに効率よくおこなうかが処理速度に大きく影響する。標準的に用いられているRSA公開鍵暗号などは1024bitや2048bitなどの非常にビット長の長いデータを扱う必要がある。さらに、このビット長の長いデータで剰余演算（ある数で割った余りを求める）を行う必要があり、これを高速に処理するために工夫を凝らしている。多くの場合、Montgomery法と呼ばれる剰余演算を高速に行う方法を用いている。また、ICカードなどではコプロセッサと称して、CPUと独立して動作する専用回路で実現しているものが多い。

　＊DESは安全性が保証されないため現在使用されていないが、今回、ハード実装の例としてここでは説明に用いた。

5.2.3　ユーザ利便性

　暗号処理するハードウェアは、実際のユーザから見たときの要求機能は、「暗号処理をおこないたい」というより「相手が正しいか確認したい」とか「データを秘匿して通信したい」というものである。これは、ハードウェア実装に限ったことではないが、ハードウェア実装の場合は、セキュリティを保った状態で、機能の追加や変更をおこなうことが難しいので、ユーザインタフェースの決定がより重要になる。例えば、携帯電話は、通話中は暗号化してデータをやりとりしているが、通話することが目的であり、利用者がいちいち暗号化処理の設定することはない。暗号処理は利用者が関知しないLSIなどで実施されている。

　認証や暗号化通信に必要となる機能としては、乱数生成、鍵生成、署名、署名の検証といった機能や、チャレンジ＆レスポンスや公開鍵暗号を用いた相互認証など暗号処理機能を利用する手順を定めたプロトコル処理機能である。

　つまり利用者の要求は、
- 暗号単体の処理は要求していない。
- IPsecで通信したい。SSL処理をしたい。公開鍵暗号で認証したい。

であり、ハードウエアで暗号処理を実現することにより利用者の負荷を軽減する。

5.2.4　安全性評価

　暗号の評価にはアルゴリズムの評価だけでなく、実装レベルでの評価が必要である。アルゴリズムが脆弱な場合は、暗号解析により解読されてしまう可能

性があるが、実装レベルで脆弱性がある場合には、暗号機能を実装したソフトウェアやハードウェアに対する攻撃により鍵が露呈してしまい、安全性が確保できない可能性がある。

米国NIST（National Institute of Standards and Technology）はカナダ政府CSE（Communication Security Establishment）と共同で、CMVP（Cryptographic Module Validation Program）いう暗号技術を実装レベルで認定する制度を運用していた。CMVPの目的は、認定暗号モジュールの利用促進と、連邦政府機関が認定暗号モジュールを含む装置を調達する際のセキュリティの認定基準を提供することにある。CMVPの枠組みにおいて、暗号を実装したモジュールはFIPS140-2に基づいて検査されていた。FIPSはNISTが作成する電子機器全般の規格であり、米国政府に納品する製品の公達基準として用いられる。このうち、FIPS140は、利用者管理や鍵管理など、暗号モジュールのセキュリティに関する要件を規定したものである。

FIPS140-2の要件は、「暗号モジュールの仕様」、「ポートとインタフェース」、「役割、サービス、認証」、「有限状態モデル」、「物理的セキュリティ」、「オペレーション環境」、「鍵管理」、「電磁妨害／電磁両立性」、「自己試験」、「設計保証」、「その他の攻撃の軽減」の項目に分けて記載されている。FIPS140-2は、2012年に国際標準規格ISO/IEC 19790として発行された。

暗号モジュールは、それぞれの項目に対して、セキュリティレベル1から4までの4段階で評価される。レベル4が最も高いレベルである。

表5.3にISO/IEC19790の要件の概要を示す[16]。暗号モジュール評価基準によれば、

- セキュリティレベル1：セキュリティの最も低いレベルである。暗号モジュールとしての基本的なセキュリティ要求事項がここで規定されている。セキュリティレベル1では、製品レベルとしての基本的な要求事項を超える特別な物理的セキュリティのメカニズムは要求されない。セキュリティレベル1の暗号モジュールの例として、パーソナルコンピュータの暗号ボードがある。
- セキュリティレベル2：タンパー証跡をもつコーティング若しくはシール、または暗号モジュールが持つ除去可能なカバー若しくはドアに対してこじ開け耐性のある錠を含むタンパー証跡に関する要求事項を追加することで、セキュリティレベル1_の暗号モジュールの物理的セキュリティのメカニズムを強化したものである。タンパー証跡をもつコーティングまたはシールは、暗号モジュールに付設され、暗号モジュール内の平文の暗号鍵

第5章　セキュア実装

及びクリティカルセキュリティパラメータ（以下CSPと記す）への物理的なアクセスがあった場合、そのコーティング又はシールは必ず破壊されなければならない。タンパー証跡をもつシール又はこじ開け耐性のある錠は、許可されていない物理的なアクセスから保護するために、カバーまたはドアに付設される

- セキュリティレベル3：セキュリティレベル2で要求されるタンパー証跡をもつ物理的セキュリティのメカニズムに加えて、セキュリティレベル3は、侵入者の暗号モジュール内のCSPに対するアクセスを防止することを意図している。セキュリティレベル3_で要求される物理的セキュリティのメカニズムは、物理的アクセスの試み、暗号モジュールの利用又は変更に対して、高い確率で検出及び応答することを目的としている。この物理的セキュリティのメカニズムには、頑丈な囲いの使用及び暗号モジュールの除去可能なカバー／ドアが開かれたときに、平文のCSPを全てゼロ化するタンパー証跡／タンパー応答をもつ回路を含んでもよい。

- セキュリティレベル4：この標準のなかで定義される最も高いレベルのセキュリティを提供する。このセキュリティレベルでの物理的セキュリティのメカニズムは、全ての許可されていない物理的なアクセスに対して検出及び応答するための、暗号モジュールの周りを完全に囲んで保護するエンベロープを提供する。あらゆる方向からの暗号モジュールの筐体への侵入は、非常に高い確率で検出され、その結果、即座にすべての平文のCSPがゼロ化される。セキュリティレベル4の暗号モジュールは、物理的に保護されていない環境下での使用に役立つ。

　CMVPにおける検証・認定の流れについて述べる。まず暗号モジュールのベンダは、認可されたISO/IEC19790の検査機関に対して、暗号モジュールを提出する。検査の間、検査機関とベンダ、検査機関とNIST/CSEの間でやり取りがあり、NIST/CSEは個々の評価における質問への回答や、一般的な実装ガイダンスを発行する。そして、検査機関は、検査レポートをNIST/CSEに提出する。NIST/CSEは検査レポートをレビューした後、認定書を発行し、CMVPウェブサイト内の認定モジュールリストを更新する。

　ISO/IEC 19790：2012は、米国NISTが策定を検討中のFIPS 140-3のドラフトの内容をベースに、ISO/IEC JTC1/SC27で議論を経て改正されたもので、2015年に訂正再発行されている。

　同様の検証・認定フレームワークとしてJCMVP（Japan CMVP）がある。2007年7月より運用した「暗号モジュール試験及び認証制度」のことである。

第5章　セキュア実装

「Japan Cryptographic Module Validation Program」の略で、製品認証の評価制度の一つとして、独立行政法人　情報処理推進機構（IPA）が運用している。ISO/IEC19790の日本工業規格JISX19790を評価基準としている。

暗号機能や署名機能等が、暗号モジュール（ソフトウエア、ハードウエア等の製品）に対して正しく実装されていることを確認するとともに、その中に含まれる鍵やID、パスワード等の重要情報のセキュリティが確保されていることを試験、認証する。

暗号そのもののアルゴリズムは、共通鍵暗号のAESや公開鍵暗号の署名に使われるDSA、ハッシュ関数のSHA-1など、電子政府推奨暗号リストに記載されたものを含めて標準化されているものが多数ある。JCMVPは、暗号アルゴリズムが組み込まれたセキュリティ製品の機能や品質を評価する制度として策定された。

表5.3　暗号モジュールのセキュリティ要件（抜粋）

	セキュリティレベル1	セキュリティレベル2	セキュリティレベル3	セキュリティレベル4
暗号モジュールの資料	暗号モジュール、暗号境界、承認されたセキュリティ機能、並びに通常動作モードおよび縮退動作モードの仕様。すべてのハード上、ソフトウエアオビュビファームウエアの構成要素を含む暗号モジュールの記述、すべてのサービスは、そのサービスが承認された暗号アルゴリズム、セキュリティ機能またはプロセスを承認された方法で利用していることを示す状態情報を提供する。			
暗号モジュールインタフェース	必須のインタフェースおよび選択可能なインタフェース。すべてのインタフェースの仕様およびすべての入出力データパスの仕様。		トラステッドチャネル	
役割、サービス・認証	必須の役割と選択可能な役割の論理的な分離、および必須のサービスと選択可能なサービスとの論理的な分離	役割ベースまたはIDベースのオペレータ認証	IDベースのオペレータ認証	多要素認証
ソフトウエア・ファームウエアセキュリティ	提承認された完全性技術、定義されたSFMI、HFMI及びHSMI	承認されたデジタル署名または鍵付きメッセージ認証コードに基づく完全性テスト	承認されたデジタル署名に基づく完全性テスト	
動作環境	変更不可能な動作環境、限定動作環境または変更可能な動作環境	変更可能な動作環境		
物理セキュリティ	製品グレードの部品	タンパー証跡不透明なカバーまたは囲い	カバーおよびドアに対してのタンパ検出及びタンパー応答。強固な囲いまたはコーティング。直接的なプロービングからの保護。EEPまたはEFT	タンパー検出及びタンパー応答が可能な包被。EFP。故障注入への対処

第5章　セキュア実装

	セキュリティレベル1	セキュリティレベル2	セキュリティレベル3	セキュリティレベル4
非侵襲セキュリティ	暗号モジュールは付属書Fで規定されている非侵襲攻撃に対処するように設計されている			
	付属書Fで規定されている対処技術の文書化および有効性		対処法試験	対処法試験

センシティブセキュリティパラメタ管理	乱数ビット生成機、SSP生成、確率、入出力、格納およびゼロ化		
	承認された方法を利用した、自動化されたSSP配送またはSSP共有		
	手動で確立されたSSPは、平文の形式で入力または出力されてもよい		手動で確立されたSSPは、暗号化された形式か、トラステッドチャネル経由で知識分散処理を利用して入力または出力されてもよい
	ゼロ化サービス	新しい値への書き換えによらないゼロ化 一時的なSSPの不要になった時点でのゼロ化 ゼロ化完了の状態表示		即時かつ中断不可能なゼロ化
自己テスト	動作前自己テスト：　ソフトウエア・ファームウエア完全性テスト、バイパステスト、または重要機能テスト			
	条件自己テスト：　暗号アルゴリズムテスト、鍵ペア生合成テスト、ソフトウエア・ファームウエアのロードテスト、条件バイパステスト、重要機能テスト、定期自己テスト			

ライフサイクル保証	構成管理	暗号モジュール、部品、および文書ようの構成管理システム。 ライフサイクルを通じて、各々一意に識別および追跡される		自動化された構成管理システム https://www.otsuka-shokai.co.jp/solution/keyword/cloud/	
	設計	提供するすべてのセキュリティ関連サービスの試験を許すよう設計された暗号モジュール			
	FSM	有限状態モデル			
	開発		注釈付きソースコード、回路図またはHDL	ソフトウエアの高級言語。ハードウェアの上位記述言語	事前条件、事後条件の文書化
	ベンダ試験	機能試験		下位レベル試験	
	配付および運用	初期化手順	配付手順		ベンダから提供されあ認証情報を用いたオペレータ認証
	ガイダンス	管理者ガイダンスおよび非管理者ガイダンス			
その他の攻撃への対処	試験可能な要求事項は用意されていない攻撃への対処のしよう			試験可能な要求事項を備えた攻撃への対処のしよう

■演習問題

問1　電子投票では、有権者認証と、投票の匿名性の両立を、どのようにして実現しているか、考察してみなさい。

問2　SSLおよびWPAの脆弱性について論じなさい。

問3　ブロックチェーンのプロトコルについて調べなさい。

問4　暗号をハードウェア実装するメリット、デメリットを考えなさい。

問5　ISO/IEC19790のレベル2の要件を説明しなさい。

第5章 セキュア実装

参考文献

⑴ 日経NETWORK編：セキュリティプロトコル最強の指南書，日経BPムック(2018.11)
⑵ 今井秀樹編著：現代暗号とマジックプロトコル，サイエンス社(2000)
⑶ 瀬戸洋一編著：情報セキュリティ概論，日本工業出版(2017)
⑷ 谷口　功，水澤紀子著：マスタリングTCP/IP IPSec編，オーム社(2006.5)
⑸ Eric Rescoria著：マスタリングTCP/IP SSL/TLS編，オーム社(2003.11)
⑹ Bruce Schneier：Applied Cryptography, 2nd Edition, John Wiley & Sons, (1995)
⑺ Bruce Schneier著，山形浩生訳：暗号の秘密とウソ，翔泳社(2001)
⑻ Ross Anderson著，トップスタジオ訳：情報セキュリティ技術大全，日経BP社(2002)
⑼ 岡本龍明，山本博資：現代暗号，産業図書(1997)
⑽ 結城　浩：暗号技術入門　第3版，SBクリエイティブ(2015.8)　日経ネットワーク，特集　狙われるセキュリティプロトコル", pp.22-39(2018.1)
⑾ 日経ネットワーク，特集　SSLはもう古いTLSがおもしろい，pp.22-40(2018.9)
⑿ 日経ネットワーク，特集1　常時TLS時代の衝撃，pp.24-41(2018.9)
⒀ 暗号モジュール評価基準第0.1版，独立行政法人　情報処理推進機構，独立行政法人　情報通信研究機構(2005.3)
⒁ https://www.ipa.go.jp/security/jcmvp/documents/open/iso19790_intro_20140331.pdf

第6章
情報ハイディング技術

6. 情報ハイディング技術
6.1 情報ハイディングとは

　情報ハイディング（information hiding）―情報を隠すという行為[注1]―は、古代から主に秘匿通信を目的として行われてきた。秘密にしたいメッセージを偏在する絵や文章などの媒体に隠し、媒体を伝達することで秘匿通信を行うステガノグラフィ（steganography）は、紀元前から知られた手法であり、古代ギリシア時代では、使者の頭を剃ってその頭に通信文を刺青し、髪が伸びるのを待って使いに出していたという例がある[1]。

　ステガノグラフィは現代ではネットワーク上の秘匿通信が目的であり、画像データや音楽データなどのディジタルメディアを媒体（カバーメディアcover mediaと呼ぶ）として、その中に秘密の情報を知覚されにくいように埋め込み・検出する技術として知られている。

　ネットワーク上の秘匿通信の手段ではSSL[注2]などの暗号化通信が一般的に知られているが、暗号化通信では送信者と受信者との間で秘密情報をやり取りした事実を第三者に知られてしまう可能性があるのに対し、ステガノグラフィでは、送信者と受信者との間でやり取りするのは偏在する画像データや音楽データであるため、第三者が秘密情報の存在自体を認識しにくいという特徴がある。

　ステガノグラフィでは、メッセージを隠すカバーメディアとメッセージとの間に関連はないが、このメッセージをカバーメディアの属性を表す情報（作成者、配布先情報など）とすることで、メディアそのものの価値保証や流出元の特定に適用することができる。メディアの価値保証の例として、紙幣にコピー機では復元できない極小文字（マイクロ文字）を印字することなどが挙げられる。不正者によるマイクロ文字の再現を困難にすることで、紙幣の価値を保証することが可能になる。メディアの流出元特定の例としては、複数の相手に重要書類を送る際に、送付者毎に異なる情報を文章に隠しておくことが挙げられる。イギリスでは国家機密文章のコピーが新聞紙に掲載された際に、送付先毎に機密文章の文字間隔のパターンを微小に変えていたため、掲載された文章の文字間隔から流出元を特定したという事例がある[2]。

注1） 正確には、情報を他の媒体に紛れ込ませることで、情報の存在自体を第三者に認識させない行為。情報自体を攪拌する暗号技術と区別する。
　2） SSL：Secure Socket Layer、インターネット上で情報を暗号化して送受信するプロトコル。

このように、メディアの属性情報をメディア自体に隠すことで、メディアの価値保証や不正者特定に適用する手法は、一部の組織や機関で知られていたが、その適用対象は紙幣や機密書類などの物理媒体に限定されていた。しかし、1990年代に入り、マルチメディア処理技術やそれを用いた放送、媒体、ネットワーク技術が発展し、ディジタル化された文書データ、音楽データ、映像データなどのディジタルメディアが流通するようになると、これらに著作権者や配布先などの属性情報を埋め込むことで、ディジタルメディアの著作権保護や不正流出を抑止する電子透かし（digital watermarking）が注目されるようになった[3]。

本章では、電子透かしとステガノグラフィを中心に情報ハイディングの機能、原理、用途を概説するとともに、情報ハイディングを利用した応用システムについて概説する。以下、8.2節では電子透かしについて、6.3節ではステガノグラフィについて述べる。

6.2 電子透かし

6.2.1 電子透かしの機能

電子透かしは、人間には知覚できない微小な変更をディジタルメディアに加えることで、メディアの属性情報をメディア自体に不可分に埋め込み、その情報を検出する技術である。

電子透かしは図6.1に示すように情報の埋め込みと検出の二つの処理から構成される。情報の埋め込みでは、例えばメディアが画像データの場合、画像データの明るさや色に微小な変更を加えることで情報を埋め込む。情報を埋め込んだ後のメディア（ステゴメディアstego mediaと呼ぶ）は、カバーメディアの品質と殆ど変わらないので、通常のメディアの視聴においては、電子透かしにより埋め込んだ情報の存在を知覚することは困難である。

情報の検出では、メディアに加えられた変更を読み取ることで、埋め込んだ情報を検出する。また、圧縮や変形などの処理が施されたステゴメディアからも情報を検出することが可能である。

電子透かしにより、著作権者や配布先名称などの属性情報をディジタルメディアに埋め込むことで、不正にメディアが流出した場合、メディアから流出元を特定することが可能となるため、メディアの著作権保護やメディア流通のビジネスモデルの実現が可能となる。また、電子透かしは埋め込み時と検出時のみ専用の処理が必要となるが、メディアが流通する過程においては特別な処理を必要としない。すなわち、従来の流通経路や既存の流通システムを大きく

変更することなく、電子透かしの機能を付加することができる。

電子透かしの対象となるディジタルメディアを図6.2に示す。これらのメディアの内、高価格、長寿命のものが当面の対象となる。これらをメディア種別でみると、静止画データ、映像データ、音声データ、テキストデータ、プログラムである。電子透かしの原理はこれらのメディアに共通であるが、具体的方法は種別毎により異なる。

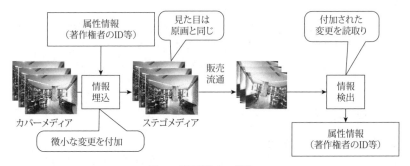

図6.1　電子透かしの機能

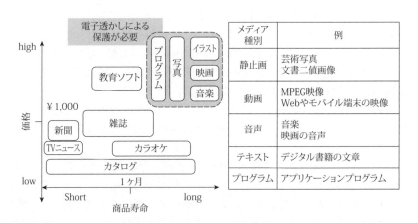

図6.2　電子透かしの対象メディア

6.2.2 電子透かしの用途

表6.1は、電子透かしの用途をまとめたものである。「著作権の確認」は、著作権者のIDを埋め込むことでメディアに対する著作権を確認し、また、その権利主張を可能にすることである。「著作権の問合せ」は、メディアに著作権者のIDを埋め込むことで、善良な第三者が出元不明のメディアを利用したい場合に、著作権者に問い合わせを可能とするものである。「不正コピー元の特定」は、配布先のIDを埋め込むことで、不正コピーされたメディアから不正コピー元を特定可能とするものである。

「機器制御」では、例えば、「コピー不可」「1回だけコピー可能」などの制御情報をメディアに埋め込み、レコーダやビューワ等に電子透かしの検出装置を装備しておくことで、コピー制御や視聴回数制御を行う。「メディア管理」は、メディアを特定するためのメタ情報、あるいは、メディアを一意に識別するメディアIDをメディアに埋め込むことにより、メディアと対応するメタ情報を一体化させる。これにより、メタ情報に関係付けたメディアの検索、流通管理、課金のシステムと連動したメディアの管理が可能となる。

「関連情報の表示・誘導」は、メディアの関連情報の表示や関連情報への誘導であり、例えば、URL情報などが埋め込まれた印刷画像や音声データを携帯電話で撮影・録音すると、撮影・録音データから情報検出を経て、指定されたWebサイト等へ誘導するといった用途があり、雑誌広告や館内放送への適用が検討されている。上記のほか、エンターティメントやアクセシビリティ分野での電子透かしの適用が期待されている。このように電子透かしには様々な用途があり、上に述べた全ての用途で実適用に向けた取組みが始まっており、一部で実用化されている。

表6.1 電子透かしの用途

用途	埋め込み情報	埋め込み情報の利用方法
著作権の確認	著作権者のID	メディアに対する著作権の確認、主張
著作権の問合せ	著作権者のID	メディアの権利照会
不正コピー元の特定	配布先のID	不正コピーされたメディアから不正コピー者を特定
機器制御	レコーダやビューワなどの制御コード	コピーやディスク保存の可否をメディア毎に指定
メディア管理	メタ情報、メディアID	メディアの検索、流通管理、課金
関連情報の表示・誘導	URL情報等	メディアの関連情報の表示や関連情報への誘導

第6章　情報ハイディング技術

　図6.3を用いて電子透かしの代表的な用途を説明する。ここでは、著作権者Aが購入者Bにメディアを販売する場面を想定する。

(1) 正規のメディア流通経路

① 著作権者Aは、電子透かしにより、メディアに自分のID（識別情報）であるAおよび、配布先のIDであるBを埋め込み、ステゴメディアを作成する。

② 著作権者Aはステゴメディアを購入者Bに販売する（実際は販売代行業者を通す場合が多い）。

③ 情報埋込みメディアは、カバーメディアと見た目の区別がつかないので、購入者Bはカバーメディアと同様にステゴメディアを鑑賞できる。

(2) 不正コピーメディアの流通

① 購入者Bがメディアの不正コピー作成、販売、配布を行った場合、不正コピーされたメディアが流通することで、本来の対価が得られない状態となり、著作権者Aの権利が侵害される。

② 疑わしいメディアを見つけた場合、監査機関または著作権者Aが電子透かしにより埋め込み情報AとBを検出できる。この検出情報からそのメディアの著作権者はAであり、流出元は購入者Bであると判断できる。

③ 著作権者はA は、購入者Bに対して当該メディアのWeb掲載停止を要求するなどの対抗措置をとることができる。

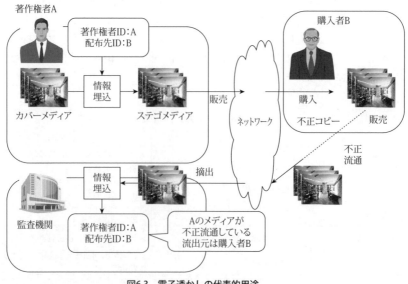

図6.3　電子透かしの代表的用途

6.2.3 電子透かしの原理

電子透かしによる情報埋め込みと情報検出の具体的な方法は、画像データ、映像データ、音声データなどのメディアの種類によって異なるが、基本的な原理はほぼ共通である。本節では、画像データや映像データを対象とした電子透かしを一例として取り上げ、その基本的な原理を説明する。

画像および映像データを対象とした電子透かしは、以下の2種類に大別される。

(a) ピクセル値変更方式：画像内の輝度（濃淡）情報やカラー情報などのピクセル値を直接変更する方式
(b) 周波数変更方式：画像の周波数成分（振幅、位相）を変更する方式

以下では、直感的な理解が容易なピクセル値変更方式を取り上げ、その原理について述べる。

図6.4(a)は、画像電子透かし技術の情報埋め込みと情報検出における最も単純な原理を示した図である。ここで、情報を埋め込む画像データをカバー画像とし、情報を埋め込んだ画像データを情報埋込みステゴ画像とする。

今、カバー画像に1ビットの情報（b=1 or 0）を埋め込むことを考える。図が示すように情報埋め込みにあたって、まず輝度値（またはカラー情報値）を変更するピクセルの位置を1箇所選択する。この位置は、埋め込むビット情報に関わらず固定である。

次に埋め込むビット値bに応じて選択したピクセルの輝度を変更する。この例では、ビット値b=1の場合、ピクセルの輝度を明るくし、ビット値b=0の場合、暗くするといった処理を施す。例えば、カバー画像において選択したピクセルの位置がスクリーン座標(3,3)であり、その輝度値が128の場合、ビット値b=1を埋め込む場合には輝度値を128+20=148にし、ビット値b=0を埋め込む場合には128−20=108にする。ここで輝度値の変更レベルを20に設定しているが、情報埋込み後に想定される圧縮やフィルタリングなどの加工・編集を考慮して変更レベルを設定するのが一般的である。情報の検出では、ステゴメディアとカバー画像の輝度値の差分からビット値bを判定する。具体的には、ビット値判定に用いる判定値Vを次のように定義する。

判定値V=（ステゴ画像のピクセルの輝度値）−（カバー画像のピクセルの輝度値）

上記判定値Vとしきい値T(>0)との大小を比較し、VがTより大きければビット値b=1、$-T$より小さければビット値b=0と判定する。

しかし、図6.4(a)に示した方式には以下の問題点がある。

(1) 検出時にステゴ画像だけでなく、カバー画像を必要とする。
(2) ピクセルの輝度値変更が、絵柄によっては、画像内の凹凸となって知覚され、画質劣化を引き起こす。

問題点(1)は、図6.4(b)に示す方式で対策可能である。この方式は、情報埋め込み時に輝度値を変更するピクセルを2箇所選択し、この2箇所(ここではピクセル対と呼ぶ)の輝度値の大小関係を変更することで情報を埋め込む。この例では、ビット値$b=1$を埋め込む場合、左右2箇所の輝度値が(左側ピクセル)＞(右側ピクセル)となるように変更し、ビット値$b=0$の場合、(左側ピクセル)＜(右側ピクセル)となるように変更する。

例えば、カバー画像において選択したピクセル対がスクリーン座標(3,3)、(3,4)であり、その輝度値がそれぞれ100、110の場合、ビット値$b=1$を埋め込む場合には座標(3,3)、(3,4)の輝度値をそれぞれ110、90とし、ビット値$b=0$を埋め込む場合にはそれぞれ95、115とする。情報検出では、ビット値判定に用いる判定値Vを次のように定義する。

判定値V=(ステゴ画像の左側ピクセルの輝度値)−(ステゴ画像の右側ピクセルの輝度値)

この方式は検出時にカバー画像を必要としないが、ピクセル対の輝度値の大小関係がそのままビット値を表現するので、絵柄によっては、輝度値の大幅な変更が必要になり、問題点(2)の画質劣化を引き起こす可能性がある。

問題点(1)および(2)は、図6.4(c)に示す統計量操作を用いた方式[4]で対策可能である。この方式は情報埋め込み時に先の方式で述べたピクセル対を複数(数十個から数百個)選択することで、個々のピクセル対における輝度値の変更レベルを低減する。具体的にはビット値$b=1$を埋め込む場合、個々のピクセル対の輝度値について、左側ピクセル：輝度値増加、右側ピクセル：輝度値減少という操作を施し、ビット値$b=0$を埋め込む場合には、輝度値増加／減少の操作を逆にする。

例えば、ビット値$b=1$を埋め込む場合には、左側ピクセルの輝度値を2増加、右側ピクセルの輝度値を2減少し、ビット値$b=0$の場合には、逆に左側ピクセルを2減少、右側ピクセルを2増加させる。情報検出では、ビット値検出に用いる判定値Vを次のように定義する。

判定値V=(ステゴ画像の左側ピクセルの輝度値の和)−(ステゴ画像の右側ピクセルの輝度値の和)

この方式は、個々のピクセル対の輝度値の大小関係ではなく、ピクセル対の輝度値の和に対して統計的に大小関係を与えることで、個々のピクセル対に対

する大幅な変更を不要とし、その結果、画質劣化を低減することができる。なお、上記の三つの例では、1ビットの情報埋め込みを取り上げたが、数ビット埋め込みの場合は、各ビットに対応したピクセル位置を割当てることで、1ビットの場合の拡張により対処できる。

$V=$情報埋込み画像のピクセル輝度値−原画像のピクセル輝度値

$$b = \begin{cases} 1 & \text{if } V > T \\ 0 & \text{if } V < -T \end{cases}$$

$$b = \begin{cases} 1 & \text{if } V > T \\ 0 & \text{if } V < -T \end{cases}$$

(a) 電子透かしの基本方式 　　(b) カバー画像を必要としない電子透かし方式

判定値 $V = \Sigma \square - \Sigma \blacksquare$

$$b = \begin{cases} 1 & \text{if } V > T \\ 0 & \text{if } V < -T \end{cases}$$

(c) 統計量操作を用いた電子透かし方式

図6.4　電子透かしの原理

115

6.2.4. 電子透かしの技術要件

前節では電子透かしの基本的な原理を説明したが、この基本原理だけでは、十分に実用的とはいえない。電子透かしの実用化にあたって、満たすべき技術要件をまとめると以下のようになる[5]。

(1) メディアの劣化防止：メディアの価値を損なわずに情報を埋め込む必要がある。例えば、静止画の場合は、画質の劣化を防止する。すなわちカバーメディアとステゴメディアが人間には区別できない、あるいは、区別できたとしても差分が鑑賞の妨げにならない範囲にあることが必要である。

(2) メディア処理への耐性：通常のメディア流通では、カバーメディアに情報を埋め込んだステゴメディアを加工、編集して利用者に配布する場合が多い。同様に、不正コピーの場面でも、ステゴメディアを加工、編集する場合が多い。これらのメディア処理を行った後からでも埋め込んだ情報を精度よく検出する必要がある。

(3) 誤検出の防止：情報を埋め込んでいないメディアから情報を検出すること(フォルスポジティブ false positive)、あるいは埋め込んだ情報とは異なる情報を検出すること(ビットエラー bit error)を誤検出という。この誤検出の発生する確率が実用上問題のない範囲にあることが必要である。

(4) 埋め込みビット数の確保：電子透かしの使用目的を達するに充分なビット数を埋め込めることが必要である。例えば、著作権者のIDを埋め込む場合には、複数の著作権者を識別するのに充分なビット数を埋め込めることが必要である。

(5) セキュリティ：電子透かし方式の推定及びそれに基づく埋め込み情報の除去や改ざんが容易でないこと。また、電子透かしを悪用した不正行為が容易でないことが必要である。

(6) カバーメディアの不要性：埋め込み情報の検出時にカバーメディアが必要であると、メディアの所有者しか検出できず、応用範囲が限定される。従って、カバーメディアを必要とせず、ステゴメディアをのみから検出できる方法が望ましい。

(7) 処理時間の低減：情報の埋め込み及び検出の処理時間が実用的な範囲にあること。

(8) 実施コストの低減：電子透かしの実装コストが実用的な範囲内であること。また、電子透かしを使ったシステム全体の運用において、埋め込んだ透かし情報及びカバーメディアの管理(例えば、データベース管理)、埋め込み処理、検出処理などの運用コストが実用的な範囲内であること。

6.2.5 電子透かしに係わる法制度

電子透かしによりメディアから不正流通元の情報を検出しても、不正流通を止めさせる法的な根拠がないと現実的な対応は困難である。また、現実に存在する不正コピーの海賊業者による埋め込み情報の除去、改変を防ぐためにも、法律で禁止するなどの強制力を伴った措置が必要である。以下、電子透かしの実運用の際に関連する法制度[6]について概観する。

検出情報の法的証明力について：電子透かしにより検出した権利者情報や流通元情報を根拠に不正流通者を法的な処置に委ねるためには、検出情報に対して、証拠としての証明力（その証拠が真実であり、証拠価値があることのレベル）が十分に備わっている必要がある。現時点では、電子透かしの検出情報に特化した法的基準は設けられていないが、民事および刑事訴訟法では、以下のように全ての証拠の証明力は裁判官の自由な心証判断に委ねられている。

裁判所は、判決をするに当たり、口頭弁論の全趣旨及び証拠調べの結果をしん酌して、自由な心証により、事実についての主張を真実と認めるべきか否かを判断する。（自由心証主義、民事訴訟法 第247条）

証拠の証明力は裁判官の自由な判断に委ねる。（刑事訴訟法 第318条）

このように、電子透かしの証拠性は裁判官の心証次第であるが、検出情報の信頼性が確保されていることを証明するなど、電子透かしの技術課題について必要な対策を講じることは、裁判官の心証形成に有利に働き、その実績が電子透かしの証拠価値を高めていくと考えられる

埋め込み情報の除去、改変について：メディアに付加された権利者や購入者などの権利管理情報に関する次の三つの行為が著作権法違反とされ、民事的措置（差止め請求権、損害賠償請求権等）および刑事罰（1年以下の懲役または100万円以下の罰金）の対象となる（著作権法 第113条 第3項および第4項ほか）。

・権利管理情報として虚偽の情報を故意に付加する行為
・権利管理情報を故意に除去し、または改変する行為
・上のいずれかが行われた著作物等について、その事情を知った上で、頒布、頒布目的の輸入、所持、または公衆送信・送信可能化を行う行為

上記条項は、世界知的所有権機関（WIPO）が1996年12月に採択した著作権条約を受けて、1999年に改正された著作権法の中で創設された規制である。上記法律を根拠にした裁判の実績はないが、埋め込み情報の除去・改変が故意に行われたか否かが争点になると予想される。従って、市販のソフトウェアにより埋め込み情報を容易に除去できるような電子透かし方式であれば、上述し

た故意の立証は困難であるため、改変しにくい高耐性の電子透かしが求められる。

以上により、電子透かしの実運用に関して一定の法的支援が得られると考えられるが、検出情報の信頼性確保や埋め込み情報の耐性向上など今後予想される事例を考慮した技術面での性能向上が必要と考える。

6.2.6 電子透かしの実用例

先に述べたように、電子透かしにはさまざまな用途があり、電子透かしベンダー各社によるビジネスシーンへの実適用が始まっている。ここでは一例として、日立製作所が取り組んできた電子透かしを用いた応用システムについて概観する[注1]。

(1) 電子透かしプリントソリューション

近年、企業や組織における情報漏えい事故が社会問題となっている。企業で管理している機密情報や個人情報が外部に漏えいすると、情報自体の漏えいによる損失のほかに、企業イメージの低下や法的責任も問われることになり、その損失は図りしれない。情報漏えい対策は企業や組織にとって最優先で取り組むべき事項となっている。

従来の情報漏えい対策では、ディジタルデータの暗号化や、USBフラッシュメモリやDVD等の記録媒体への保存拒否や、電子メールの送信遮断といった方策により、外部への情報漏えい防止を実現してきたが、一度印刷されてしまった重要文書が漏えいした際の追跡方法や、重要文書の漏えい自体を抑止する方策が課題とされてきた。

日立製作所では、機密情報文書や機密図面などの白黒画像を対象とした二値画像電子透かしを紙文書に適用することで、紙文書から「いつ、誰が印刷したか」を特定可能とする「電子透かしプリントソリューション」を企業向けソリューション製品として提供してきた[注2]（図6.5）。

本ソリューションでは、ユーザのパソコンに「印刷制御ソフトウェア」を導入することで、ワープロや表計算ソフト等のアプリケーションプログラムからデータを印刷すると、電子透かしによりユーザIDと印刷時刻が埋め込まれて、白黒印刷される。印刷された紙文書は、「検証ソフトウェア」を利用してスキャナで読み込み、読み込まれたデータから情報検出することで、誰がいつ印刷した文書なのか判別可能になる。これにより万が一、紙文書が漏えいした場合に、

注1) 実用例に興味のある読者は参考文献(3)を参照のこと。
2) 2018年8月現在、㈱日立社会情報サービスより同製品を提供中。

紙文書のトレースが可能になるとともに、企業の情報漏えいに対するコンプライアンスが高まることが期待される。本ソリューション製品は、銀行や信用金庫を中心とした企業において、既に数千クライアント規模の導入実績がある。

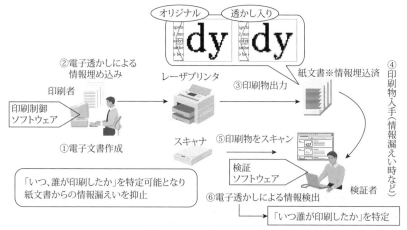

図6.5　電子透かしプリントソリューションの概要

(2)　動画電子透かしリアルタイム埋込みシステム

インターネット上のコンサートや遠隔教育などにおいて、ライブ映像をリアルタイムで配信するサービスが普及しているが、それら映像の著作権や肖像権保護の対策が急務となっている。ライブ映像では事前にセキュリティ処理ができないため、リアルタイムで映像に識別情報を埋め込む電子透かしが必要となるが、従来の動画電子透かしのソフトウェアによる処理プロセスでは1時間の映像の処理に数時間を要するなど、ライブ映像配信には実用的ではなかった。

日立製作所では、処理コストの大きい埋込み強度分析処理を高速化することで、映像キャプチャ、情報埋め込み、圧縮、録画の一連の処理を、普及モデルのパソコン上のソフトウェアによりリアルタイムで行なうシステムを開発した（図6.6）。

埋込み強度分析処理の高速化にあたっては、隣接するフレームは類似性が高いという性質を利用して、類似箇所への埋込み処理を軽減し、演算量の大幅な軽量化を実現した。このシステムは、コンサートやスポーツの映像をはじめ、企業の株主総会・記者会見の映像配信や、eラーニングなどを対象とした著作権保護・不正利用検知用途での利用が期待されている。

第6章 情報ハイディング技術

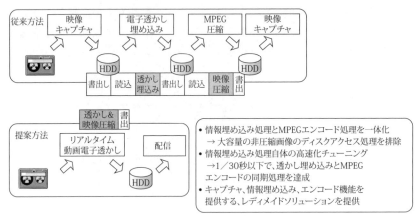

図6.6 リアルタイム処理の効果

6.3 ステガノグラフィ

6.2節では、電子透かしの機能、原理、用途、および実用システムについて概説した。本節では、ステガノグラフィの機能、原理、および実例について概説する。なお、以降では特に断りのない限り、ステガノグラフィの対象メディアをディジタルメディアとする。

6.3.1 ステガノグラフィの機能

ステガノグラフィは情報の埋め込みと検出の二つの処理から構成されており、基本的な処理は電子透かしと同様である。

電子透かしの目的がディジタルメディアの著作権管理や情報漏洩抑止などメディア自体の保護・管理であるのに対し、ステガノグラフィは第三者に情報の存在を気付かれずに当該情報を通信・伝達する秘匿通信の手段であるため、両者の機能は類似しているが、個々の機能が満たすべき技術要件には差異がある。

例えば、ステゴメディアの品質劣化防止については、電子透かしでは保護対象となるメディアそのものの品質に影響するため、所定量の変更を加えながら、品質劣化を最小限にする情報埋め込みが望ましいが、ステガノグラフィでは、情報の存在を第三者に気付かれない程度であれば、メディアに品質劣化・改変を生じても構わない。

一方、埋め込み可能な情報量の増大については、ステガノグラフィでは秘匿通信する情報量そのものに影響するため、できるだけ情報量を増大させることが望ましいが、電子透かしでは、メディアの属性情報や著作権情報を表現する

のに十分な情報量を確保すればよい。

6.3.2 ステガノグラフィの用途

ステガノグラフィの対象となるメディア種別は静止画データ、映像データ、音声データ、テキストデータ、プログラムなどであり、電子透かしと同様に多様なメディアを対象としている。しかし、電子透かしが任意のメディアを対象（例えば、放送局が保有している全ての映像データ）としなければならないのに対し、ステガノグラフィは特定のメディアを対象（例えば、メッセージを埋め込んでも画質劣化の少ない画像データ）として良いため、情報を埋め込みやすいメディアを選択して秘匿通信を行うことが可能である。

電子透かしは埋め込み情報に依存して多様な用途を持つが、ステガノグラフィの用途は秘匿通信である。図6.7を用いてステガノグラフィの用途例を説明する。ここでは、送受信者間で秘密のデータをやり取りする場面を想定する。送受信者の手続きは下記の通りである[7][8]。

(1) 送受信者間で情報埋め込み・検出時に用いる鍵情報（ステゴ鍵stego key）を共有する。
(2) 送信者はステゴ鍵を用いてメッセージやファイルなどの情報をカバーメディアに埋め込み、ステゴメディアを作成する。
(3) 送信者はネットワーク等を利用してステゴメディアを受信者に送信する。
(4) 受信者はステゴ鍵を用いて受信したステゴメディアから情報検出を行い、埋め込まれた情報を入手する。

上記手続きにおいて、送受信者間であらかじめステゴ鍵を共有しておくことに注意する。これは、上記の情報埋め込み・検出プログラムを多数のユーザが使うようになっても、特定のユーザ間で秘密情報の通信を可能にするためである。

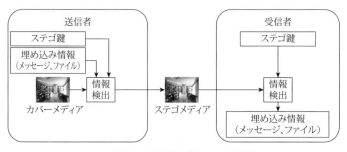

図6.7　ステガノグラフィの用途例

6.3.3 ステガノグラフィの原理

ステガノグラフィの基本的な機能は電子透かしと同じであるため、電子透かし方式を応用することでステガノグラフィの方式を実現できるが、本節では、ステガノグラフィに固有な方式例として、テキストデータへの情報埋め込み・検出方式を取り上げる[9]。

図6.8は、ステガノグラフィによるテキストデータへの情報埋め込みの原理を示した図である。今、下記のテキストデータをカバーテキストとして、ビット列(1011...)を埋め込むことを考える。

[カバーテキスト]

『マルチメディア処理技術やそれを用いた放送、媒体、ネットワーク技術の発展に伴い、映画や音楽などのコンテンツをディジタル化して流通するコンテンツ流通産業が育ちつつある。』

図6.8が示すように、情報埋め込みは選択処理と置換処理から構成される。情報埋め込みの処理手順を下記に示す。下記(1)および(2)は選択処理により実行され、下記(3)は置換処理により実行される。

(1) カバーテキストから文字列対応テーブル内の文字列と合致する文字列群を選択する。
(2) ステゴ鍵を用いて、(1)の文字列群から置換候補となる部分文字列群を選択する。選択されたカバーテキスト内の置換候補例を下記に示す。

[カバーテキスト(下線が置換候補)]

『マルチメディア処理技術やそれを<u>用いた</u>放送、媒体、ネットワーク技術の<u>発展</u>に<u>伴い</u>、映画や音楽などのコンテンツをディジタル化して流通するコンテンツ流通産業が<u>育ち</u>つつある。』

(3) (2)で選択した置換候補の各文字列に対して1ビットの情報を埋め込む。具体的には、文字列対応テーブルを参照しながら、埋め込むビット値に基づいて置換候補の各文字列を類似語で置き換えるか否かの判定をし、置き換える場合には、当該文字列をテーブル内の該当する類似語に置換する。すなわち、カバーテキスト内の四つの文字列 "用いた" "発展" "伴い" "育ち" に対して、それぞれが文字列対応テーブルのビット値＝1, 0, 1, 1に対応するように、必要があれば文字列を置換する。当該処理により生成したステゴメディアを下記に示す。

[ステゴテキスト]

マルチメディア処理技術やそれを<u>利用</u>した放送、媒体、ネットワーク技術の<u>進展</u>に<u>伴い</u>、映画や音楽などのコンテンツをディジタル化して流通するコンテ

ンツ流通産業が伸びつつある。

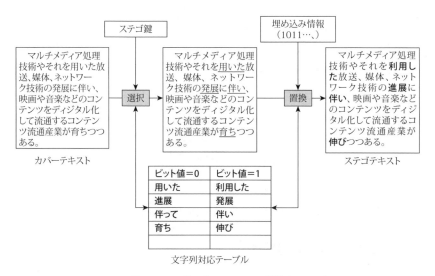

図6.8 ステガノグラフィの原理（情報埋め込み）

　図6.9は、情報検出の原理を示した図である。図が示すように、情報検出は選択処理とビット値検出処理から構成される。情報検出の処理手順を下記に示す。下記(1)、(2)はそれぞれ選択処理、ビット値検出処理により実行される。
(1)　ステゴテキストから文字列対応テーブルとステゴ鍵を用いて、置換箇所となる文字列群を選択する。
(2)　(1)選択した各文字列に対して、文字列対応テーブルを参照して、当該文字列に対応するビット値を判定する。上記判定を選択した全ての文字列に対して行い、複数のビット値からなる埋め込み情報を出力する。

第6章 情報ハイディング技術

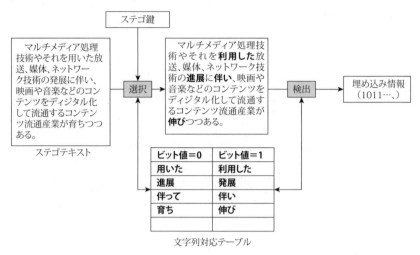

図6.9 ステガノグラフィの原理（情報検出）

6.3.4 ステガノグラフィの技術要件

6.3.1項で述べたように、ステガノグラフィと電子透かしが満たすべき技術要件には差異がある。表6.2は両者の技術要件を比較した表である。電子透かしの技術要件については、6.2.4項に記載したものを要約した。表が示すように、メディアの劣化防止、メディア処理への耐性、埋め込みビット数の確保について、両者に差異がある。

これは、電子透かしの保護すべき対象が主としてカバーメディアであるのに対し、ステガノグラフィの保護対象が埋め込み情報であるため、カバーメディアに直接関わる項目については、電子透かしの満たす要件が厳しく、埋め込み情報に関わる要件については、ステガノグラフィの要件が厳しくなるからである。このように、ステガノグラフィおよび電子透かしの実用化にあたっては、満たすべき技術要件の差異に留意しながら技術開発を進める必要がある。

表6.2　技術要件の比較

技術要件	ステガノグラフィ	電子透かし
メディアの劣化防止	特定のメディアに対して情報の存在が認識できない程度に劣化を防止すること	任意のメディアに対して劣化を防止すること
メディア処理への耐性	メディア処理により、埋め込み情報が検出不可となっても構わない。	正規流通、不正流通において想定される加工・編集を経ても埋め込み情報を検出できること
誤検出の防止	フォルスポジティブおよびビットエラーの発生確率が実用上問題のない範囲にあること	
埋め込みビット数の確保	できるだけ情報量を確保すること	メディアの属性情報を表現するのに十分な情報量を確保すること
セキュリティ	方式の推定及びそれに基づく埋め込み情報の改ざんが容易でないこと	
カバーメディアの不要性	不要であること	
処理時間の低減	情報埋め込み・検出処理が実用的な処理時間で実現できること	
実施コストの低減	実用的な実装コストであること	

6.3.5　ステガノグラフィの実用例

ステガノグラフィは秘匿通信の技術であり、幾つかの研究グループやベンダー等によるプログラム公開や製品提供が始まっている。

プログラム公開の例としては、九州工業大学の研究者を中心としたステガノグラフィの研究グループ（KITステガノグラフィ研究グループ）が、BPCS-Steganographyというプログラムを公開している[12]。このプログラムは、画像データを対象としており、カバーメディアのデータ量に対する埋め込み情報の比率は50％を実現している。本プログラムは、主として研究者や技術者による評価利用を目的としているが、一般の試用も可能である[注1]。

製品提供の例としては、ドイツのSteganos社が販売しているSteganos Security Suiteという製品があり、国内でも代理店を通じて製品提供を行ってきた[注2]。本製品は個人情報保護を目的とした様々な機能を提供しており、情報秘匿の機能としてステガノグラフィを採用している。このステガノグラフィは、音声データおよび画像データをカバーメディアとしており、他人に知られたくないデータを暗号化し、カバーメディアに埋め込むことで、当該データの存在を他人に分からないようにする機能を持つ。

注1）　参考URL http://www.datahide.com/BPCSj/
　2）　2018年8月現在製品提供されていない。

6.4 情報ハイディングの今後

情報ネットワークは日々発展し、放送局や映画会社などの一部の組織に限られていたディジタルメディアの生成源が、あらゆる箇所（PC、携帯端末、監視カメラなど）に広がりつつある。また、放送通信融合や、物理／サイバー空間のメディア遷移などにより、メディアのフォーマットや流通経路の多様化が急速に進んでいる。このような複雑化したメディア流通社会において、メディアのセキュリティ要件も多様化するが、流通経路やフォーマットの変化に柔軟に対応できる情報ハイディングの必要性は今後ますます高まるであろう。今後は、情報ハイディングのさらなる性能向上とともに、埋め込まれた情報の法的証明力や関連法制度の整備が望まれる。

■演習問題

問1　暗号化通信とステガノグラフィによる秘匿通信の違いを述べよ。

問2　電子透かしにより著作権者のIDをメディアに埋め込む場合を考える。埋め込み可能なビット数を64ビットとすると、識別可能な著作権者数の上限はいくつか？

問3　電子透かしの用途である表6.1の「機器制御」と「不正コピー元の特定」を比較し、各々の長所・短所について述べよ。

問4　ステガノグラフィでは秘匿通信を行う前に送受信者間で鍵情報（ステゴ鍵）を共有する必要があるが、この鍵を共有するためのプロトコルを挙げよ。

参考文献

(1) Katzenbeisser, S., Petitcolas, F. (Eds.), Information Hiding Techniques for Steganography and Digital Watermarking, Artech House Publishers, (2000)
(2) Cox, I., Miller, M., Bloom, J., Digital Watermarking, Morgan Kaufmann Publishers, (2002)
(3) 越前　功・新見道治・西村　明：情報セキュリティの新たな広がり，電子情報通信学会誌，vol.97, no.9, pp.788-792, (2014)
(4) Bender, W., Gruhl, D. and Morimoto, N., Techniques for data hiding, Proc. SPIE, Vol.2420, pp.164-173, (1995)
(5) 佐々木　良一・吉浦　裕・手塚　悟・三島久典：インターネット時代の情報セキュリティ－暗号と電子透かし－，共立出版，(2000)
(6) 電子透かし技術専門委員会編：電子透かし技術に関する調査報告書，電子情報技術産業協会，01-情-4, (2001)
(7) 宮地充子・菊池浩明編：情報セキュリティ，オーム社，(2003)
(8) 松本　勉：インフォーメーションハイディングの概要，情報処理学会誌，vol.44, no.3, pp.227-235, (2003)
(9) 小松尚久・田中賢一 編：電子透かし技術，東京電機大学出版局，(2004)
(10) 河口英二・野田秀樹・新見道治：画像を用いたステガノグラフィ，情報処理学会誌，vol.44, no.3, pp.236-241, (2003)

第7章
バイオメトリクス

7. バイオメトリクス

7.1 バイオメトリクスとは

7.1.1 定義

Biometricsは、そのままバイオメトリクスと表記できるほど、一般的な言葉になっている。定義は、「Biometrics deals with identification of individuals based on their biological or behavioral characteristics（行動的あるいは身体的な特徴を用い、個人を自動的に同定する技術）」である[1][2]。

名詞として用いる場合はバイオメトリクス（biometrics）、形容詞として用いる場合はバイオメトリック（biometric）と表記するのが一般的である。

認証に利用されるバイオメトリクスは、次の三つの性質を持っていることが必要である。詳細は後述する[2]～[6]。

① 普遍性（universality）：誰もがもっている特徴
② 唯一性（uniqueness）：万人不同。本人以外は同じ特徴をもたない
③ 永続性（permanence）：終生不変。時間の経過とともに変化しない

7.1.2 バイオメトリック技術の歴史

バイオメトリクスを個人の識別に利用した歴史は古い。例えば、指紋を例に述べると以下の歴史がある[7]～[9]。

指先の表皮紋様である指紋（fingerprint）は、「万人不同」、「終生不変」という特徴をもつと経験的に理解されていた。このため指紋は、古くから個人同定の手段として用いられてきた。世の中に同一指紋を持つ人間が存在する可能性は870億分の1という。例えば、紀元前6000年頃から中国や古代アッシリアでは、古くから指紋を使って個人認証を実施していた。また、日本でも昔から拇印の習慣がある。

イギリス人のガルトンは指紋を弓状（arch）、渦状（whorl）、蹄状（loop）の3分類し、指紋が終生不変であり、同一個体がないことを指摘した。しかし、個人識別に本格的に利用されるようになったのは、イギリス人がインド人の容貌を見分けることができず、容貌のみでは、個人識別が不可能なことから、指紋を用いた個人識別を提唱したことに始まる。1897年、インド政府は指紋法を採用し、1901年、英国本土でも犯罪者の登録方法として採用された。

日本における個人識別は、明治41年（1908年）施行の刑法で再犯罪者を重く罰するために犯罪者の個人識別に指紋法を採用したことに始まる。警察庁でその活用が試みられ1971年にはコンピュータによる指紋鑑定の研究を開始し、実用的な自動指紋識別システムAFIS（Automated Fingerprint Identification

Systems）として稼動している。図7.1は日本における指紋法を記念して設置した記念碑である。
　現在は、犯罪捜査のみならず、ネットワーク社会における本人の確認（本人認証）方式として、さまざまな製品開発が行われている。

図7.1　日本の警察において初めて指紋法が制定
「1880年（明治13年）10月医師・宣教師であるヘンリーフォールズは英国の科学雑誌「ネイテュア」に日本から指紋認証について発表した。1911年（明治44年）4月1日に我が国の警察においてはじめて指紋法が制定された。」と表記されている。

7.1.3　本人認証とは

　認証とは、相手が意図した人であることを確認すること、なりすましを防ぐことであり、セキュリティを実現する上で、必要不可欠な技術である。厳密に定義すると、認証すべき対象により三つのカテゴリーに分けられる[2][3]。

① 本人認証：計算機に接続しようとするユーザが、本物であることを証明する。文書の作成者だと言われる人物が本物であることを証明する。
② 権限認証：サービスを受け、ある行為をしようとしているユーザが、その権限を有することを証明する。
③ 同一性認証：受け取った情報が、確かに送信者（あるいは作成者）が送信した（あるいは作成した）ものと同一であることを証明する。

　もちろん、本章で扱う定義は、①本人認証に関する。本人認証について整理すると表7.1のように3種類ある。

表7.1　本人認証の実現方式

因子	考え方	例	リスク
所有（I have）	本人しか持ち得ないものを持っているかどうか	部屋のカギ、ワンタイムパスワード、トークン	紛失、盗難
知識（I know）	本人しか知り得ないことを知っているかどうか	パスワード	忘却、メモなどによる漏洩
身体的・行動的特徴（I am）	本人しか持ちえない身体的な特徴を有するかどうか	バイオメトリック認証（指紋、静脈、顔など）	本人拒否誤差、他人受入れ誤差

① 本人の所有物による認証（I have）：磁気カードやICカードを用いた認証である。携帯性や操作が容易などの長所がある反面、盗難、偽造の危険性がある。

② 本人が持つ知識による認証（I know）：パスワードなどを用いた認証である。直接盗まれることがない、簡易な手段で実現できるという長所がある反面、本人が忘れる、パスワードが盗まれるなどの危険性がある。

③ 本人の身体的・行動的特徴による認証（I am）：バイオメトリック認証であり、個体のもつ特徴を用いた認証である。記憶、所持などが不要であり利便性が高いが、認証のための特別な装置、高度な処理ソフトウエアが必要である。

バイオメトリック認証には識別（identification）と認証（verification）の二つの意味がある[2]。例えば、認証とは、提示された本人の特徴を示す情報と、利用者のPIN（Personal Identification Number）に対応したシステム内の登録情報との1対1の対応関係を確認することである。

確認の方法は、一般的に類似度（登録データと入力データの似ている度合い）が用いられる。両者の情報の差があらかじめ設定したしきい値以上であれば本人であると特定する。

一方、識別とは、システムに提示された本人の特徴を示す情報と、あらかじめシステムの中に登録された情報を比較し、類似度があらかじめ設定したしきい値以上のもっとも近いものを探すことをいう。

7.1.4　市場の動向

図7.2に示すようにバイオメトリック技術の市場の変遷は三つのフェースに分けられる[2]。

第7章　バイオメトリクス

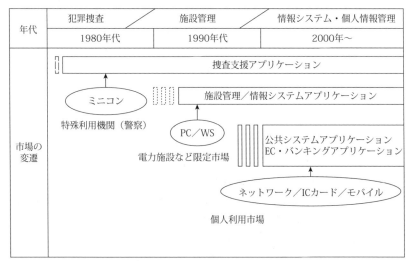

図7.2　バイオメトリック認証技術および製品の推移

　1980年台初期の犯罪捜査において計算機による指紋照合アルゴリズムがはじめ開発された。これはミニコンピュータベースのシステム上に開発された。デジタル画像処理技術が一般的になったのもこの時期であり、バイオメトリック認証の第一期に相当する。
　第二期に相当するのは1985年頃である。ワークステーションが市場に現れ、システム構築コストが第一期に比べ一桁から二桁低減した。このため、原子力発電施設などの重要施設関連の入退室管理システムとして利用されるようになった。
　第三期に相当するのは、ネットワークなどの発達によりテレホンバンキングやインタネットショッピングに代表される非対面の商取引のニーズが具体的になった1995年以降である。システムはネットワークに接続されたパソコンやスマートフォンで構築され、装置コストはさらに安くなっている。
　第一期、第二期はアクセス制御におけるパスワードの代替機能として、第三期はネットワーク環境下での本人認証機能の位置付けで技術の開発が行われている。銀行ATMへの静脈認証、モバイル端末への指紋認証などの活用が例としてあげられる。
　モバイル端末における複数のパスワード認証を高いセキュリティで確保するFIDO（First IDentity Online）と言う新しい認証仕様もマイクロソフトやグーグ

第7章 バイオメトリクス

ルらの企業により開発されている[25]。モバイル端末でバイオメトリック認証により本人認証を行い、正しい端末所有者を認証した場合、暗号鍵を解錠する。解錠した秘密鍵で署名を行い署名データをサーバ側に送り、最終的に本人確認することで、現在構築されている公開鍵暗号基盤のフレームワークにのせると同時に、個人情報であるバイオメトリクスの漏洩を防ぐことができる。

図7.3には、バイオメトリック認証装置の出荷台数（世界市場）と装置の値段を示す。10年で値段は100分の1、出荷台数は100倍になっている。1995年における出荷台数の増大は、情報システム市場の立ち上がりに伴い、装置市場からシステムインテグレーション市場にシフトしたことを示す。2003年以降、タブレットやスマートフォン端末認証サービスなどの市場が立ち上がりさらに装置の低コスト化と出荷台数の増加している。出荷台数が増えるが製品価格が下がるため、市場の大きさは変わらないと想定できる。装置ビジネスではなく、付加価値の高いシステムビジネスが要求される。

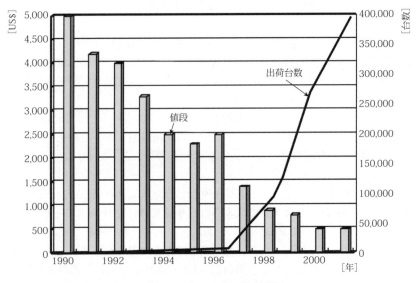

図7.3 バイオメトリック認証製品の市場動向

7.2 いろいろなバイオメトリクス

表7.2は代表的なバイオメトリクスとその特徴を示す。バイオメトリクスには身体的な特徴と行動的な特徴の二種類ある。前者は、指紋、掌形、顔、虹彩などが相当し、後者は、声紋、署名が相当する。発声や筆記は随意的な要素があるために声紋、署名は上記の身体的なバイオメトリクスと異なり行動的な特徴と呼ばれる[10][11]。

表7.2　バイオメトリック認証技術の比較

情報	特徴量	特徴			コスト	遺留性	誤差		データ差
		普遍	唯一	永続			拒否	受入	(Byte)
身体	指紋	指紋の分岐点、端点	◎	◎	◎	L	有	1.0	0.01	250
	掌形	手のひらの大きさ、指の長さ	○	○	△	M	無	0.1	0.1	10
	顔	目鼻などの形、配置	○	△	△	M	有留	5	5	2000
	虹彩	虹彩の文様	◎	◎	◎	H	無	10	10^{-6}	200
	静脈	手の平、指の静脈のパターン	◎	◎	◎	M	無	1.0	0.01	500
行動	声紋	音声特徴	○	△	△	L	有留	10	10	1500
	署名	書き順、筆圧、スピード	○	△	△	M	有留	1.0	0.01	1000

その他、網膜、耳形状、匂い、DNA など

7.2.1 身体計測によるバイオメトリクス

身体計測によるバイオメトリック技術について以下説明する。

① 指紋：人間の指紋には隆線とその間に形成された谷の紋様がその個人を特徴づける。指先の皮膚紋様は、弓状紋（Arch）、蹄状紋（Loop）、渦状紋（Whorl）に大別できる。紋様の山の部分を隆線（Ridge）、隆線の間を谷（Valley）と呼ぶ。精度良く判別しようとすると、その紋様の詳細に着目し特徴を抽出する必要がある。特徴とは、図7.4に示すように隆線の端点（Ridge Ending）や分岐点（Bifurcation）がある。これらを特徴点（マニューシャ：Minutia）と呼ぶ[10]～[14]。

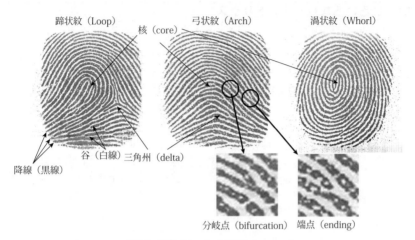

図7.4 指紋パターンの分類とマニューシャ

② 顔：人間は顔によって相手を認識しており、バイオメトリクスの中では顔が人間にとってもっとも馴染みやすい特徴と言える。顔認証技術の特徴としては、登録情報としての顔画像と、認証時に撮影される提示情報としての顔画像とは撮影条件が異なるため、単純な画像マッチングではなく、さまざまな特徴を抽出して照合する必要があり、画像処理で人間が行うのと同レベルの認証精度を実現するのは難しい。また、一卵性双生児などの識別可能性、めがね、髪型などの認証精度への影響対策が不十分であり、なりすましなどに弱い問題がある。また、顔認証システムにおいては、カメラの特性というより撮影条件、例えば、照明条件、顔の角度など撮影条件による認証精度の劣化が著しい[15]~[17]。

③ 虹彩：虹彩と網膜は混同されることが多い。図7.5に示すように、黒目の内側で瞳孔より外側のドーナツ状の筋肉質部分を虹彩という。なお、網膜はレンズに相当する水晶体の奥にある視神経の集まった部分である。

第7章　バイオメトリクス

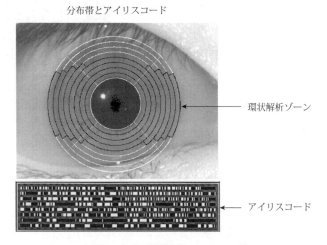

図7.5　虹彩の特徴点（アイリスコード）

　人の眼は、おおよそ妊娠6ケ月ころまでに形成され、その時点で瞳の部分に孔があき、その開口部、すなわち、瞳孔から外側に向かってカオス上の皺（しわ）が発生される。この皺の成長は生後2年ほどで止まり、それ以降は変化しない。同一人の左右の目でも異なり、一卵性双生児でも異なる。疾病への影響に関しては、虹彩が角膜の下に存在することから眼球内部の疾病の影響を受けない長所がある。また、眼の充血や、眼の不自由な方の多くは視神経の障害であり、ほとんどの場合、虹彩認証精度の劣化にはならない[10]。
　④　血管パターン：血管パターンを用いた方式は計測する部位に対し以下の3種類がある。
　　ⓐ　網膜血管：図7.6に示すように直接観察できる血管パターンである。この網膜上の血管が形成するパターンは各人各様で個人識別に使える。網膜上の血管パターンを見るには、眼底撮影と同様に専用の装置が必要であり、微弱な赤外線を網膜の円周上を走査することにより、血管部分は温かく赤外線を吸収する性質を利用し血管パターンを撮影する。この血管パターンを一次元信号データとして処理し特徴量とする[10]。

第7章　バイオメトリクス

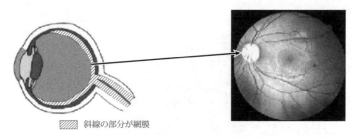

斜線の部分が網膜

図7.6　網膜パターン

　しかし、網膜の血管パターンは糖尿病などにより変化するなど利用における問題がある。
ⓑ　手の甲(平)の静脈：手の甲あるいは手のひらに浮き出した血管の模様(静脈パターン)に着眼するものである。静脈分布のパターンは人および左右の手によって異なると言われている。静脈のパターンにおける血管分岐点における分岐角度や分岐点間の血管長を特徴量としている。血管パターンは赤外線CCDカメラによって撮影される。手の甲の静脈の照合アルゴリズムは、分岐点における位置、方向などの特徴量を用いる点は指紋認証におけるマニューシャ方式に類似している[10]。
ⓒ　指静脈：図7.7に示すように、指静脈パターン認証技術は、近赤外光を指に照射し、その透過光から得られる指の静脈画像を撮影し、指静脈画像から指静脈パターンを抽出して、予め登録された指静脈パターンデータと照合して個人を識別する技術である。近赤外線には、身体組織に対して透過性が高い。一方、血液中の還元ヘモグロビンには吸収される特徴があるため、近赤外光を指に照射すると、指の静脈が影となって

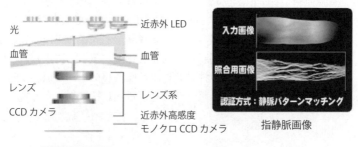

認証装置原理図　　　　　　提供　日立オムロン　指静脈画像

図7.7　血管の特徴点(静脈パターン)

画像に現れる。この影が静脈パターンとなる。指静脈画像はカメラにより撮影され、指静脈画像に対して画像処理を施すことにより指静脈パターンが得られる。基本的には手の甲などと同じ原理で計測される。
　　　指は10本あること、指紋などと連携した認証装置構成を実現できること、装置を小型にできることが他の類似の方式に対するメリットといえる[18]～[20]。
⑤　耳介：人間の耳介は集音と増幅機能をもつように複雑に入り組んだ軟骨の凹凸によって、形つくられている。この凹凸形状は個人差があり、形態学的にも解剖学的も万人不同であることが示されている。耳の大きさは、長さ、幅とも16歳以降は安定期に入り、40歳前後で少しづつ成長するが、終生不変とみなしえる範囲といえる。しかし、親子、兄弟、姉妹、双子などの遺伝的側面からの万人不同性の検証はなお研究が必要である[10]。
⑥　汗腺：指にある汗腺の分布は、各個人によって異なっている。指紋におけるマニューシャと同様、汗腺の位置を登録し、これにより認証を行う。ちなみに、犯罪捜査においては、マニューシャのほか汗腺分布なども個人同定に用いる[10]。
⑦　匂い：　ボラタイル（volatiles）と呼ばれる化学成分が人物の匂いを区別できることを利用し実証実験が行われている。スロバキアとスペインの研究チームによる研究では、体臭による個人識別に85％の確率で成功した。体臭の化学パターンは、疾病や食事、あるいは消臭剤や香水といった要素による影響を受けないという[10]。
⑧　DNA：人間のDNAは、約30億個の塩基配列からなり、人体の設計図とも言われている。人間一人ひとりが少しずつ違うようにDNAの塩基配列も人により異なり、終生不変である。犯罪捜査における個人識別を中心に利用されている。DNAパターンによる本人認証は、検証するための処理時間がかかり、また、処理（試薬や装置）が高価であることが問題である[10]。

7.2.2　行動計測によるバイオメトリクス

行動計測によるバイオメトリック技術について以下に説明する。
①　声紋：音声信号の周波数成分から声紋データを抽出し、事前に登録した同じ言葉の声紋データと照合することで話者認証する方式である。音声の個人差を用いて、誰の声であるかを自動的に判定することを声紋認識あるいは話者認識（Speaker RecognitionあるいはVoice Verification）という[21]。
②　署名：筆順、筆圧、運筆速度、ペンを上げた時の運動など、動的な筆跡を用いて識別する動的署名が一般的な技術である[10]。手書き文字に対して、

筆者が誰であるかを客観的に判断する試みは、筆跡計測として国内外でかなり古くから存在している。信号処理などの技術により自動化（機械化）認識の試みは、1960年代半ば以降である。

　署名認証には静的と動的署名認証がある。静的署名認証はオフライン署名認証、動的署名認証はオンライン署名認証とも呼ばれる。オフライン署名認証は、既に書かれた純正署名（本物の署名）データと新しく提出された署名データを比較判定するもので、一般には二次元座標値の類似性で個人認証を行う方式である。一方、オンライン署名認証は、タブレットなどの座標入力装置上に筆記された署名を利用する個人認証方式である。ペン先の座標、筆圧などを一定時間感覚でサンプリングして得られる時系列情報を署名の運筆情報としてとらえ、あらかじめ登録した基準となる署名データと入力署名の運筆情報を照合することにより本人の書いた署名であるかを判定する

③　キーストローク：キーを打つパターンやリズムも各個人ごとに異なっている。キーストローク（keystroke）認証技術は、キーストロークの持続時間、キーストローク中の回数、タイピングエラーの頻度などの個人のタイピングの特徴に基づいている。キーストロークを登録するために、キーを打つリズムのテンプレートができあがるまで、繰り返しキーを打つ必要がある[10]。

④　手指動作：手指動を用いた個人認証の方法である。手指の形状および動作はカメラにより撮影する。「じゃんけん」のように手指の動作にそれぞれ個人固有の特徴が含まれていることに着目して、この手指動情報を特徴量として用いている[10]。

7.2.3　バイオメトリック技術のポイント
(1)　セキュリティ装置としてのバイオメトリクス

　バイオメトリック認証はパスワードやカードなどの本人認証技術と異なり、画像処理などにより特徴量空間における類似度でもって本人性を統計的に判別するため、その精度は100％でない。このため、誤認識の発生を前提にシステム構築する必要がある。したがって、画像（信号）処理装置として本人認証精度を追求するだけでなく、トータルシステムとしての構築コストと安全性を考慮したセキュリティ技術の観点からバイオメトリクス認証技術を展開する必要がある。例えば、IAO/IEC19790、ISO/IEC15408に準拠したセキュリティ評価をクリアする必要も出てくる[22]。

(2) 暗号との連携

ユビキタスネットワーキングにおいては、バイオメトリック技術は、人をサイバー空間とリアル空間に結びつけるインタフェース技術の位置づけで非常に重要となり、個人情報の扱いに配慮する必要があり、単に精度だけで論じるのは意味を持たないと考える。

バイオメトリック認証と公開鍵暗号基盤PKI (Public Key Infrastructure) の関係は非常に密接な関係にあり、次の利用が考えられる[22]～[24]。

- 実印に相当する秘密鍵や証明書の管理媒体の所有者認証
- 管理されたバイオメトリクス自身の真正性の証明
- バイオメトリクス自身を電子認証の基盤とするPKIの構築

FIDO (First Identity Online) と呼ばれるオンライン認証がPKIとバイオメトリクスを結びつける技術である[25]。

(3) 脆弱性の明確化

ゼラチンなどを用いて人工指を作成し、指紋認証装置に対し偽造指紋が成りすましできるか否か実験室で検証された。ある種の偽造指紋に対し、見分ける能力が低いという結果になった[27]。

指紋に限らずバイオメトリクスは非接触獲得が可能であり、センサで生体か偽造かの判別を低コストで実現することは難しく、偽造 (forgery、counterfeit) などの脆弱性 (Vulnerability) の問題がある[28]。この他のバイオメトリクスの脆弱性として、取り替えが効かない問題がある。これに対してはキャンセラブルバイオメトリクス技術が開発されている[26]～[30]。

(4) プライバシーとしてのバイオメトリクス

バイオメトリックデータに関するプライバシー問題は、バイオメトリクスが身体的な情報であるがゆえに生じる[31]～[33]。

つまり、

① 取替えのきかない情報である：身体的な情報であり、例えば指を切り落としてしまった場合、代わりの指をつけるわけにはいかない。また、指紋を盗まれた場合、代わりの指紋を生成することはできない。

② 本人の同意なく収集が可能なものが多い：一般にバイオメトリクスが身体の表面に露出しているため、カメラで本人の同意なく顔のデータをとるなどが可能である。

③ データから本人を特定できる：バイオメトリクスは個人と直接リンクした情報であるため、生体情報から本人を特定することができる。

④ 本人の副次的な情報が抽出できる：バイオメトリクスによっては、例え

ば網膜の血管パターンなどから糖尿病などの病歴を知ることができる。また、皮膚の色から人種が把握できる。

表7.3にプライバシーの観点からみたバイオメトリック技術を比較したものである。精度に注目した優劣とは異なる見方ができる。

表7.3 バイオメトリック認証技術の比較

モダリティ	取り替え不能	不同意収集	本人追跡	副次情報
指紋	○	△	△	◎
掌形	△	◎	◎	◎
顔	×	×	×	×
虹彩	△	○	◎	◎
声紋	×	×	△	○
動的署名	△	◎	×	○
指静脈	○	◎	◎	◎
DNA	×	×	×	×
網膜	△	◎	◎	×

(5) その他

テンプレート情報の漏洩や精度向上を目的とした手法の開発も行われている[4]。

(a) キャンセラブル バイオメトリクス

図7.8に示すように、システムに保管されたバイオメトリックデータが盗難にあったり、また、Aというシステムで登録されたバイオメトリックデータがBというシステムで登録者の許可なく流用される、つまりクロスリファレンス(cross-reference)を許さないシステムの構築が必要である。

このため、図7.9に示すキャンセラブルなバイオメトリクスと呼ばれる技術が開発されている[28]〜[34]。例えば、データ入力時にシステム内では、一方向性関数で変換されたデータを用いるという技術である。つまり、そのシステム固有のデータを作るということである。データは他のシステムでは正常に動かないし、もし盗難にあった場合は、別の一方向性関数でデータを再生成すればよい。

いろいろなキャンセラブルバイオメトリクスが開発されているが、復元困難性(変換されたデータから元のデータを復元できない)、精度保存性(元のデータの精度と変換されたデータの精度が同等)および処理時間

妥当性などの観点で評価した開発方式はほとんどないため、第三者が評価できない状況である。

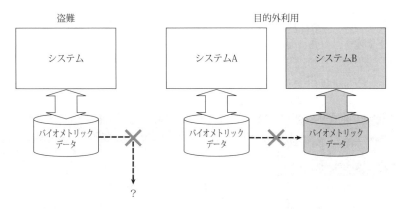

図7.8　バイオメトリックデータの不正利用

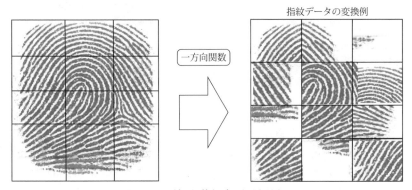

図7.9　取り消し可能なバイオメトリクス

(b)　マルチモーダル バイオメトリクス

　複数種類のバイオメトリック認証システムを活用して（複数種類の生体情報を照合して）個人を認証するバイオメトリック認証技術のことである[35]。

　マルチモーダルバイオメトリック認証は複数のバイオメトリック情報を照合するため、単一の生体情報を用いる場合よりも高精度の認証が期待できる。

7.3 バイオメトリック認証モデル

7.3.1 バイオメトリック認証モデルにおける基本的な性質

(1) 認証と識別

認証とは、相手が意図した人であることを確認すること(なりすましを防ぐこと)であり、セキュリティを実現する上で、必要不可欠な技術である

本人認証について整理すると表7.4のように3種類ある(7.1.3項で説明)。

表7.4 本人認証の方法と生体認証製品の導入基準

要件	方法	本人の所有物	本人の知識	本人の身体的行動的特徴
		IC(磁気)カード、スマートフォンなど	パスワード	身体的(指紋、静脈、顔など)、行動的(署名、声紋など)
安全性	照合精度高く、認証が確実、偽造、盗難などによる悪用が困難、経年変化しない	・紛失、盗難、偽造の恐れあり	・紛失、盗難の恐れあり ・パスワードの管理は困難	・精度が高いモダリティもパスワード以下の強度 ・露出している
経済性	費用が保護すべき利益に見合う	・低価格	・記憶により無償	・装置が高額 ・適用対象に合わせ選択
簡便性	操作が簡単、認証時間が早い、携帯性	・装置へ挿入	・キーボードなどにより入力	・モダリティごとに入力装置が必要
社会的受容性	違和感、抵抗感を感じさせない	・通常の社会生活で行われる行為	・通常の社会生活で行われる行為	・指紋は抵抗感、モダリティによっては、プライバシーなどの問題あり

① 本人の所有物による認証:磁気カードやICカードを用いた認証である。携帯性や操作が容易などの長所がある反面、盗難、偽造の危険性がある。

② 本人が持つ知識による認証:パスワードなどを用いた認証である。直接盗まれることがない、簡易な手段で実現できるという長所がある反面、本人が忘れる、パスワードが盗見されるなどの危険性がある。

③ 本人の身体的、行動的特徴による認証:個体のもつ特徴を用いた認証である。記憶、所持などが不要であり利便性が高いが、認証のための特別な装置、高度な処理ソフトウエアが必要である。どの認証方式が優れているかは一概には言えないが、個人を同定できる究極の方式としてバイオメトリック認証技術が注目されている。

類似した言葉として、認証、識別やウオッチリストがある。以下に言葉の定義を簡単に述べる[4]。

① 認証(verification):提示されたユーザ名が本当にその人のものである

かどうかを確認すること。検証という場合もある。

②　識別(Identification)：提示されたバイオメトリックデータの所有者がすでにデータベースに登録されているが判別する。主に法執行機関が使う利用方法である。つまり、提示されたバイオメトリックサンプルが含まれている可能性の高い包括的なデータベースが必要となる。このサンプルデータベースの登録件数が多ければ多いほど、効果的な識別システムとなる。

例えば、警察関係のAFIS (Automated Fingerprint Identification System)が相当する。識別においては、他人受け入れ誤差よりも本人拒否誤差を優先する。AFISにおける識別機能をPositive Identificationとも呼ぶ。

③　ウォッチリスト(watch list)：識別の一種であり、提示されたバイオメトリックデータの所有者がこのデータベースにすでに登録されていないか判別する。例えば、政府の福祉サービスにおいて、受給対象者の重複防止確認などがある。つまり登録されていないことを確認する。このような福祉サービスシステムにおける識別機能をNegative Identificationとも呼ぶ。

(2) 基本的な性質

本人認証に利用されるバイオメトリクスは、以下の性質を持つ必要がある[2]～[6]。

①　普遍性(universality)：誰もがもっている特徴であること。
②　唯一性(uniqueness)：万人不同。本人以外は同じ特徴をもたないこと。
③　永続性(permanence)：終生不変。時間の経過とともに変化しないこと。

現状のバイオメトリック認証技術では、上記の性質が経験的に実証されているものもあれば、かなり曖昧に使われているものもある。

装置で処理されるバイオメトリクスは、一般に短期および長期に身体の状況が変化している。また、身体情報を取得する場合の環境条件の変動があり、数々の変動要因がある。たとえば、声紋における、成長する上での声変わりや老化による声質の変化、センサの性能、伝送系の帯域、周辺ノイズなどにより、認証精度は異なると言える。

声紋認証の精度には、話者による偏りがあり、誤認識の分散が極めて大きい、一部の話者によって全体の認証性能が決まってしまうことが、よく知られている。このような現象は、"Sheep and Goats現象"と呼ばれる[2][4]。

話者による誤認識率の違いがカタログ値の10倍にもなることがある実際の

システムでは、全話者の平均値だけではなく、認識が特に難しい話者の誤認識がどの程度抑えられるかが重要である。特殊な話者を次のように呼び、これらの話者を統計的に検出する方法が研究されている[21]。

① Sheep（羊）：誤認識の少ない大多数の話者
② Goats（山羊）：誤認識のきわめて大きい一部の話者
③ Lambs（子羊）：他人が真似しやすい声の話者
④ Wolves（狼）：他人の声の真似が得意な話者

Sheep（羊）は最も問題のない話者で、通常、話者集団の大部分を占める。実験に用いた話者数が少なくて、たまたまこのような話者だけから構成されていると、思いのほかよい認識率が得られることになる。ところが実験の規模を拡大していくとGoats（山羊）が含まれるようになり、話者数としてはわずかな割合であっても、平均認識率を大きく下げる。同じ日の声の比較では大きく変動しない、静かな理想的な環境では大きな変動がない、あるいは、変動が顕著に現れないので、実用を目指した実験では注意が必要である。さらに、本人の音声を拒否しないように、しきい値をゆるく設定すると、他人の音声も拒否しないため、他人の音声を受け入れやすくなってしまうので、何らかの対策が必要になる。

Lambs（子羊）はGoats（山羊）に対するしきい値をゆるめることによって生じるのが一般的であり、Goats（山羊）と同じ話者になることが多い。

Wolves（狼）に対する認証精度への影響はさらに研究が必要である。ただし声帯模写者でも声の質をそっくりに真似ることは難しい。主として話し方のくせを真似しており、声の質に関する特徴を用いている声紋認識システムには影響が少ない。このため、プロの声帯模写者がコンピュータによる声紋認識を容易に破れることはないと考える。

声紋認証だけでなく、同様の行動的特徴を用いる動的署名認証などに関しても上記の考えを適用できる。

7.3.2　パスワードモデルとバイオメトリック認証モデルの比較

(1) 概要

本人認証の代表的な方法であるパスワードとの比較でバイオメトリック認証技術の問題点について述べる[2]。

図7.10に示すように、パスワードモデルにおける認証は、キーボードからのデータの入力と事前に登録したパスワードの文字（数）列との比較により行う。パスワードモデルにおける誤差要因としては、入力時における勘違いやタイプミスがある。判定は入力されたデータと蓄積パスワードとの文字列判定で

行われる。したがって誤差は、いくつかの文字が一致しない場合に生じる確定的なものである。

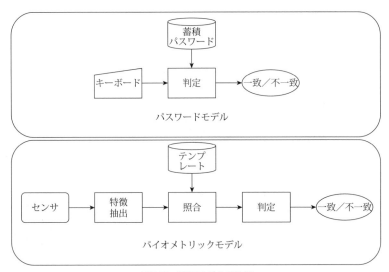

図7.10 認証モデルの比較

　一方、バイオメトリック認証モデルにおける認証は、センサからのデータ入力、特徴抽出などの前処理の後、事前に登録しておいた身体情報(テンプレートデータと言う)との照合処理により類似度を算出する。類似度とは入力データがテンプレートデータにどれだけ似ているかを表わす。特徴空間の尺度である類似度が、事前に設定したしきい値以上の場合は一致、以下の場合は不一致と判定する。

　バイオメトリクスによる認証は、一次元(例えば声紋)あるいは二次元データ(例えば指紋)の入力データに対するパターンマッチング処理が基本であり、これに起因する統計的な誤差が生じる。例えば入力装置において、入力における環境条件、つまり、人間の身体的(例えば、指の湿気具合)もしくは行動的な変化(例えば、風邪をひいた時の声質の変化)、特徴抽出においては、入力データに対するアルゴリズム対応性(例えば、声紋において、どの程度の周辺ノイズに対応可能か)に起因する誤差、照合判定においては、設定するしきい値により、たとえ同一人物が入力した場合でも、結果が同じになる保証はできない問題がある。

(2) 基本的処理フロー

バイオメトリック認証処理は図7.11のようになる。

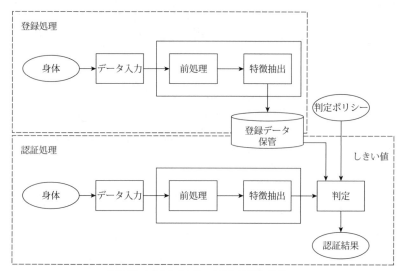

図7.11　バイオメトリック認証の基本構成

① データ入力機能：ユーザが提示した身体情報をセンサによりシステムに取り込む。
② 特徴抽出機能：特徴抽出機能は、前処理機能と特徴抽出機能を分ける場合もある。
  (a) 前処理：システムに取り込んだ身体データから、判定処理に不要な環境要因の除去処理や保管したテンプレートとの比較判定を効率よく行うために、空間的位置や大きさ、時間的な変化などを正規化する処理。
  (b) 特徴抽出：前処理により、環境要因の除去、正規化を行ったデータより、判定処理に必要な個人の特徴を抽出する処理。
③ 判定機能：登録テンプレートデータと入力データの特徴量の類似性を照合比較し、所定の判定水準を超えたか否かで本人であるか他人と見なすか判定を行う処理。
　　判定水準の決定はアプリケーションにより異なり、ポリシーの元に決定するしきい値でコントロールされる。
④ 登録データ保管機能：本人認証を行う者の身体データを特徴量の形で事前に特徴抽出処理し、システムに保管しておく機能。

認証機能として重要なのは項目②の特徴抽出機能であり、同一の身体情報を用いた認証技術であっても複数の方法（アルゴリズム）が存在する。また、項目③の判定基準（しきい値）の設定には、実際の運用ノウハウが必要であり、性能を決める重要な因子である。

7.3.3 サーバ認証モデルとクライアント認証モデル

図7.12および図7.13に示すようにバイオメトリック情報の保管および照合処理の関係により二つのモデルがある[2]。

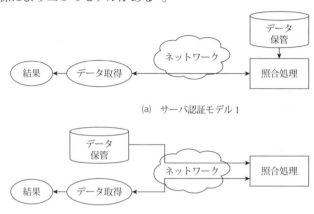

(a) サーバ認証モデル1

(b) サーバ認証モデル2

図7.12 サーバ認証によるバイオメトリック認証モデル

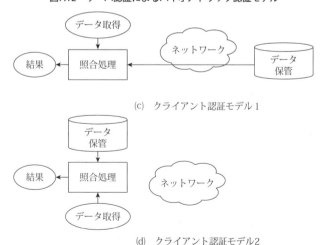

(c) クライアント認証モデル1

(d) クライアント認証モデル2

図7.13 クライアント認証によるバイオメトリック認証モデル

第7章　バイオメトリクス

(1) サーバ認証モデル：バイオメトリクスは集中管理し、検索エンジンを用いて高速認証するモデルである。登録および認証のフローを簡単に述べる。
　① 登録処理
　　ⓐ センサで入力したバイオメトリクスと氏名などの個人情報を認証サーバに転送する。
　　ⓑ 認証サーバで与信を行う。
　　ⓒ 与信の結果、問題ない場合は、個人情報、ID情報、特徴量を登録する。登録した特徴量をテンプレートとする。
　② 認証処理
　　ⓐ クライアント端末よりID情報およびセンサで入力したバイオメトリクスを認証サーバに転送する。
　　ⓑ 転送されたデータの認証処理を行う。
　　ⓒ 認証結果が妥当ならばアプリケーションを駆動する。
　　クライアント端末と認証サーバ、認証サーバとアプリケーションの間におけるデータ転送は、機密性および完全性の観点から暗号化およびデジタル署名処理を行う。本件はクライアント認証におけるデータ転送でも同様に必要である。サーバ認証方式のメリットは、クライアント端末の処理負荷を軽減およびコストの削減にある。一方、デメリットは、利用者数が多くなった場合、ネットワーク負荷およびサーバ負荷が大きくなる。また、個人情報の一括管理を行うため、その管理体制が重要となる。

(2) クライアント認証モデル：例えばICカード内にバイオメトリクスを管理し、端末側でICカードの利用者認証を行うモデルである。登録および認証のフローを簡単に述べる。クライアント認証モデルは認証結果を端末側で管理するため、アプリケーションの駆動はクライアント端末から行うのが基本である。
　① 登録処理
　　ⓐ センサで入力したバイオメトリクスと氏名などの個人情報を認証サーバに転送する。
　　ⓑ 管理サーバで与信を行う。ここまでは、サーバ認証モデルと同じであるが、以下の処理が異なる。
　　ⓒ 問題ない場合はテンプレートをクライアント端末に転送しクライアント端末で保管する。個人情報、ID情報、特徴量はシステムの安全性を確保するため、管理サーバで保管する。テンプレートデータには、

第7章　バイオメトリクス

認定された管理サーバで特徴抽出した旨の情報を埋め込む。また、テンプレートはクライアント端末の中、例えば、PCのハードディスクに保管する。より高セキュリティに管理する場合は、ICカードなどの耐タンパ性のある媒体に保管する。
② 認証処理
　ⓐ クライアント端末のセンサで入力したバイオメトリクスをクライアント端末で処理する。この場合、利用するテンプレートが正し管理サーバで処理されたのもであるか、管理サーバに問い合わせることも有効である。
　ⓑ 認証結果が妥当ならばアプリケーションを駆動する。

クライアント認証方式のメリットは、認証サーバを設ける必要がなくコスト低減と、個人情報は個人で管理するという利用者の受容性に高い点にある。また、バイオメトリクスが盗難にあっても、システム全体に波及しないメリットもある。一方、デメリットは、クライアント端末の処理負荷が高く端末コストが高くなる点にある。

どちらのモデルが優れるかは、一概にはいえないが、利用者受容性、脅威対抗性、システム構築のし易さなどを考慮し、アプリケーションごとに導入の際、評価する必要がある。

7.3.4　ICカードと連携した認証モデル

アプリケーションからICカードの正当性を確認するのに、暗号技術を用いた認証方式で行う。しかし、ICカードや端末の正当性を認証するもので、ICカードの所持者の正当性を確認していない。このため、ICカードの所持者の認証は身体情報を用いて行う。つまり端末からICカードの正当性の認証、ICカードから持ち主の正当性の認証、2段階の認証構成を採用している[33]〜[37]。

身体情報を用いたICカード持ち主認証技術の実現方法は国際標準の対象であり、図7.14に示すように、ISO/IEC7816-11の標準規格が開発されている[35]。

(1) Store On Card (SOC)：Stored Template型とも呼ばれる。テンプレートをICカードに保管しておき、テンプレートと新たに入力した指紋をICカードの外部処理装置（例えばPC）で照合する。電子パスポートなど社会IDタイプのシステムに適用される。

(2) Mach On Card (MOC)：Embedded Process型とも呼ばれる。テンプレートの保管および照合処理をICカード内で行う。このためテンプレートデータが外部に漏れないため、安全性の高いシステムを構築できる。

(3) All On Card (AOC)：MOCと同じくカード上で判定する。テンプレート

第7章 バイオメトリクス

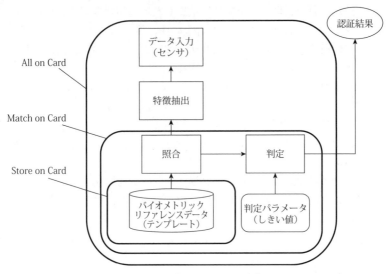

図7.14　ICカードへのバイオメトリクス実装のスキーム

データが外部に漏れない安全な方式である。また、バイオメトリック入力センサもカード上に実装され端末の構築負荷が軽減されるが、ICカード自体のコストがかかるのと、センサ電源の供給などの問題があり、実用的とはいえない方式と考える。

7.4　バイオメトリック認証の誤差

バイオメトリック認証においては、有意性検定法における誤差（エラー）で定義される[3][4][11][38]。
- タイプⅠエラー（本人拒否率）
- タイプⅡエラー（他人受入率）

タイプⅠエラー（本人拒否率）が高いと利用者はフラストレーションを引き起こし、タイプⅡエラー（他人受入率）が高くなると詐欺を引き起こす。タイプⅡエラーはタイプⅠエラーに比べ1桁から2桁小さくするのが一般的である。

指紋による本人認証による誤差を例に述べる。図7.15は、横軸は照合処理における類似度、縦軸は頻度をあらわす。ここでは指紋による本人認証の例を用いた二つの分布は、それぞれ同一のデータを照合した場合と、異なるデータを照合した場合の類似度分布を示す。類似度は右にいくほど大きくなる。これは、比較する二つのバイオメトリック認証における特徴量が一致している度合

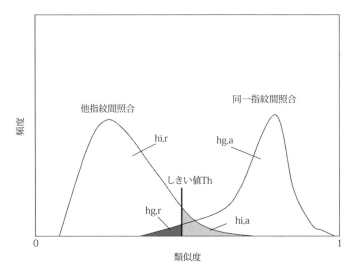

図7.15　バイオメトリック認証における二つの誤差

いが増えることを意味する。

　二つの類似度分布曲線が重ならず、しきい値を重なりのないところに設定すれば、原理的に誤差はゼロになるが、現実には重なりあうことが多い。このため認証誤差が生じる。

　同一指紋同士を照合した場合の類似度分布hgが却下される場合、つまり、分布hg, rに相当する値を本人拒否誤差（あるいは本人拒否率）FRR（False Reject Rate）、異なる指紋同士を照合した場合の類似度分布 hiが受理される場合、つまり、分布hi, aに相当する値を他人受入誤差（あるいは他人受入率）FAR（False Acceptance Rate）と呼ぶ。本人拒否率FRRは有意性検定におけるタイプIエラー、他人受入率FARはタイプIIエラーに相当する。精度評価は現在JIS規格として発行されている。

　バイオメトリック技術をセキュリティの分野に展開する場合、パターン認識における誤差だけでなく、セキュリティ的な強度を明確にする必要がある。バイオメトリクスに関するセキュリティ強度は暗号技術などで使われている総当り攻撃に対する情報空間で表すが、その方法としては、二つある。

(1)　FARから算出する平均攻撃空間[3]
(2)　指紋特徴点への総当り攻撃[29]

　本書では、セキュリティ強度に関しては、扱う範囲を越えているので、さら

153

に詳細を学習したい場合は、文献(2)〜(4) (29)を参照されたい。パターン認識精度とセキュリティ精度の関係は、現在重要な研究テーマの一つであり、実利用においてシステムの認証精度とセキュリティ精度の観点から要求仕様を明確に把握する必要がある。

7.5 バイオメトリック技術の標準化の動向

(1) 標準化の目的

バイオメトリック技術は世界の国々で共通応用として利用されるはじめてのセキュリティ技術であると言って過言ではない。例えば、電子パスポートは、ICカードなどの媒体を人が所持することで、その利用は世界中で相互互換性が必要であり、用語からシステムプロファイル(システム仕様)までの技術標準が必要となった。また、バイオメトリクスは個人情報であり、技術のみならず社会倫理・法律などの観点から検討が必要となった[29]。

例えば、バイオメトリック認証装置が電子パスポートなど世界中で運営、あるいは銀行のATMに実装された場合、

① 大規模システムとなり、マルチベンダー開発のためコストが増大する。
② セキュリティという位置づけであり、セキュリティポリシーに則り、レベルのあったセキュリティ強度を確保した設計が必要である。
③ 世界中で運用される場合、インタフェースが統一されていないと利用できない。

バイオメトリック技術の標準化は、互換性(Interoperability)、性能評価(Performance)、品質保証(Assurance)三つの観点で進められている。

(2) 標準化の検討体制

バイオメトリクスの国際標準はISO/IEC JTC1/SC37(バイオメトリクス)で進めている。SC(Sub Committee)37は、一般的なバイオメトリクス技術に関する標準化を担当する国際標準化委員会である。ISO(International Organization for Standardization)とIEC(International Electro-technical Commission.)のジョイントされたJTC1 (joint technical committee 1 for information technology)下の組織に位置づけられる。

下記はJTC1における標準化のステップを示す。最初に検討すべき標準化案を議題にのせるか否かのNew Work Item Proposal (NP)投票が行われる。その後Working Draft、Committee Draftなどの段階的な投票を行い最終的にInternational Standard (IS)がまとまる。この投票は登録された国によるNational Bodyとしての投票となり、これらの一連の作業は数年かかる。

第7章 バイオメトリクス

① New Work Item（NWI）Proposal（NP）
    Results in approved project
② Working Draft（WD）
③ Committee Draft（CD）
④ Final Committee Draft（FCD）
⑤ Final Draft International Specification（FDIS）
⑥ Public Review
⑦ International Standard（IS）
Note：Votes are by National Bodies（countries）

SC37は表7.5に示すように2002年6月に発足し、六つのWG（Working Group）が設置された（正式な体制は2003年9月ローマ第2回総会で発足）。日本国内の体制は2002年10月に国際の体制と同様の技術検討委員会（専門委員会）が発足した（http://www.itscj.ipsj.or.jp/report/ inex.html）。

タイトルは「Biometrics（バイオメトリクス）」、スコープは、「応用とシステムにおける、相互運用とデータ交換を行うための一般的なバイオメトリクス技術の標準化を行う。一般的なバイオメトリクス技術としては、専門用語、API、データ交換フォーマット、運用仕様プロファイル、性能試験などの技術項目と、相互裁判権や社会事象などを含む。SC17、SC27において作業中の案件は除外する」となった。

図7.16に検討すべき標準化項目と関係する国際標準化委員会の関係を示す[10]。SC37は六つのWG（ワーキンググループ）から構成される。

表7.5　ISO/IEC JTC1/SC37の体制

タイトル	内容
WG1 Harmonised Biometric Vocabulary	バイオメトリック技術の専門用語を標準化する
WG2 Biometric Tchnical Interfaces	バイオメトリウスの共通インタフェース仕様を策定する
WG3 Biometric Data Interchange Formats	バイオメトリックデータの交換形式を験討する
WG4 Technical Implementation of Biometric Systems	バイオメトリック技術の応用システムに関する標準を策定する
WG5 Biometric Testing and Reporting	バイオメトリックシステムとコンポーネントの試験ならびに標準フォーマットを用いた試験結果の報告に関し標準化を行う
WG6 Cross-Jurisdictional and Societal Aspects of Biometrics	バイオメトリック技術を適用する上での社会的側面領域における標準化を行う

第7章　バイオメトリクス

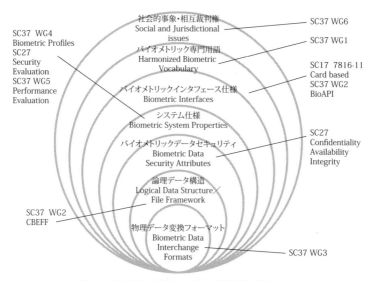

図7.16　対象となる標準化項目と検討組織の関係

① WG 1（Harmonized Biometric Vocabulary）：バイオメトリクス技術用語を標準化するグループである。他のISO標準に使用されている用語との調和を図ってバイオメトリクス技術用語を標準化する。

② WG2（Biometric Technical Interfaces）：バイオメトリクスの共通インタフェース仕様を策定するグループである。米国からBioAPI（Biometric Application Program Interface）およびCBEFF（Common Biometric Exchange File Format）が提案され主な審議事項となっている。図7.18に示すよう に、BioAPIは、バイオメトリクス・アプリケーションが呼び出す関数の標準仕様案であり、CBEFF（シーベフと発音）はBioAPIが入出力パラメータとして使用するバイオメトリクス・データの基本構造を定義したものである。

③ WG 3（Biometric Data Interchange Formats）：バイオメトリクス・データの交換形式（項目、意味、表記法）を検討するグループである。図7.18に示すように各技術間の形式の共通化を図るとともに、装置や伝送内容の依存性の排除を図ることを目的とする。

システム間でバイオメトリクスデータを受け渡すフォーマットの標準化・目的は相互運用性（Interoperability）の実現

第7章 バイオメトリクス

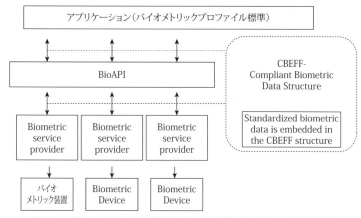

図7.17 バイオメトリックアプリケーションとデータ交換における標準化

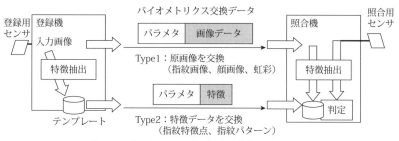

図7.18 バイオメトリックデータの変換フォーマット

登録機と照合機のメーカ／場所／時間が異なっても本人認証を可能とする
④ WG 4 (Technical Implementation of Biometric Systems)：バイオメトリック技術の応用分野における最適な導入・運用仕様を検討するグループである。検討する技術の広いWGであり、より具体的なアプリケーションをどう議論していくかがポイントとなる。
⑤ WG 5 (Biometric Testing and Reporting)：バイオメトリックシステムとコンポーネントの試験ならびに標準フォーマットを用いた試験結果の報告に関し標準化を検討するグループである。運用試験ならびに評価と安全性を考慮した全てのタイプの試験に対する試験評手順の実現に向けた"Best Practice"の検討と修正を行う。

⑥ WG 6 (Cross-Jurisdictional and Societal Aspect of Biometrics):バイオメトリックシステムの安全な操作、プライバシーの確保および作業基準の開発などの標準化を行うグループである。

(3) 国内の状況

以下に日本国内のバイオメトリック標準化作業の経緯を示す。

① バイオメトリクスセキュリティコンソーシアム

関係省庁の協力を得て産業界が中心となり、バイオメトリクスの導入を促進する市場環境の基盤づくりや産業育成をしていくコンソーシアムが2003年6月に設置された(http://www.bsc-japna.com)。ただし、活動は2015年に終了している。

コンソーシアムの目的は、以下の3点である。

- ホームランドセキュリティ、ユビキタスセキュリティ、ヘルスケア・医療分野などの新市場の創出
- 国際標準化への活発な提案活動を強化し、我が国の企業の国際市場開拓を促進
- 個人情報に関するプライバシーガイドラインなどの検討による利用者アカウンタビリティの明確化

② バイオメトリクスセキュリティ学会研究会

バイオメトリクス技術に関する研究は、情報セキュリティやパターン認識などの研究会で扱われてきたが、今後、ネットワークサービスのセキュリティを担う主要な技術として発展すると考えられる。また、例えば、暗号との組み合わせ、ICカードなど耐タンパシステムへの実装技術など複数の関連する研究領域にまたがる総合的な議論が必要とされる時期にある。そこで、「バイオメトリクス 研究会(旧バイオメトリックシステムセキュリティ研究会)」を2003年4月に電子情報通信学会に設置した(http://www.ieice.org/~biox/)。

本研究会では、
- バイオメトリクス認証ハードウエア
- バイオメトリクス認証モデル
- バイオメトリクスデータ品質評価基準
- 社会環境・社会倫理

について情報を共有化し、新技術を創出する。SC37、コンソーシアムとの連携を密に進め、産官学の効率的な体制で運用することを目的としている。

7.6 新しい機能

7.6.1 識別、認証そして追跡

従来、バイオメトリクスの機能として，以下の二つが挙げられた。
- 識別（Identification）
- 認証（Verification）

今後は、図7.19に示すように，下記の機能が追加される[31][40]。
- 追跡（Tracking）

追跡はバイオメトリクスの新たな機能として注目されている。マーケティング分析事例、店舗に設置したカメラの情報から取得した来場者情報とPOS（Point Of sale System）などで取得した購買情報を元に、購買者の傾向分析ができる。さらに、複数のカメラをネットワークを介し活用することにより、店舗動線、店内滞留時間、非購買者情報の採取も可能となり、マーケティング分析に活用できる。取得した来場者情報と他のデータ（気象、広告、交通、SNSなど）とを組み合わせることで、店舗内では把握できなかった顧客の来場に至る背景を把握できる[40]。

追跡利用においては多数の個人情報を収集する。統計データや個人の非特定のデータを利用するが、バイオメトリクスデータに対するプライバシー性の見解を明確にしておく必要がある。

図7.19 識別・認証から追跡用途へ

7.6.2 製品事例

製品化されている代表的な事例を以下に紹介する。
(1) 指紋自動識別システムAFIS

犯罪者（前歴者）の指紋・掌紋データの管理、現場に遺留された指掌紋か

第7章　バイオメトリクス

ら被疑者を割り出す際の検索性の向上などを目指して開発されたコンピュータシステムである。図7.20は米国で利用されている可搬型の指紋収集装置である。

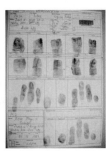
十指指紋

特徴点が12個一致すれば、照合上同一指紋とする。

12個の一致したものの現れる可能性は（1兆分の1）の確率。世界人口は63億で、指紋の特徴点が12個一致すると、確率的には『本人以外あり得ない！』

図7.20　指紋自動識別システムAFISにおける可搬型データ入力装置

(2)　金融ATM

　図7.21は、ATMのサービスを受ける際、キャッシュカード、暗証番号、指や手の平静脈認証を利用し本人確認を行うシステムが広く稼働している。

　キャッシュカードを使わず、バイオメトリクスだけでATMサービスが可能な金融機関もある。

図7.21　指静脈認証によるATMにおける本人確認
（出典：https://www.mizuhobank.co.jp/retail/products/account/card/seitai_ninsho/index.html）

第 7 章　バイオメトリクス

(3)　モバイル

　パスワードの代わりに指紋認証装置をモバイルPCや携帯電話に実装する日本の企業はあったが、本格的に利用されたのは、図7.22に示すようにアップルのタブレットipadやスマートフォンiPhoneに指紋認証機能TouchIDが実装されてからである。iPhoneのホームボタンに軽くタッチするだけで、Touch IDセンサーが指紋を読み取ってパスコード代わりに認証でき、ロック解除などが可能となった。

図7.22　スマホの実装例（出典　http://appllio.com/iphone-touch-id-fingerprints-setting）

(4)　出入国管理

　パスポートのICチップ内臓化に伴い、バイオメトリックデータが格納された。日本では顔データが格納されている。また、入国する渡航者（外国人）を確実に確認するために、指紋や顔識別による出入国手続が行われている。図7.23(a)は、日本のJ-BIS（Japan Biometrics Identification System）であり、外国人の出入国管理を目的として日本の空港や港に導入されているバイオメトリック認証を用いた人物同定システムである。入国審査を行うブースに置かれた機器で、入国を希望し上陸の申請を行う人物の、両手の人指し指の指紋採取と顔写真の撮影を行うと同時に、入国管理局作成のブラックリストと照合を行い、犯罪者や過去に退去強制（強制送還）等の処分を受けた外国人の再入国を防ぐ効果を期待され導入された。

　また、図7.23(b)は、日本の自動化ゲートである。自動化ゲートは、パスポートと指紋の照合により、自動的に出入国審査を行うことができるシステムである。出国前に自動化ゲートの利用登録をしておけば、出入国審査場が混んでいても、自動化ゲートを使って、スムーズに出入国審査を行うことができる。なお、2017年度より顔認証による自動化ゲートも運用されている。

第7章　バイオメトリクス

(a) J-BIS (Japan Biometrics Identification System)

(b) 自動化ゲート

図7.23　出入国管理

(5) 店舗

図7.24は、小売店に設置したカメラにより顧客の購買情報を管理すると同時にマーケティングにも利用されている。また、万引き犯を検知するシステムも運用されている。

図7.25はJRの駅などに設置された飲料水の自動販売機である。販売機の上部にカメラを設置し顔認証により属性データ(年齢、性別、購入物、時間)を収集してマーケティングに利用している。大多くのシステムではビッグデータ解析(AI処理)などが実施されている。

図7.24　店舗で進む顔認証システム
（出典：http://sayuflatmound.com/?p=19369）

第 7 章　バイオメトリクス

図7.25　顔属性判別機能付き自動販売機
（出典：㈱JR 東日本ウォータービジネス：夢の飲料自販機 エキナカ本格展開へ）

(6) その他

図7.26は、防災目的に豊島区が設置したネットワークカメラシステムである。群集行動の解析（人がどこにどのくらい滞在しているか？どちらに移動しているか？）するものである。AI技術を用いた画像認識処理を実装している[40][41]。

図7.26　群集行動解析による総合防災システム
（出典：NECプレスリリース、豊島区の「群衆行動解析技術」を用いた総合防災システムを構築
http://jpn.nec.com/press/201503/20150310_01.html）

7.7　IoT・AI・ビッグデータ

7.7.1 新たなフレームワーク

図7.27は、IoT、AI、ビッグデータの関係を示す。IoTはデバイスに相当し、デバイスで収集したデータをビッグデータといい、ビッグデータから、有意義な知見を得るため、AIの技術を用い解析処理を行うことで処理の高度化を図

163

る[40][41]。例えば、顔データを複数設置されたカメラで収集し、属性データ(性別、年齢)を抽出しマーケティングに利用するとか、あるいは、防災における人流解析を行うなどの新しい応用が立ち上がっている。一方、IoT・ビッグデータ・AIなどに関係する課題が発生する。

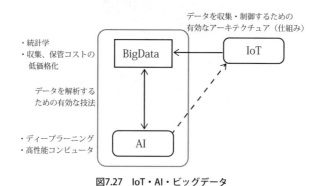

図7.27　IoT・AI・ビッグデータ

7.7.2 セキュリティ・プライバシー

(1)　ネットワークカメラの問題

ネットワークカメラシステムにおけるセキュリティ問題は二つの観点で検討が必要である[41][42]。一つは、カメラシステムのパスワードの不適切な設定によるインターネット上への撮影データの漏えいである。他は、ネットワークに接続されたカメラがウィルスなどに汚染され、DDoS攻撃の踏み台にされることである。

監視カメラは街頭や屋内のさまざまな場所に設置されている。カメラ撮影画像がインターネットサイトInsecamで、いつでも閲覧可能になっているという報道があった。その数は日本国内のものだけで、およそ6,000ヶ所。世界全体ではおよそ2万8,000ヶ所に及ぶと言われている。例えば、理容店の店内に設置されたカメラの映像は、散髪中の客の姿がはっきりと映っている。店名が認識できる情報も公開されている。このように個人を識別し場所を特定できる情報が漏えいしている。

通常はパスワードを適切に設定することで、第三者に勝手にのぞき見られるおそれはない。しかし、映像の流出が起きているケースでは、カメラのパスワードが初期設定のままなど適切に設定されていないことが多い。

また、Insecamにより公開されるカメラ画像の中には、公開を目的としてい

るものもある。例えば、駐車場に設置され、駐車場の混雑具合を公開する場合もある。この場合は撮影されることを好ましく思っていない個人も撮影される別の意味のプライバシー侵害の問題がある。

図7.28　Insecamにより漏洩された防犯カメラ画像

　インターネットに接続されたカメラは一種のIoT（Internet of things）のデバイスとみなせる。IoTのデバイスを狙った大規模サイバー攻撃が2016年秋にあった[43]。
　Miraiと呼ばれるマルウェアである。Miraiにより企業や家庭で使われている監視カメラ、ウェブカメラ、ビデオレコーダーが乗っ取られ、ネットの根幹となるDNSを攻撃し、その結果ツイッターやアマゾンがダウンした。ネットワークに接続された高性能カメラはPCなどと同様の機能を持つが、設置するベンダー、利用者のセキュリティ意識が低く、セキュリティ事故が発生した（図7.29）。

図7.29　Miraiによる被害

第7章　バイオメトリクス

(2) 新しい応用におけるプライバシー課題

バイオメトリクスの利用分野は，犯罪捜査などのForensic用途（犯罪者の識別）から始まり，パスポートや国民カードなどの社会ID，入退出管理，金融ATMにおける本人確認などの広がりがでてきた。つまり、識別、認証における利用分野を中心に市場が立ち上がった[40]。

現在、いわゆるビッグデータ対応の利用がでてきた。識別した個体を追跡する顔認証技術の新しい市場が立ち上がりつつある。バイオメトリクスの識別性に着目した行動ターゲティング広告、ヘルスケアなどの新しい活用分野である。行動ターゲティング広告とは、広告の対象となる顧客の行動履歴を元に、顧客の興味関心を推測し、ターゲットを絞ってインターネット広告配信や顧客の行動履歴分析を行う手法である。行動ターゲッティング広告は、追跡型広告とも呼ばれる[40]。

追跡機能の基本的な技術は識別技術であるが、個人を特定せず、性別、年齢などの情報を抽出し、その行動特性を分析するものである。個人を特定しないため、匿名化データであり、プライバシーの問題もないと言われているが、匿名化の方法など懸念事項があるため、本格的な利用が立ち上がっていない。対策は、いろいろ検討されているが、まずは、どのようなプライバシーリスクが発生するかプライバシー影響評価の実施が重要と言われている[33]。

7.8　FIDO による新しい認証アーキテクチャ

ユーザーが「確実に記憶することができる」と考えるIDとパスワードの組み合わせの数は、平均で3.1個だという。IDとパスワードによる認証は、個々のサービスの認証強度としては必要十分かもしれないが、利用者の立場で考えれば、人間の記憶力を超えた数のパスワードを押しつけられた結果、セキュリティに穴が空いた状態が放置されている。FacebookやTwitter、ヤフーなどのIDとパスワードで他社のサービスにログインする認証連携も、現状では個人情報の登録が要らない軽量なサービスでの利用にとどまっている。確定申告などに利用する公的認証基盤のPWなど年に1度しか利用しない。複数および年に数回しか利用しないIDとPWなど、利用者にとって、IDおよびPWによる認証方式は、破綻していると言っていい。認証方式に問題があるにもかかわらず、利用者に対し、非現実的なIDとPWの管理責任を転嫁されているのが現状である。

バイオメトリック認証は、この問題を回避する対策の一つと考えられていたが、携帯電話、モバイルPCなどに各社個別の方式で実装されていたため、また、プライバシー保護の観点での課題がクリアされていないかったため、大きな市

場にならなった。下記に紹介するFIDOの動きは、バイオメトリック市場を拡大する契機となると期待されている[25]。

　FIDOは、Webサイトへのログインといった、オンラインでの利用者認証手順(プロトコル)を定めた仕様である。特徴は、正規の利用者だと判断するための認証情報を、サーバ側に置かないこと。つまり、サーバでは利用者認証を実施しない代わりに、PCやスマートフォンといった利用者のクライアント側で実施する。

　クライアント側には、利用者を認証するためのプログラムあるいはモジュールを用意しておく。プログラムやモジュールは、「FIDOオーセンティケーター」と呼ばれる。ユーザー認証に使う情報は、FIDOオーセンティケーター内でのみ使われ、FIDOサーバに送信しない。

　FIDOでは、指紋や顔、音声などによる生体認証や、PIN(暗証番号)、USBデバイスなど、様々な認証方式に対応し、それぞれのデバイスや通信方法などについて規定している。どのような認証方式を許可するのかといったポリシーは、サービス提供者側で決定する。

　図7.30にFIDOを使ったユーザー認証の概略を示す。基本的には公開鍵暗号を利用する。

① 利用者は、まず、最初に利用したいWebサイトに自分の端末を登録する。
② PCやスマートフォンなどにインストールしたFIDOオーセンティケーターを起動し、対象とするWebサイトが許可しているユーザー認証方式(例えば指紋)を選択する。

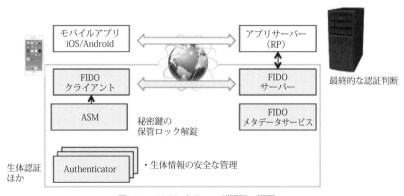

図7.30　FiDOによるユーザ認証の概要
(出典：　http://www.nttdata.com/jp/ja/insights/trend_keyword/2015070901.html)

③ 端末の読み取り装置に指紋を当てるなどして、正規のユーザーであることをFIDOオーセンティケーターに認証させる。
④ FIDOオーセンティケーターは新しい公開鍵と秘密鍵を生成し、公開鍵をWebサイトに送信し登録させる。
⑤ 秘密鍵やユーザー認証に必要な情報(指紋情報やPINなど)は、ユーザーの端末から外に出ない仕組みである。

■演習問題
問1　次の用語を説明しなさい。
　　①テンプレートデータ、②アイリスコード、③識別・認証(検証)、
　　④マニューシャ

問2　バイオメトリクスは二つに分類できる。分類名とその分類に含まれるモダリティを列挙しなさい。

問3　バイオメトリック認証装置の精度を表す二つの基準を説明しなさい。

問4　バイオメトリクスは究極の個人情報でありパスワードでもあるといわれているが、その長所と短所を説明しなさい。

問5　バイオメトリック認証システムの安全性を高める技術としてキャンセラブルバイオメトリクス、生体検知(Liveness detection)技術、暗号技術などがあるが、その優劣を論じなさい。

問6　バイオメトリックシステムにおける脆弱性と脅威について最低三つ挙げなさい。

参考文献
(1) Ed. By Anil. Jain, Ruud Bolle and Sharath Pankanti：Biometrics Personal Identification in Networked Society, Kluwer Academic Publishers(1999)
(2) 瀬戸洋一：サイバーセキュリティにおける生体認証技術，共立出版(2002.5)
(3) Richard E. Smith著，稲村雄監訳：認証技術－パスワードから公開鍵まで－，オーム社，pp.169-191(2003)
(4) 瀬戸洋一：バイオメトリックセキュリティ入門，SRC (2004.8)
(5) David D. Zhang：Automated Biometrics Technologies and Systems, Kluwer Academic

Publishers(2000)
(6) Ruud M. Bolle, Jonathan H. Connell, Sharath Pankanti, Nalini K. Ratha, Andrew W. Senior: Guide to Biometrics, Springer(2004)
(7) 匂阪　馨：個人識別　法医学の最前線から，中公新書(1998)
(8) 星野幸雄：指紋応用技術(1)－(3)，画像電子学会誌，2002年1月号，3月号，5月号
(9) 渡辺公三：司法的同一性の誕生，言叢社 (2003)
(10) 瀬戸洋一：バイオメトリックスを用いた本人認証技術，計測と制御，Vol.37 No,5, pp,395-401(1998)
(11) バイオメトリクスセキュリティコンソーシアム編：バイオメトリックセキュリティ・ハンドブック，オーム社(2006.11)
(12) Nalini Ratha, Ruud Bolle: Automated Fingerprint Recognition System, Springer(2004)
(13) David Maltoni, Dario Maio, Anil K. Jain, Salil Prabhalar: Handbook of Fingerprint Recognition, Springer (2003)
(14) Special Issue Biometrics IEICE Trans. Inf & Sys. Vol.84-D, No.7(2001)
(15) 金子正秀：顔による個人認証の最前線，映像情報メディア学会誌，Vol.55, No.2, pp.180-184(2001)
(16) 赤松　茂：コンピュータによる顔の認識サーベイ，信学論A，Vol.J80-DⅡ, No.8, pp.1215-1230(1997)
(17) 用途広がる「顔パス」，日経ビジネス，pp.80-82，2004年1月12日号(2004)
(18) 清水孝一：光による生体透視－光CTと生体機能イメージングの可能性－，病態生理，Vol.11, No.8(1992)
(19) 三浦直人，長坂晃朗，宮武孝文：線追跡の反復試行に基づく指静脈パターンの抽出と個人認証への応用，信学論(D-Ⅱ)，vol.J86-D-Ⅱ, no.5, pp.678-687(2003.5)
(20) 特許庁： 平成16年度標準技術集「バイオメトリック照合の入力・認識」
http://www.jpo.go.jp/shiryou/s_sonota/hyoujun_gijutsu.htm(2005.3)
(21) 古井貞煕：音声による本人認証，情報処理， Vol.40, No.11, pp.1088-1091(1999)
(22) 瀬戸洋一編著：情報セキュリティ概論，日本工業出版(2007)
(23) 平成16年度経済産業省産業技術開発　委託事業－1　生体情報による識別技術（バイオメトリクス）を利用した社会基盤構築に関する標準化 (2005.3)
(24) 磯部義明，瀬戸洋一他：ディジタル署名により完全性を保証した生体認証モデルの提案とプロトシステムの開発，画像電子学会誌，33巻2号，pp.161-170(2003)
(25) ポストパスワードの有力候補，ユーザ認証の新仕様「FIDO」が始動
http://itpro.nikkeibp.co
(26) 松本　勉：C5-1 個人認証・意思確認に係る最新課題と技術展望，RSAカンファレンス2005ジャパン(2005.5.13)
(27) 瀬戸洋一：バイオメトリクスの脅威及び脆弱性公開におけるガイドライン，バイオメトリックセキュリティ研究会(2004.9)
(28) N.K. Ratha, J.H. Connell and R.M. Bolle：Enhancing Security and privacy in biometrics-based authentication systems, IBM Systems Journal, Vol.40, No.3, pp.614-634(2001)
(29) 宇根正志　他：生体認証における生体検知について　IMES No.20005-J-15(2005.8)
(30) 経済産業省委託　平成18年度産業技術研究開発委託費　生体情報による個人識別技術（バイオメトリクス）を利用した社会基盤構築に関する標準化成果報告書3.1節（平成19年3月）

第7章　バイオメトリクス

(31) 瀬戸洋一：TK4-5　ビッグデータ時代のバイオメトリクスにおけるプライバシー保護，信学会伝国大会(2015.3)
(32) 瀬戸洋一：AI・IoT・ビッグデータ時代のバイオメトリック技術，自動認識2017年9月増刊号，日本工業出版(2017)
(33) 瀬戸洋一：実践的プライバシーリスク評価技法，近代科学社(2014.4)
(34) Kenta Takahashi, Masahiro Mimura, Yoichi Seto: Development of Biometric Protection Profile for Ubiqutous Communicators, Asia Biometric Workshop(2004)
(35) A secure and user-friendly multi-modal biometric system SPIE 2004 Vol.5404, pp.12-19(2004)
(36) International Standard ISO/IEC 7816-11 Identification Cards-Integrated circuit cards- Part 11; Personal verification through biometric methods(2004)
(37) S. Ishida, M. Mimura, Y. Seto: Development of Personal Authenticaion Techniques using Fingerprint Matching Embedded in Smart Cards, IEICE Trans., INF. & SYST. Vol.84-D, No.7, pp.802-818(2001.7)
(38) Y. Seto : Development of Personal Authentication Systems using Fingerprint with Smart Card and Digital Signature Technologies, ICARCV 2002 pp.998-1001(2002.12)
(39) 瀬戸洋一，三村昌弘，磯部義明：バイオメトリックス認証技術の精度評価の標準化動向　電子情報通信学会誌，Vol.83, No.8, pp.624-629（2000）
(40) 瀬戸洋一：バイオメトリック認証技術の市場および標準化動向，映像情報メディア学会誌Vol.58, No.6, pp.763-766（2004）
(41) 瀬戸洋一：TK4-5　ビッグデータ時代のバイオメトリクスにおけるプライバシー保護，信学会伝国大会(2015.3)
(42) 瀬戸洋一：ネットワーク型多目的カメラシステムにおけるプライバシー課題とその対策，危機管理産業展（RISCON　TOKYO）2016(2016.10.21)
(43) NHK，ネットで丸見え？防犯カメラ(2016.01.21)
http://www9.nhk.or.jp/kabun-blog/1000/236100.html
(44) 日経コンピュータ，IoTマルウェア「Mirai」の攻撃が活発化，pp.12(2016.12.8)

第8章
サイバーセキュリティ技術

8章　サイバーセキュリティ技術
8.1　サイバーセキュリティの概要
8.1.1　サイバーセキュリティの状況

インターネットの普及に伴い、ネットワークを利用する機器の増加や、インフラに関わるシステムの稼働など、生活や社会活動のあらゆることがシステム・ネットワーク上で行われている中、それらを悪用した不正侵入や破壊活動、データの窃取・改ざんなどにより、特定の企業や個人、もしくは不特定多数のターゲットに対して被害をもたらす攻撃活動を行うサイバー攻撃が増えている[1][2]。

発生当初はいたずらや技術自慢などの愉快犯が中心であったが、インターネットが重要インフラとしての役割を持つにつれ、社会的主張や利益を得るための情報の窃取および破壊、あるいは制御を奪い被害を与えるなど、目的が明確化・多様化し、時には国家間のサイバーテロ行為に発展している。用いられる攻撃の手法は巧妙化・高度化しており、対抗する防御技術も進歩しているが、攻撃を完全に防ぐことは難しく、攻撃者有利の状況となっている[1]〜[3]。

8.1.2　脅威と脆弱性
(1)　脅威

情報システムにおける脅威とは、システム又は組織に損害を与える可能性があるインシデント（望ましくない、もしくは予期しない情報セキュリティの事象）の潜在的な原因である[4]。不正アクセスや悪意のあるプログラムなどにより被害をもたらす攻撃者の存在や、機器の紛失や盗難などの人為的なもの、および、災害などによる環境的なものを含む、被害を及ぼす可能性のあるすべてが脅威となる。表8.1に脅威の分類と例を示す。

表8.1　脅威の分類と例

脅威の分類		例
人為的	意図的	不正アクセス、マルウェア、改ざん、なりすましなど
	偶発的	人為的ミス、障害など
環境的		災害（地震、洪水、台風、落雷など）

サイバー攻撃は、人為的な脅威の中でも悪意を持った攻撃者による意図的な脅威として分類され、攻撃者は目的を達成するために定めた目標に対してあらゆる手法で攻撃を行い、対象が被害を受ける可能性（リスク）を生じさせる。情報技術の発展やインターネットの普及は、新たにそれらを悪用する脅威をもたらし、その攻撃対象となり得る範囲も情報システムやそれらを構成する機器全

体へ広がった。
  (2) 脆弱性
 脅威によって付け込まれる可能性のある、資産または管理策の弱点が脆弱性である[4]。情報セキュリティにおいて守るべき対象となるものは、ほとんどの場合何らかの脆弱性を抱えており、バグと呼ばれるようなソフトウェア・ハードウェアの設計・実装上の欠陥や、システム運用の不備、および物理的保護の欠如によるものなどがある。これらの脆弱性が、脅威によって悪用・侵害されることで、守るべき対象に被害や悪い影響をもたらす。表8.2に脆弱性の分類と例を示す。

表8.2 脆弱性の分類と例・関連する脅威

脆弱性の分類	脆弱性の例	関連する脅威
環境、施設	扉や窓などの物理的保護の欠如	盗難
	不安定な電源設備	停電、誤作動
	災害を受けやすい立地条件	地震、洪水
ハードウェア	温度、湿度変化が大きい	故障、誤作動
	記憶媒体の放置	故障、情報漏洩
ソフトウェア	仕様書の不備	ソフトウェア障害、誤作動
	アクセスコントロールの欠如	なりすまし、改ざん、情報漏洩
	不適切なパスワード	不正アクセス、改ざん、情報漏洩
	ログ管理の欠如	不正アクセス
	バックアップの欠如	復旧不能

 図8.1に示すように、サイバー攻撃は、悪意のある攻撃者(脅威)が意図的に脆弱性を悪用し資産に対する損害を発生(リスクの顕在化)させるものであり、これを防ぐために、守るべき対象に存在する脆弱性を正しく認識し、必要な対策が何であるかを考慮する必要がある。

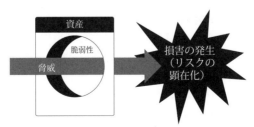

図8.1 脅威・脆弱性・リスクの関係

8.2 サイバー攻撃とは

8.2.1 攻撃の定義

サイバー攻撃とは、システムやネットワークに対し、不正に侵入や操作を行い、情報資産(情報、ハードウェア、ソフトウェア、施設など)に損害を与える行為である[4]。サイバー攻撃で用いられる手法で代表的なものに、コンピュータウイルス (computer virus)を用いた攻撃がある。Fred Cohenは、1984年に発表した論文の中で、コンピュータウイルスを「第三者のプログラムやデータベースに対して意図的に何らかの被害を及ぼすように作られたプログラムであり、自己伝染機能、潜伏機能、発病機能のうち一つ以上を有するもの」とし、この頃からコンピュータウイルスの存在が知られるようになった。

ウイルスやワーム (computer worm)など悪意のあるソフトウェアは、総称してマルウェア (Malicious Software)と呼ばれるようになり、その動作などにより様々な種類に分類されている。複数の機能を併せ持つマルウェアも存在し、世界中の情報システム・ネットワークやパソコン、IoT機器などを脅かす脅威として増加している[1]~[3]。

また、マルウェアを用いるなどして、インターネット経由で組織のネットワークに侵入や攻撃を試みる不正アクセスも、サイバー攻撃の常套手段である。不正アクセスは、「不正アクセス行為の禁止等に関する法律」の中で、次のように定義されている[7]。

- 他人のIDを利用して、本来与えられている権限以上の情報の閲覧又は利用をすること
- 脆弱性などを利用して、制限されている行為を行うこと
- 他のネットワーク機器を利用して、制限されている行為を行うこと

これらの行為を伴うサイバー攻撃により、様々な被害が発生し、なかでも組織的・持続的な意図を持ち、目的達成のために入念な準備や調査を伴う標的型攻撃が増加している。その手口は高度化・巧妙化し、大きな被害をもたらしている[1][2]。

8.2.2 サイバー攻撃の経緯

図8.2にITにおける脅威の変遷を示す。1980年代に出現したウイルスやワームといった不正なプログラムの多くは、愉快犯的や自己顕示のためという目的であったが、1980年代半ばからはトロイの木馬型のような悪意を持ったプログラムも出現し、データ削除など直接的な被害を引き起こした。1980年代後半には世界初のワームとされる「モリス・ワーム」の出現や、ウイルス作成用キットが公開されるなど、攻撃行為が徐々に拡大していった。

第8章 サイバーセキュリティ技術

1990年代になると、インターネットの普及に伴い、不正なプログラムの作成や配布が容易になり、攻撃の対象や被害の規模が爆発的に広がった[5][6]。

Webサイトの改ざんにより任意の文字を表示、あるいは、コンピュータの画面上に数々の画像を表示する愉快犯的なプログラムを用いた攻撃が発生するなど、攻撃手法が多様化していったが、高い技術力を誇示するために無差別的に攻撃を行うなど、その目的は大きく変わることは無かった[5]。

しかし、2000年代以降になると、インターネットの爆発的な普及や社会活動への浸透もあり、攻撃者の目的や攻撃手法が多様化した。スマートフォンをはじめとしたモバイルデバイスの普及などもあり、個人から組織まであらゆるユーザーやコンピュータが攻撃の対象となった。また、攻撃手法も組織的、かつ計画的に行われるようになり、目的も愉快犯や単純な破壊活動中心のものから、金銭や機密情報の窃取など、より明確な目的をもったものに変化した[1]~[3][8]。

2010年代になると、金銭や機密情報の窃取といった目的の達成のために、十分な期間をかけて対象を入念に調査して侵入や攻撃を行う、標的型攻撃が増加した。対象や目的の変化に伴い、攻撃手法も様々な変化を遂げ、より高度で巧妙な手口による攻撃が増加している。

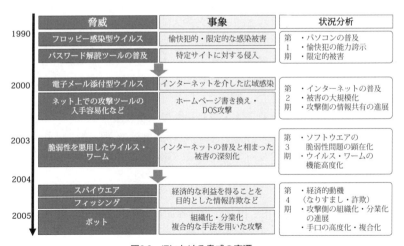

図8.2　ITにおける脅威の変遷

8.3 攻撃と防御の考え方

8.3.1 対策の枠組み

増加・高度化し続けるサイバー攻撃への対策は、情報システムの課題としてだけではなく、企業の経営、国家や自治体の維持、学校の運営など、あらゆる組織にとって重要な課題である[3][5]。

脅威や脆弱性への技術的な対策はもちろん、関連する法規制への対応やコンプライアンスなども考慮した総合的な対策が求められるが、組織の目的や活動内容に応じて直面するリスクの内容が異なるなど、一律に効果的、効率的な対策手法を示すことは難しい。

2014年に公開されたNIST（米国国立標準技術研究所）のサイバーセキュリティフレームワークは、米国の重要インフラ事業者向けに策定されたものであったが、企業や組織の垣根を越えてサイバーセキュリティについての枠組みを定義する手段を提供し、適切な管理のあり方を示す方法論として認知されている[9]。2018年4月にはVer1.1が公開され、業界や組織の目的にとらわれないサイバーセキュリティの世界標準として広がりを見せている。情報セキュリティに関する枠組みは、ISMSをはじめ他にも多く存在するが、NISTのサイバーセキュリティフレームワークは、詳細な技術的対策を示したものではなく、組織のサイバーセキュリティ維持管理のために設計され、リスクや脆弱性の特定から攻撃に対する防御、およびインシデントレスポンスや危機管理体制などの一連の対策について標準化を行い、課題や改善点を洗い出せる内容となっており、EUのネットワーク・情報システムのセキュリティに関する指令（NIS指令）や、日本のサイバーセキュリティ戦略など、世界各国・地域のサイバーセキュリティ政策へ影響を与えている[10][11]。

8.3.2 サイバーセキュリティ・フレームワーク（CSF）

サイバー攻撃に対する技術的対策などの詳細は次節以降に記すが、対策を行う上での基本的概念や方向性について、NISTのサイバーセキュリティフレームワーク（図8.3）では以下のとおり構成されている[9]。

・フレームワーク・コア：サイバーセキュリティの対策のベストプラクティス、期待される成果、適用可能な参考情報をまとめたもので、経営レベルから実施・運用のレベルまでを組織全体で共有できる形で示しており、「特定（Identify）」、「防御（Protect）」、「検知（Detect）」、「対応（Respond）」、「復旧（Recover）」の5つの機能で構成されている。これらの各機能の内容を鍵となるカテゴリー、サブカテゴリーに細分化し、実装の参考となる既存の標準、ガイドライン、ベストプラクティスを参考情報として例示し、対応

付けている。

図8.3　フレームワーク・コア

・インプリメンテーション・ティア（階層）：企業がサイバーセキュリティリスクをどのようにとらえているか、また、そうしたリスクを管理するためにどのようなプロセスを実施しているかを示すもので、その企業の取組がティア1からティア4の4階層で示される（表8.3）。これらは、特に手順化されていない場当たりな事後的対応から、迅速でリスク情報を活用したアプローチまでの進展を反映している。

表8.3　インプリメンテーション・ティア（階層）

階層	定義
ティア1	部分的である（Partial）
ティア2	リスク情報を活用している（Risk Informed）
ティア3	繰り返し適用可能である（Repeatable）
ティア4	適応している（Adaptive）

・フレームワーク・プロファイル：フレームワークのカテゴリーおよびサブカテゴリーから期待される成果（セキュリティ対策の実施状態）を表し、フレームワーク・コアが示す標準やガイドライン、ベストプラクティスを、組織のセキュリティ対策実施方針に合わせて整理したものと言える。また、現在の状態と目指す状態を比較することにより、サイバーセキュリティ対策を向上させる機会を見つけるために使用し、対策の優先順位付けや進捗の測定を行うことができるほか、自己アセスメントを実施して組織内や組織間で結果を共有することが可能になる。

8.3.3 入口対策・出口対策

サイバー攻撃対策の枠組みを組織のセキュリティに適用するための技術的対策として、図8.4に示すように、外部からの侵入やマルウェアへの感染を防ぐ入口対策と、機密情報の漏洩や外部への不正な通信を防ぐ出口対策がある(8)。

入口対策は、攻撃を組織のネットワークの入口で未然に無効にする対策で、インターネットと組織のネットワークの境界において、既知のマルウェアや、脆弱性を悪用した攻撃などによる不正アクセスを防ぐため、攻撃を検知・遮断することや、正規の利用者にのみ接続を許可するなどの対策を行う。入口対策を適切に行うことで攻撃の成功率を下げることができる。

しかし、入口対策だけでサイバー攻撃のリスクを100%防ぐことは難しい。例えば、全てのマルウェアの検知を行うことの難しさや、セキュリティパッチ適用前に脆弱性を突いた攻撃が行われるリスクなどにより、攻撃を防げない場合もある。したがって、入口対策を突破された場合を想定し、機密情報の外部への送信や不正プログラムのダウンロードといった外部攻撃者との通信をネットワークの出口で遮断する出口対策が必要となる。

出口対策では、組織のネットワークに侵入されることを前提とした攻撃を考慮し、機密情報が外部に漏れることや、組織内の機器が踏み台にされないこと、情報の追跡を可能にすることなどを考慮した対策を行う。入口対策と出口対策を適切に組み合わせた多層防御により、サイバー攻撃による被害を最小限に抑えることが重要である。

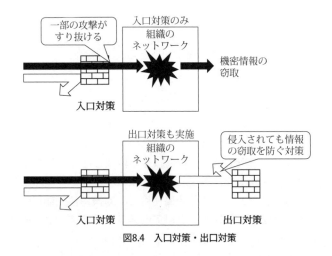

図8.4 入口対策・出口対策

8.3.4　多層防御

多層防御は、情報セキュリティにおいて、組織の目的や守るべき対象を明確にし、システムに対する攻撃や情報漏洩を避けるために多層の防御を行なう手法である。入口対策で不正アクセスなどのネットワーク内部への侵入を防ぐことに加え、ネットワーク内部でも感染拡大の防止や迅速な復旧を行える体制を整え、出口対策による不正なサーバとの通信遮断や機密情報の外部への流出を防止する対策を行い、もし組織のネットワークに侵入されてしまった場合でも、被害を最小限に抑えることを考慮している。

NISTは、セキュリティ対策を考える四つのフェーズとして、図8.5に示すように「Preparation（準備）」「Detection and Analysis（検知・分析）」「Containment, Eradication, and Recovery（根絶・復旧・封じ込め）」「Post-Incident Activity（事件発生後の対応）」があるとしている[12]。

すべての攻撃を100%防ぐことにとらわれると、入口対策を中心とした対策のみを考えがちだが、四つのフェーズで考えることで、段階的にリスク低減を実施でき、多層防御を実施する際の考え方として参考となる。

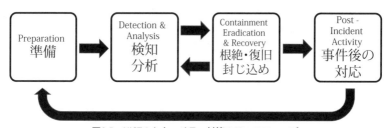

図8.5　NISTのセキュリティ対策の四つのフェーズ

8.4　攻撃と防御の技術

8.4.1　マルウェア

ウイルスやワームなど、マルウェアの数や種類は年々増え続けている。未知のマルウェアの出現や亜種の発生、対応策の回避動作などにより動作や機能も高度化・複雑化しており、一律に検知を行うことは難しい。そのため、マルウェアがどのような動作や機能を備えているのかを理解し、的確な対応をする必要がある[13]。

表8.4に示すとおり、マルウェアの動作や機能には、感染や拡大など攻撃範

第8章 サイバーセキュリティ技術

囲を広めるためのものや、破壊や暗号化など対象に直接被害をもたらすものまで様々である。

表8.4 マルウェアの動作と機能

動作	自動感染	自動的に対象の内部に侵入する
	ファイル感染	実行ファイルやデータファイルを書き換えて潜伏する
	メモリ常駐	PCのメモリ上などに常駐して潜伏する
	実行ファイル	単独の実行ファイルとして存在する
	自動起動	OSの起動時やログイン時に起動する
機能	拡散	潜伏しているPC以外に自分自身の複製を拡散させる
	暗号化・改変	暗号化や改変などにより発見・駆除されることを回避する
	アップデート	データのダウンロードにより自身のバージョンアップを行う
	改竄・破壊	OSやプロセスへの攻撃によりデータ改竄・システム破壊を行う
	スパイ	PC上の情報を収集・記録して外部の攻撃者等へ送信する
	スパム	スパムメールの中継や、自動生成して送信を行う
	DoS攻撃	攻撃目的で多量のパケット送信を行う
	命令・踏み台	リモートログインを有効にしたり、攻撃者の遠隔命令で動作する

これらの動作を定期的に繰り返したり、日付や時間帯によって行動を変化させたり、一時的に行動を抑え潜伏したりなどを繰り返し、感染や攻撃を行う。図8.6にウイルスの行動パターンの例を示す。縦軸に感染するPC数、横軸は時間経過を示す。感染し、伝染し、そして潜伏し発病することが理解できる。

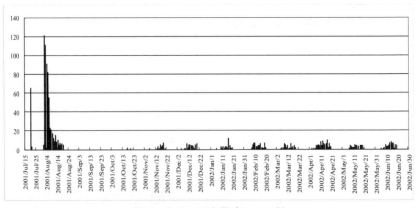

図8.6 ウイルスの行動パターンの例

マルウェアは動作内容や機能、および目的などにより分類される。代表的なものは以下の通りである。

(1) ウイルス

ウイルスとは、プログラムに寄生し、動作を妨げたり、ユーザーが意図しない動作を行うプログラムをいう。画像を表示するだけなどの比較的軽度なものから、データを変更・削除したりなど、破壊的なものも存在する。また、変異して検出されにくいようにプログラムされている場合もある。USB デバイス、光ディスク、ネットワーク共有や電子メールなどを介して拡散される。

(2) ワーム

ネットワークの脆弱性を悪用し、自らを複製するプログラム。他のプログラムには寄生せず、独立して他のプログラムの動作を妨げたり、ユーザーが意図しない動作を行う。システムやネットワークの性能を劣化させたり、コンピュータ内のファイルを削除するなどの破壊活動を行ったり、別のコンピュータへ侵入するといった活動を行う。一度感染してからはユーザーの関与を必要とせず、短時間でネットワーク上に広がる。

(3) トロイの木馬

攻撃者が意図する活動を、侵入先のコンピュータ上でユーザーが気付かない状況で行うプログラム。目的の操作を装い、実行するユーザーの権限を利用して悪意のある操作を行う。トロイの木馬はイメージファイルや音声ファイル、ゲームなどに含まれていることが多いが、実行ファイルとは別に関連付けされるなど、ウイルスとは異なる形態をとる。自己増殖の機能は無い場合が多いが、他のコンピュータに攻撃を仕掛けるなど、自由に操られる可能性がある。

(4) スパイウェア

破壊目的ではなく、ユーザーの追跡や偵察することを意図したプログラムで、侵入先のコンピュータでのアクティビティの把握やキーストロークの収集、データの取得（外部への送信）などを目的としている。また、パスワードや権限情報を盗み取ることで、ネットワーク上の他のシステムやコンピュータへの侵入の足がかりとするなど、攻撃の起点として利用されることも多い。

(5) ボット

特定の命令に従って自動的に作業を行う自動化プログラム。感染したコンピュータは外部からの指令を待ち、与えられた指示に従って不正な行為を実行する。感染したパソコンで構成されたネットワークはボットネットとよばれる。

(6) その他

マルウェアは常に新種や亜種の発生が続いている。セキュリティソフトなど正規のプログラムを装って悪意のあるソフトウェアの購入やダウンロード、実行を促したり、プログラムのフリー利用を許可する代わりにユーザーの行動を読み取り、広告を強制的に掲載させたりなど様々であり、また、複数の動作や機能を併せ持つものもある。

攻撃対象となるOSも様々で、Windows/MacOSなどのPC用だけでなく、iOSやAndroidなどのスマートデバイス用、そしてネットワークカメラなどのIoT機器など、あらゆる機器に対するマルウェアが存在する。

8.4.2　マルウェアの検出技術

マルウェアの検出には、新種や亜種の発生、検出回避技術などに対抗するための様々な手法がある。最も一般的な方式はパターンマッチングによる検出で、マルウェアの特徴を記録したリストと端末内のファイルを比較して検出し、除去や隔離を行う。パターンファイルの更新が必要なことや、未知の特徴を持つマルウェアの出現にすぐに対応できないなどの弱点があるため、例えば特徴的な挙動の有無によりマルウェアの有無を調査するヒューリスティック検出など、他の検出手法を併用するなどして検出を行う。マルウェアの種類や動作などにより、検出のしやすさの違いはあるものの、いかなる手法でも100%の防御が行えないことに注意する[14]。表8.5にマルウェアの検出技術の例を示す。

表8.5 マルウェアの検出技術

検出技術	内容
パターンマッチング	マルウェアの特徴（パターン）を記録したリストとホスト内のファイルを比較し、一致すればマルウェアと判定して除去や隔離を行う。既知のマルウェアは検出できる可能性が高いが、パターンファイルを最新の状態にしておく必要がある。
ヒューリスティック検出	マルウェアの特徴的な挙動の有無を調べる手法で、実行ファイルの中身を解析し、ライブラリファイルの書き換えなど、一般的なプログラムではあまり見られないような特異な挙動を探し出し、感染したマルウェアによるものと類推する。
サンドボックス	サンドボックスと呼ばれる仮想環境を用意し、そこで不審なプログラムを動作させマルウェアかどうかを判定する手法。
振る舞い検知	サンドボックス上の環境などで実際にプログラムを動作させ、その挙動によりマルウェアかを判断する。静的にプログラムの中身を見て解析するヒューリスティック検出と比較し、動的ヒューリスティックとも呼ばれる。
ジェネリック検出	特定のマルウェアの既知の亜種から共通点を抽出し、その他の亜種と想定される複数のマルウェアを検出する。短期間に大量発生するマルウェアの亜種に迅速に対応する検出技術として採用されている。
パッカー検出	使われたパッカーなどのコード改変ツールの種類から怪しいかどうかを判定してマルウェアの疑いのあるファイルを検出する。マルウェアに使われることの多いコード改変ツールが利用されたファイルを、疑わしいファイルとして検出する。

8.4.3 不正アクセス

攻撃者は、マルウェアを用いたネットワークへの侵入や、脆弱性を悪用することによる不正なログインなどによりサーバや情報システムへ侵入し、ユーザーの意図しない影響を与える行為を実行し、サービスの停止やデータの破壊、窃取による情報漏えいなどにより、対象へ被害をもたらす。これらの攻撃はその手法などにより以下のように分類される[15]〜[17]。

(1) DoS/DDoS攻撃

図8.7にDoS (Denial of Service) 攻撃の概要を示す。DoS攻撃は、Webサーバやルータなど、ネットワーク上のデバイスやサービスに対し、大量のデータを送信するなどしてサービスを利用不能な状態に追い込んだり、デバイスの誤動作を引き起こす攻撃である。また、複数のデバイスを一斉にコントロールして攻撃を仕掛けることをDDoS（Distributed Denial of Service）攻撃と呼ぶ[18]。

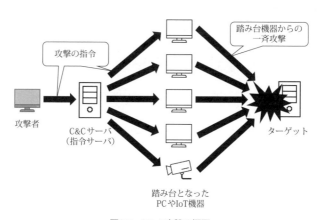

図8.7　DDoS攻撃の概要

図8.8に示すように、クライアントとサーバなど2ホスト間でTCPコネクションを確立する際、3wayハンドシェイクと呼ばれる以下のようなTCPパケットのやりとりを行う。

① 　クライアントがサーバへSYNパケットを送信
② 　サーバがSYN+ACKパケットを返信
③ 　クライアントがACKパケットを送信

クライアントが②の後③を行わなければ、サーバはACKの待機をタイムアウトまで続ける。この確立しないTCPコネクションの状態のことをハーフオープ

ンと呼ぶ。

ハーフオープンが存在すると、サーバはタイムアウトまでACKパケット受信待ちを行うため、一定量のリソースを消費する。これを利用し、クライアントからサーバへ大量のハーフオープンのコネクションを意図的に行い、サーバのリソースを消費する攻撃をTCP SYN Flood攻撃（または単にSYNFlood攻撃）と呼ぶ。

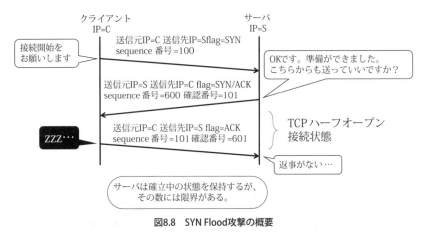

図8.8　SYN Flood攻撃の概要

図8.9は、SYN Flood攻撃において、IPを偽装する攻撃である。送信元のIPを偽装することによりSYN/ACKパケット返信を架空のアドレスに送り続ける。当然、ACKパケットは返信されないため、サーバは本来のサービスを提供できなくなる。

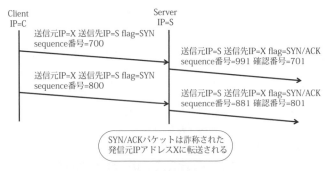

図8.9　SYN Flood攻撃＋IP偽装

攻撃者のIPアドレスの偽装などにより、DoS攻撃への対策は難しいとされていたが、正当なホストからの接続要求のみに対応するSYN cookiesやSYN cacheといった手法が考案されたほか、プロバイダ等によるEgressフィルタリング（送信元を偽装したIPパケットの転送を防ぐ手法）も普及し、対策が行われている。

(2) ゼロデイ攻撃

図8.10に示すゼロデイ攻撃は、プログラムの脆弱性やセキュリティホールを利用し、OSやアプリケーションの修正プログラム（パッチ）が提供・適用される前に攻撃を行う手法である。脆弱性の内容により被害の内容は様々であり、機密情報の漏えいや不正送金被害など重大な被害をもたらす可能性も大きい[17][18]。

Adobe Flash PlayerやOracle Javaなど、多くのコンピュータ上で使われているソフトウェアでもゼロデイ攻撃が行われた事例があり、これらのソフトウェアの脆弱性を悪用したWeb経由の攻撃や、不正なリモート操作が行われた可能性が確認された。

ゼロデイ攻撃への対策は、修正プログラムが提供されるまでの無防備な状態を想定する必要がある。動作を許可したプログラム以外の起動・実行をできないよう制限するホワイトリスト型の対策やサンドボックスの活用の他、各種ソフトウェアのアップデートの徹底や各種団体の発信する脆弱性情報の確認など、運用面の対策も重要である。

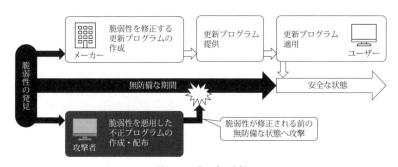

図8.10　ゼロデイ攻撃

(3) 標的型攻撃

特定の組織や企業、団体などを標的として行われる一連の攻撃の総称。標的の内部のネットワーク情報やシステムの構成などを事前に調査し、様々な手法を組み合わせ、巧妙かつ持続的に攻撃を行う。標的型メールなどにより一部の

第8章 サイバーセキュリティ技術

端末をマルウェアに感染させ、それを起点として組織内部の情報を把握し、権限情報の窃取やマルウェアの感染範囲の拡大などを繰り返すことで、最終的な目的に達する。日本年金機構の個人情報漏えい事件は典型的な標的型攻撃の事例であり、ある程度のセキュリティ対策が取られている場合でも防ぐことの難しさを示している(1)〜(3)(17)(18)。

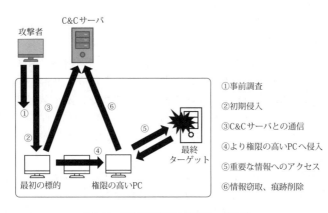

図8.11　標的型攻撃の攻撃ステップの例

図8.11に示すように、標的型攻撃は一定の手順によって行われる。

① 事前調査：標的の決定や偵察、潜入用の不正プログラムの準備、C&Cサーバ（マルウェア等に感染させることで乗っ取った端末に不正な指示を出す攻撃用サーバ）の準備等
② 初期侵入：メール添付による不正プログラムの送信などにより、端末をマルウェアに感染させる
③ C&Cサーバとの通信：感染した端末の遠隔操作の確立や環境の確認
④ より権限の高いPCへ侵入：ネットワーク上の別の端末の探索や、権限情報の不正な利用による侵入
⑤ 重要な情報へのアクセス：内部からしかアクセスできない情報や、ファイルサーバやデータベース等に存在する機密情報や個人情報の探索
⑥ 情報窃取、痕跡削除：発見した情報の取得や外部への送出、および攻撃の証拠や不正なプログラムの削除

これらの手順が攻撃対象の組織ごとに巧妙に作り込まれるため、完璧な防御対策を立てることは困難であるが、多層防御による侵入を前提とした対策を行い、それぞれの手順の段階で検出や防御を実施できるようにし、最終目的を達

成させないことで、被害を最小限に抑えることが重要である。

8.4.4　Webアプリケーションへの攻撃

Web上でのショッピングやネットバンクの利用など、様々なWebアプリケーションを用いたサービスが提供されている中で、脆弱性を利用した攻撃による被害が後を絶たない。不正アクセスやマルウェアによる被害を併発するなど、Webアプリケーションへの攻撃はサービスの停止や情報漏えいなどの被害の他、サイトやサービスを利用する側のコンピュータにも被害をもたらす可能性がある。代表的な攻撃手法は以下の通りである[19]〜[21]。

(1) インジェクション攻撃

Webサイトの入力フォームやURLのパラメーターなどに不正な文字列を入力することで、ユーザーが意図した動作ではない不正な命令を実行させ、情報の窃取や改ざん、破壊などを行う攻撃手法。データベースに対し不正なSQL命令を行うSQLインジェクションや、WindowsやLinuxのシェルを不正に動作させるOSコマンドインジェクションの他、LDAP (Lightweight Directory Access Protocol) の権限情報を不正に操作して認証を行なったり、他のユーザーの情報を盗むLDAPインジェクションなどがある[17]〜[21]。図8.12にインジェクション攻撃の概要を示す。

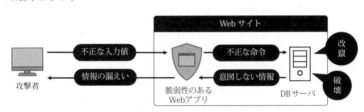

図8.12　インジェクション攻撃の例

アプリケーションが入力値に対して適切なエスケープ処理（特別な意味や機能を持つ文字や記号を、一定の規則に従って別の文字列に置き換える処理）を行わず、そのまま命令文を実行することで不正な操作につながる。例えば、Webアプリケーションの中で以下のようなSQL呼び出しがあるとする。

SELECT * FROM user-table WHERE user = '<username>' AND pass = '<password>';　　　　　　　　　　　　　　　　　　　　　　　　… (8.1)

このコードに脆弱性があり、パラメータpassの値に' or ' 1 '=' 1にを追加でき

たとすると、以下のようにWHERE条件をパラメータの値に関係なく常に真にすることができてしまう。

SELECT * FROM user-table WHERE user = 'USER01' AND pass = '' or '1'='1';
…（8.2）

（下線部分が常に真を返す）

この場合、正しいユーザーIDとパスワードを入力することなく、データベースにアクセスが可能になってしまう。

これを回避するには、入力された文字の中にシングルクォートがあった場合にダブルクォートに置き換えるなどエスケープ処理を行うことで、無害な普通の文字列として認識させることができる。インジェクション攻撃の種類や使われている言語などにより記述方法は異なる場合がある。

その他、SQLの場合はバインド機構を利用するなど、言語ごとによる対策手法も存在する。また、攻撃による影響を低減するために、エラーメッセージを非表示にしてサーバに関する情報を必要以上に出さないようにしたり、データベースのアカウント権限の見直しや格納する情報を見直すなどの対策が必要である。

(2) クロスサイトスクリプティング（XSS）

攻撃者により、スクリプト等悪意のあるプログラムを埋め込まれたWebサイトを介し、アクセスしたユーザーに攻撃を行う手法。図8.13で示す例のように、ユーザーが攻撃者の設置した不正なリンクをクリックして脆弱性のあるサイトを閲覧した際に、リンクに含まれた不正なスクリプトが動作して攻撃が実行される。

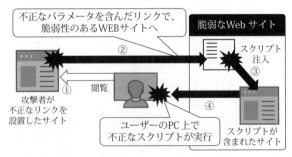

図8.13　クロスサイトスクリプティングの例

XSSの脆弱性が生じやすいWebページの機能には、会員登録やアンケート等の入力内容を確認させる表示画面や検索結果の表示画面のほか、エラー表示など多岐にわたる。例として、以下のようなPHPコードを用いた入力フォームのあるWebページを考える。

```
<form method="post" action="<?php echo htmlspecialchars ( $_SERVER['SCRIPT_NAME'] ) ?>">
ユーザー名 : <input name="user" type="text" /> <input type="submit" value="入力" />
</form>                                                                    … (8.3)

<?php if ( ! empty( $_POST['user'] ) ) : ?>
<div> 名前 : <?php echo $_POST['user'] ?></div>
<?php endif ?>                                                              … (8.4)
```

上記のように、POSTの変数をそのまま出力するようなコードがあった場合は脆弱性があり、例えば何らかの方法で以下のようなコードが入力されると、ブラウザがアラートを出し続け、操作不能になってしまう。

```
<script>while(true){ alert( 'attack!' ); }</script>                        … (8.5)
```

このようなスクリプトの実行によるWebアプリケーションの機能の悪用のほか、Cookieの窃取によるなりすましや、フィッシング詐欺等による個人情報の漏えいなど様々な被害を受ける可能性がある。

XSSには以下の三つのタイプがある[17]〜[21]。

- Reflected XSS：HTTPリクエスト中に含まれる攻撃コードがWebページ上で動作するタイプ。検索フォームなどGetリクエストのパラメータに含まれるscriptタグが動作する。攻撃者は、何らかの手段を用いて、標的を特定のURLに誘導する必要がある。
- Stored/Persistent XSS：Webページ上で持続的に動作するタイプで、掲示板などの投稿中に含まれるscriptタグが動作する。投稿されたコメントに含まれるコードが動作するため、攻撃者は、標的がそのページにアクセスするのを待って攻撃を仕掛ける。
- DOM Based XSS：Webページに記述されている正規のscriptタグにより、

189

動的にWebページを操作した結果、意図しないスクリプトをWebページに出力してしまうタイプ。Webブラウザなどユーザー側で実行される正規のスクリプト操作を利用した不正スクリプトの実行は、webページ出力処理（DOM操作）に問題があるために可能となる。

XSSへの対策も、インジェクション攻撃と同様、悪意のあるコードを実行できなくするようエスケープ処理を行うことが有効である。また、Webページに出力するリンク先の画像URLが動的に生成される場合などは、そのURLにスクリプトが仕込まれることを防ぐためにhrefタグにはhttp://かhttps://から始まる文字列のみを出力するなどの実装も有効である。その他、動的に生成されるような要素の見直しやCSS（カスケーディングスタイルシート）の取り込みを見直すなど、スクリプトを仕込むことができる要素を極力排除する対策が必要である。

(3) パスワード認証に対する攻撃（認証の不備への攻撃）

IDやパスワード情報はインターネット上のあらゆるサービスで利用されている基本的な認証方法であり、悪用されると個人情報・機密情報の漏えいだけでなく、ネットバンキングやECサイト等の不正利用やSNSアカウントの乗っ取りなど、様々な被害に繋がる。パスワードに関する攻撃には以下のようなものがある[19]〜[21]。

- ブルートフォース（Brute-force）攻撃：特定のIDに対し、パスワードを総当たりで試す攻撃手法。原始的な手法ではあるが、攻撃に使われるコンピュータの性能向上や、攻撃に使われるツール（ネットで入手できる）により、特別な知識や手間を必要とせずに攻撃が行われることも多い。
- パスワードリスト攻撃：攻撃対象とは別のサイトから何らかの手段で得たIDとパスワードの一覧（パスワードリスト）を、別のサイトで使う攻撃方法。一つのパスワード情報を複数のサイトやサービス使い回しているユーザーが多いことから、効率よくパスワード認証を破ることができる。
- 辞書攻撃：ユーザーがパスワードとして使いがちな単語をあらかじめ辞書として登録しておき、パスワードとして試行する攻撃方法。サイトやサービスの認証だけでなく、IoT機器など初期パスワードが共通で設定されている機器などが一斉に攻撃される危険もある。
- リバースブルートフォース攻撃：特定の文字列の一つのパスワードに対し、複数のログインIDで認証を試行する攻撃手法。利用頻度が高そうなパスワードが使われる辞書攻撃の一種とも言えるが、パスワード試行回数による制限などの対策が難しい。

パスワードに関する攻撃への対策として、最も基本的な対策はパスワードの文字種・文字列の複雑さを増やすことである。IPAが2008年に実施した調査によると、表8.6に示すように、文字種や文字数を増やすことでパスワード解読にかかる時間を指数的に増やすことができる。ただし、機器性能の向上に伴って解読時間も短縮されるため、パスワードの複雑さだけに頼らない対策が必要となる。また、複雑にしすぎることでユーザーの利便性の低下や、メモ等による視認可能な状態での保管を招きやすいなどの弊害もある。ブルートフォース攻撃や辞書攻撃では、際限なく繰り返し認証の試行が行われることが問題であり、認証を複数回失敗した場合に一時的にアカウントを利用できなくする対策が有効である。

表8.6 使用できる文字数と入力桁数によるパスワードの最大解読時間(IPA,2008年)

使用する文字の種類	使用可能文字数	最大解読時間 入力桁数			
		4桁	6桁	8桁	10桁
英字（大文字小文字区別無）	26	約3秒	約37分	約17日	約32年
英字（大文字小文字区別有）＋数字	62	約2分	約5日	約50年	約20万年
英字（大文字小文字区別有）＋数字＋記号	93	約9分	約54日	約1千年	約1千万年

※2.00GHzプロセッサ、3GBメモリでの試験

また、ネットバンキングなどを中心に利用されている多要素認証は、追加のパスワードやパターン認識などを組み合わせて認証に利用するもので、ワンタイムパスワードを表示するデバイスの利用や、スマートフォン、またはメールやSMS（ショートメッセージサービス）等を通じて認証情報を通知する方式などがある。

(4) バッファオーバーフロー

プログラムで確保されているメモリのサイズを超えたデータが入力されることで、確保されたメモリ領域（バッファ）が溢れてしまうことを利用して攻撃を行う手法である[17-21]。データの破壊などを引き起こし、プログラムの停止を引き起こすだけでなく、別の任意のプログラムを動作させるなど、重大な事態を引き起こす可能性がある。図8.14は、バッファオーバーフローの概要を示す。

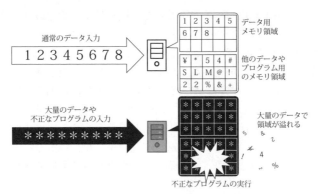

図8.14 バッファオーバーフローの概要

例えば、C言語のコードで以下のように文字列用の領域を確保したとする。
char a[8] = "0123456", b[8];   … (8.6)
ここに、b[]のサイズを超えた書き込みを行う。
strcpy (b, "00000000abcdefg");   … (8.7)
これにより、a[ ]のデータが書き換えられてしまう。a[ ],b[ ]はどちらもスタック領域に配置され、LIFO (Last In Fast Out) 構造で変数が配置されるため、b[ ]の後ろに連続してa[ ]の領域が存在する。そのため、b[ ]で溢れたデータがa[ ]のデータを上書きしてしまい、a[ ]には"abcdefg"が代入されることになってしまう。

図8.15 バッファオーバーフローの対策例

バッファオーバーフローへの対策として、図8.15のように領域長とデータ長を常に意識してプログラミングを行うことが必要である。また、古くから存

在するセキュアではない関数は、上限バイト数を指定できる代替関数を使用する。例として、
- get → fgets
- sprintf → snprintf
- strcat → strncat
- strcpy → strncpy
- vsprintf → vsnprintf

などがある。またコードの記述時以外にも、ソースコードの検査ツールを使用した脆弱性の有無のチェックや、領域あふれを検出するデバッグを行うなど、開発時に対策することが望ましい。

(5) その他

Webアプリケーションを適切に運用するためには、最新のセキュリティパッチの適用はもちろん、CVE（Common Vulnerabilities and Exposures）やNVD（National Vulnerability Database）などの必要な脆弱性情報のモニタリングや、不必要なコンポーネントの使用制限および適切なログ管理による運用など、運用上のあらゆる不備に対応することが求められる。ここで述べた以外にもさまざまな脆弱性が存在し、常に新たなリスクにさらされる危険性があるため、適切にセキュリティ情報を把握し、必要に応じて対処を行うことを適宜繰り返していく必要がある。

8.4.5 ネットワークセキュリティ

組織がコンピュータシステムやネットワーク上において、守るべき情報資産を保護するため、サイバー攻撃の脅威や内部不正による情報の流出の防止など、安全な運用を維持するための防衛策がネットワークセキュリティである。組織や企業のネットワークでセキュリティを確保するためには、運用面で実施できる対策を行うのはもちろん、適切なセキュリティ機器やシステムの導入による防御が必要となる[21]。

図8.16は、ペリメータセキュリティとエンドツーエンドセキュリティの概要、および表8.7は主な防御手法と残存する脅威・攻撃手法の一例を示す。ネットワークセキュリティの考え方として、組織や企業のネットワークの境界となる部分で検知や対策を行うペリメータ（境界）セキュリティと、サーバやパソコンのほか、個人のモバイルデバイスやIoT（Internet of Things）機器といった末端の機器において、データ通信の開始から終了までを保護するエンドツーエンドセキュリティがある。従来のセキュリティ対策は、「脅威を侵入させない」という思想でネットワークの境界を防御するペリメータ・セキュリティが中心の

第8章 サイバーセキュリティ技術

対策であった。しかし、標的型攻撃をはじめ様々な新しいタイプの攻撃では、100％侵入を防ぐのは難しく、侵入されることを前提とした対策を考慮する必要があり、エンドツーエンドセキュリティの重要度が増している。それぞれの手法や特徴を理解し、相互に補った対策が求められる[8]。

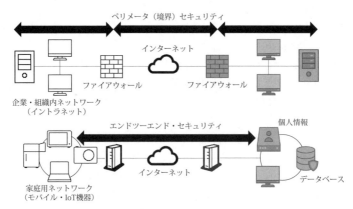

図8.16 ペリメータセキュリティとエンドツーエンドセキュリティの例

ネットワークセキュリティで用いられる主な手法は以下の通りである。

表8.7 主な防御手法と残存する脅威・攻撃手法

防御手法	内容	残存する脅威・攻撃手法
ファイアウォール	IPアドレスやポート番号による通信制御	WEBアプリケーションへの攻撃や許可されたアクセスを利用した攻撃
次世代ファイアウォール	アプリケーション識別による通信制御	誤検知・検知漏れ
IDS/IPS	通信内容や状態を解析して侵入の検知・遮断	WEBアプリケーションへの攻撃や暗号化された通信への対応
エンドポイント	不正なプログラムへの感染防止や検出・駆除	ゼロデイ攻撃やファイルレスマルウェア
ウェブフィルタリング	不正なURLへのアクセスの停止や警告	不正サイトの登録漏れや正規のサイトを悪用した攻撃
WAF（Web Application Fiwawall）	WEBアプリケーションへの攻撃を検知・遮断	OS・ミドルウェアへの攻撃や標的型攻撃
DLP（Data Loss Prevention）	外部への重要データの流出や紛失防止	暗号化された通信への対応や内部不正

UTM (Unified Threat Management) SIEM (Security Information and Event Management)	複数の手法を組み合わせた統合的管理	負荷増大によるネットワーク停止や特化した製品との性能差

(1) ファイアウォール

あらかじめ決められた基準をもとに通信の可否を制御し、外部からの不正な通信を阻止する。ネットワーク上に配置して組織の構成機器を守るネットワーク型のファイアウォールと、個々のコンピュータを守るホスト型のファイアウォールがある。ネットワーク型のファイアウォールは、図8.17のようにインターネットとの境界などに配置され、イントラネットへの通信を制御する。また、DMZ（非武装地帯：DeMilitarized Zone）と呼ばれるエリアにWebサーバやDNSサーバなど外部への公開が必要なサーバを配置し、80番や443番などWebで使用するポートや53番などDNSで使用するポートなど、必要なポートのみ通信を許可することで、内部ネットワークへの侵入を防ぐ。DMZは、インターネットなどの信頼できないネットワークと、社内ネットワークなどの信頼できるネットワークの中間に置かれる領域のことである。

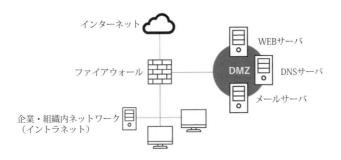

図8.17　ファイアウォールの配置とDMZ

ホスト型のファイアウォールはアプリケーションの動作や外部との通信可否を制御するなど、個々のコンピュータを保護する役割を担い、パーソナルファイアウォールとも呼ばれる[16]〜[18]。

ファイアウォールは、IPアドレスやポート番号によってアクセスを制御するパケットフィルタリング、TCP接続あるいはUDPセッション単位で通信を中継しながらアクセス制御を行うサーキットレベルゲートウェイ、アプリケーションのセッション単位で通信を中継しながらアクセス制御を行うアプリケーショ

ンゲートウェイなどの方式がある。

(2) 次世代ファイアウォール（NGFW：Next Generation Firewall）

従来型のファイアウォールは、基本的には各アプリケーションがルールに則りネットワークを利用する前提のセキュリティである。telnetは23番、DNSは53番など決められたポートによる通信を行うのに対しての通信制御などによりセキュリティを保ってきたが、Web上で利用されるアプリケーションの増加により、80/443番など、ネットワーク運用上で制限できないポートを利用したものが増加している。トラフィックで制御する従来型のファイアウォールでは制御できなかったP2PソフトやWebメールのほか、オンラインストレージやソーシャルメディアなど様々なWebアプリケーションが増加する中で、より高いレイヤーでアプリケーションを識別してアクセス制限を行う次世代ファイアウォールが登場した。

アプリケーションの識別機能は後述するIDS/IPSやUTMでも搭載しているものがあるが、これらはファイアウォールのエンジンで許可されたトラフィック内の識別のみを行う場合が多い。

(3) IDS/IPS

不正侵入検知システムIDS（Intrusion Detection System）は、システムやネットワークに対して外部からの不正なアクセス、あるいは不正アクセスの兆候が確認できた場合に管理者への通知を行う。不正侵入防止システムIPS（Intrusion Prevention System）は、外部からの不正なアクセスの検知や機密情報の漏えいなどの挙動を検知するが、検知後の動作に違いがあり、IDSは指定された通知などの動作を行うのに対し、IPSはトラフィック遮断などの防御措置を行う[17]。

ファイアウォールと同様、ネットワーク型とホスト型が存在し、ネットワーク型はトラフィック上のデータやプロトコルヘッダを解析する。直接接続しているネットワークセグメントについてのみ監視できるので、イントラネットやDMZなど監視したいネットワークのそれぞれに配置する必要がある。ホスト型のIDSは監視対象のサーバなどにインストールし、OSが記録するログファイルやサーバ内のファイル改ざんを監視する。

ネットワーク型のIPS/IDS設置の際は、図8.18に示すように、IDSの場合は、ネットワークスイッチ等でミラーポートを設定して経路上の通信内容を監視し、不正な通信を検知すると所定の動作を行う。IPSはネットワークの経路上に設置し、不正な通信を検知した場合に通信を遮断できるように配置する。

IPS/IDSは検知方法も2種類存在し、シグネチャ型は、過去に認識された攻撃パターンをデータベース化したシグネチャを用いて検知を行う。過去の実績を

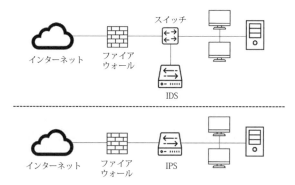

図8.18　IDS/IPSの配置例

もとにDBに更新をかけるため、未知の攻撃には弱く、シグネチャの更新が重要である。アノマリ型は通常時のネットワークトラフィック量などのしきい値を設定したプロファイルを用い、これに違反した場合に異常とみなして検知を行う。未知の攻撃にも対応可能な場合があるが、しきい値の設定により誤検知や検出漏れなどの恐れもある。

(4) エンドポイント(End Point)

エンドポイントは、サーバやユーザーが使用するパソコンのほか、スマートフォンやタブレットなどのモバイル端末やその中に保存されている情報を守るためのセキュリティ対策をまとめたものである[17]。マルウェア等による不正な動作や危険なURLへのアクセスなどから守るほか、暗号化やログオン認証、OS・ソフトウェアの脆弱性対策も含むさまざまなネットワークセキュリティ対策をひとつのパッケージにしたものである。アンチウイルスが最も普及しており、シグネチャのアップデート等を通じて新たな脅威に対応するが、未知のマルウェアや亜種の発生などに追いつけないことも多く、アプリケーションの動作やネットワークのトラフィックを確認するなど様々な手法で端末を保護する。

(5) ウェブフィルタリング(Web Filtering)

ウェブフィルタリングは、公序良俗に反するサイトや閲覧するだけでウイルスなどのマルウェアに感染してしまう悪質なサイトにアクセスさせないための仕組みである[3][17]。かつては不適切なWebサイトへのアクセス制限や、組織の構成員の生産性向上などの目的で用いられてきたが、図8.19に示すように、近年では悪質なサイトへのアクセス禁止の他、掲示板やSNSへの書き込み禁止や記録を行うことで、情報漏えい対策として利用される側面も強くなっている。

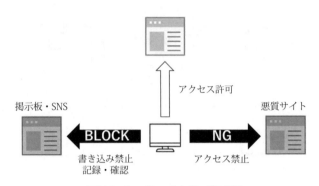

図8.19　ウェブフィルタリングの概要

　事前に利用可能なWebサイトを登録するホワイトリスト方式や、制限したいWebサイトを登録するブラックリスト方式のほか、Webサイトをカテゴリ分けしてデータベース化し、制限したいカテゴリごとに設定を行うカテゴリ方式があり、データベースの精度にもよるが、設定や更新の作業負担を抑えるため、カテゴリ方式での利用を主体として組織独自の設定を追加する方式が主体である。

(6)　WAF（Web Application Firewall）

　WAFは、Webサイトの前面に配置することで、Webサイトを狙った攻撃を防御する[17]。Webアプリケーションに対して送信されるリクエストを解析し、不正な文字列が含まれているか判断、および通信自体を監視することで正常なリクエストのみを送信する。

　SQLインジェクションやパスワードリスト攻撃、クロスサイトスクリプティングなどWebアプリケーションへの攻撃に特に有効であり、脆弱性の修正が困難な場合にWAFで一時的な防御を行い、パッチ提供などによって根本的な対策を行う。Webアプリケーションの増加に伴い重要度が増し、入り口対策の重要な手法として用いられる。

　WAFの導入形態には大きく分けて以下の三つの種類がある。
・ホスト型：守る対象のWebサーバにインストールして利用する方式。台数が少ない場合は安価で済むが、動作が環境に依存してしまう。
・ゲートウェイ型：ネットワークの入り口に設置し、外部からの攻撃から保護する。守るべきWebサーバの台数が多い場合には有効だが、ネットワークの構成や設置場所を考慮して設置する必要がある。
・クラウド型：ネットワークの構成を変更せず、安価に導入が可能であるが、

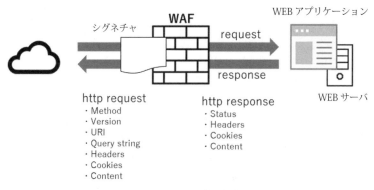

図8.20　WAFの検出内容

運用コストが他の方式より高価であり、サブドメインごとの導入が必要な場合もある。

図8.20に示すように、WAFはシグネチャによる検出・防御のほかにWebサーバへのHTTPリクエストの内容の解析や、ログによるHTTPレスポンスの確認などにより防御を行い、ファイアウォールやIDS/IPSでは防げないタイプの攻撃へ対応する。

(7)　DLP（Data Loss Prevention）

DLP（Data Loss Prevention）は、機密情報や重要データの紛失、外部への漏えいを防ぐもので、フィンガープリント（ユーザーや端末情報の識別に用いられるデータ）やファイルに含まれている個人情報の量などを基準として機密情報を識別し、送信やコピーを制限して情報の流出を防ぐ[17]。ネットワークの監視やクライアントへ常駐して機密情報の持ち出しをリアルタイムに検知する機能や、その機能を持った機器の総称であり、USBメモリなどの記憶媒体の利用制限機能なども含め、複合的な機能を用いて重要な情報の漏洩を防ぐ。

(8)　UTM・SIEM

UTM（統合脅威監視：Unified Threat Management）は、ネットワークセキュリティにおける様々な脅威から組織を守るため、先述したファイアウォールやIPS/IDSなどの複数の異なる機能を統合するものである[17][18]。それぞれの機能だけでは対策が不足する場合や、一元管理による検知精度・管理運用性の向上も図れるものとして普及している。多数の脅威に対応できるメリットは大きく、多層防御の中でも広い範囲をカバーできるが、多くの処理を一元的に行うことによる処理の負担の増加・スループットの低下などを招きやすいなどのデメリッ

トもあり、組織の状況や導入コストも考慮した導入検討が必要となる。

様々な機能でのログを統合的に収集・分析を行いリアルタイムにインシデント対応を行えるようにするSIEM（Security Information and Event Management）も統合的な管理手法として用いられるが、これらのセキュリティ対策の明確な定義は各ベンダー等によっても異なる場合があり、NGFW、UTM、SIEMなどは機能の向上も相まってその境界線が曖昧になっている場合も多いため、多層防御において入口・内部・出口対策の何を対象としており、どのような手法や機能によって対策を行うかを明確に把握することが重要である。

以上のように様々な防御手法があるが、それぞれが完全にサイバー攻撃の脅威を防ぐわけではないため、複数の手法を組み合わせて不足する部分を補完し、多層防御を行う必要がある。

8.5 法と政策

8.5.1 サイバー攻撃に関する法律

インターネットが社会の重要なインフラとなった現在、不正アクセスや情報漏えいなどを引き起こすサイバー攻撃も、ますます社会問題として重要度を増している。表8.8は、セキュリティに関する法律と内容を示す。

日本では、サイバーセキュリティに関する基本理念や考え方、そして戦略や組織体制を定義した法律として、2015年にサイバーセキュリティ基本法が全面施行された。この法律は、国の考え方を明確にし、国および地方公共団体の責務を明らかにするとともに、サイバーセキュリティ戦略本部の設置を定めており、日本が取り組む各種セキュリティ関連の施策の根拠となっているほか、国民に対して自発的な対応も促しており、そのための相談や情報提供、助言等を行う場の設置を明記している[23]。

また、悪意のある行為に対して処罰を行う内容を定めた不正アクセス禁止法では、本来権限がない者が他者のパスワードの利用や窃取等を通じてシステムやサービスに不正にアクセスした場合の処罰内容を定めており、パスワードの第三者への提供や、なりすまし、ハッキング等の攻撃による不正アクセス等の行為を禁止している[7]。なお、マルウェアの作成や保持に関してなどは不正アクセス禁止法では触れられていないが、2011年に刑法等の一部を改正する法律（通称：サイバー刑法）が施行され、サイバー攻撃やその被害に関する様々な行為が処罰対象とされている。詳細は14章で説明する。

第8章 サイバーセキュリティ技術

表8.8 セキュリティに関する法律と内容

法律		主な内容	刑罰
サイバーセキュリティ基本法		日本のセキュリティ対策に関する施策を推進するための法律。国家戦略や方針を定めているほか、国民への啓蒙活動や情報提供を行う旨が明記。	
不正アクセス禁止法（不正アクセス行為の禁止等に関する法律）		不正アクセス行為を禁止する法律。権限のないシステムやネットワークへの侵入や、他人になりすました電子メールの送信などの悪意のある行為が規定されている。	3年以下の懲役または100万円以下の罰金
刑法	ウイルス作成罪（不正指令電磁的記録作成罪）	検証目的など正当な理由がないマルウェア等の作成・提供・供用・取得・保管などを禁止している。	3年以下の懲役または50万円以下の罰金
	電磁的記録不正作出及び供用罪	文書偽造罪における文書を、電磁的記録にも適用できるよう規定された罪。預金残高情報やカード情報の不正作出および供用等を禁止している。	5年以下の懲役または50万円以下の罰金
	電子計算機損壊等業務妨害罪	データの消去や改ざん、プログラムの不正な作成などによって業務を妨害する行為を禁止している。	5年以下の懲役または100万円以下の罰金
	電子計算機使用詐欺罪	ネットバンキングの不正送金行為等、電磁的記録の書き換えにより利益を得る行為を禁止している。	10年以下の懲役

8.5.2 国の体制

　サイバーセキュリティ基本法の成立に伴い、日本におけるサイバーセキュリティに関する総合調整を行い様々な活動を行う組織として、内閣官房に「内閣サイバーセキュリティセンター（NISC：National center of Incident readiness and Strategy for Cybersecurity）」が設置された。NISCの体制を図8.21に示す。NISCの業務は省庁を横断するような事項を扱い、戦略策定・情報収集・分析・対策の四つの業務を行う。例えば情報収集業務の一つであるGSOC（Government Security Operation Coordination team）の運用は、24時間体制での情報収集や分析、監視等を行い、各省庁の対応力向上を担っている[24]。

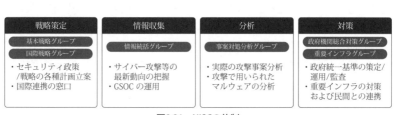

図8.21　NISCの体制

201

8.5.3　脆弱性に関する制度

ソフトウェア等の各種脆弱性情報に関する取り扱いは、情報セキュリティ早期警戒パートナーシップガイドラインの中で定められている[25]。このパートナーシップ体制は、ソフトウェア製品やウェブアプリケーションなどに関する脆弱性関連情報の円滑な流通、および対策の普及を図るため、公的ルールに基づく官民の連携体制として整備され、IPAやJPCERT/CCが中心となって運用されており、脆弱性の情報や検証方法、攻撃方法に関しての情報を扱い、情報を入手した発見者に対して求められる対応なども定められている。

この制度の中で、IPAは脆弱性情報の届出受付機関として機能しており、発見した脆弱性に関する情報の連絡先が明らかでない場合はIPAに届出なければならない。また、JPCERT/CCは調整機関として機能し、IPAに届けられた脆弱性情報を適切に取り扱い、開発元などの関係組織や開発者等に、修正のための働きかけを行うなどの必要な措置を取る。

8.6　最新の技術動向

8.6.1　IoT機器のセキュリティ

IoT(Internet of Things)の技術は、家電や自動車を始め、医療機器、産業機器、オフィス機器や玩具などあらゆるものに適用されているが、それにより発生する脅威に対するセキュリティ対策の不十分さや責任分界点の曖昧さなどの課題がある[1][26]。

ネットワークカメラやスマートスピーカーなど、ネットワーク接続を前提とした製品が手軽に利用できるようになる中で、それらIoT製品をターゲットとする攻撃も発生し、普及するIoT機器が悪用されることへの脅威と、社会インフラに与える影響が改めて認識された[1]。

国内外でも様々なガイドラインが公開され、各IoT機器のメーカーも様々なセキュリティ対策を考慮した製品の開発やソフトウェアのアップデートを行うなど対応が活発化しているが、IoT機器はパソコンなど一般的なIT機器と比べ長い期間利用されることや、知識のないユーザーの利用などが想定される。

組織や企業での利用に関しても、セキュリティ担当者が把握しない機器の設置や、施設・設備系の部署主体で導入されてしまうこともあるなど、統率がとりにくいことが懸念されており、IoT機器そのもののセキュリティだけでなく、ネットワークによるIoT機器の検知・検疫や統合管理などの手法も組み合わせての対策が求められる。

今後もこれまで以上にあらゆる分野でネットワークを介して利用できるIoT

機器が増加すると思われるが、IoT機器を対象としたセキュリティ製品やサービスも登場するなどしており、利用状況などを考慮した防御対策の検討が求められる。詳細は13章で説明する。

8.6.2 スマートデバイスのセキュリティ

スマートフォンをはじめとしたスマートデバイスに関する攻撃も多様化、巧妙化している。セキュリティ対策についてはパソコンと共通する面もあるが、スマートデバイスの特性を理解した対策が求められることもあり、利用方法に応じたセキュリティ対策が必要である[26]。

スマートデバイスの特性は以下の通りである。

- PCと携帯機器双方の特徴を併せ持ち、様々な機能が利用可能
- OSの開発サイクルが短く、デバイスごとにソフトウェアの実装やベンダサポートが異なる
- 様々な主体が開発したアプリケーションが利用可能
- 基本的にネットワークに常時接続している
- 様々な場所に持ち運ばれる
- タッチパネル特有のユーザーインターフェースを持つ
- プライバシーに関わる情報等がアプリ等に取得され、クラウド上に大量に保存される
- Bluetooth、NFC（Near Field Communication）等の近距離通信機能を持ち、データ送受信等に利用される

スマートフォン等の特性に対応する脅威、脆弱性を認識し、脅威に対抗するための対策を適切に講ずるとともに、リスクを増大させる要因や脆弱性が発生又は拡大しないようにするための対策も必要である。また、安全管理措置の実施水準は、個々のユーザーの行動や意識等にも依存する場合があることから、特に、組織の管理下に完全に置くことができない私物のスマートフォン等を業務利用する場合は、特有の脆弱性を考慮した上で、利用の可否を判断することが重要である。

8.6.3 新たな攻撃と防御技術

近年ではAI（人工知能）技術を活用したセキュリティ対策強化の取り組みが活発化している。図8.22は、AIの普及に係るセキュリティ対策の変化の概要を示す。

サイバー攻撃の検知や分析でAI技術を活用することにより、人では発見・対処が困難なサイバー攻撃にも対処可能とするとともに、専門家の不足を解消する新しい技術として研究が進められている[1]。

第8章　サイバーセキュリティ技術

　特に侵入検知の領域において既に AI の活用が進んでおり、端末の振舞いを検知しログを取るエンドポイント分析、ユーザーの行動(メールのやりとりや、システムの操作)の分析、ネットワークトラフィックのビッグデータの分析、これらを総合的に組み合わせた、異常な動きや振舞いの分析に関する研究開発が期待されている。さらに、近年では、攻撃者側が AI を活用し、個々の被攻撃者(ターゲット)に対してカスタマイズされた多様かつ新しい攻撃を行うようになってくることが想定されており、こうした動きへの対応も必要である[27]。

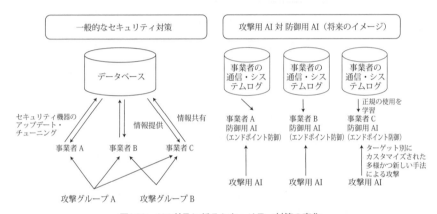

図8.22　AIの普及に係るセキュリティ対策の変化

　表8.9はセキュリティ技術へのAI活用の例を示す。AIによるセキュリティ対策技術をはじめとして、技術の進化に伴い様々な防御技術や手法が開発されているが、既存の攻撃手法がなくなるわけではなく、過去の防御技術や対策が無駄になるわけではない。また、新たな防御技術を超えた攻撃が行われることも考えられ、AIを活用した攻撃手法が出現する懸念も指摘されている。防御に100%はありえないため、様々な防御技術や手法の特性を理解した上で不足する部分を補い合い、被害を最小限に抑えるようにしなければならない。

表8.9　セキュリティ技術へのAI活用の例

使用例	内容	メリット
テストや本番環境での誤検出の削減	正しい検出や誤検出のパターンを学習	誤検出率の大幅な削減
エンドポイント保護	シグネチャによる保護ではなく、マルウェアなどの特性・動作パターンによる認識	マルウェアの迅速な特定や亜種などの多様性への対応
SIEM 監視	膨大なデータの中から重要なアラートやパターンの認識	迅速な発見と誤検出率の削減
ネットワーク分析	ネットワークトラフィックの分析とパターン分析による不正通信の検出	侵入検知やデータ流出・内部不正の迅速な認識

8.6.4　CIAからAICへ

　情報セキュリティにおいて「機密性（Confidentiality）」「完全性（Integrity）」「可用性（Availability）」の確保は重要な3要素であり、この順で重要度が認識されている場合も多い。しかし、インターネットが普及し重要なインフラの一つとして捉えられることも多くなり、ビジネスや生活のあらゆる場面で使われる中で、様々なシステムやサービスにおいて、システムやサービスを停止することによる影響の範囲や大きさが以前より増大したため、可用性を確保することの重要度が以前よりも増大していると考えられるようになってきた[28][29]。

　サイバー攻撃を検知した場合や、その被害の増大を防ぐためには、システムやサービスを停止した上で被害状況の把握やマルウェアの発見・駆除などのフォレンジック作業により安全を確保することが求められてきたが、システムを停止することによる被害やリスクのほうが甚大であるため、可用性の確保を最優先として「A（Availability）I（Integrity）C（Confidentiality）」の順でセキュリティの確保を行うことも考えられる。単一の障害が致命的な状況を生み出さない設計を行うことで、個々の端末の故障や攻撃による被害の対応の優先度を下げ、システムやネットワーク全体が動き続けることを優先する考え方である。

　多層防御の考え方をはじめとした防御対策を行う際には、組織にとって守らなければならないものが何であるかを再確認するとともに、インシデント発生の際に機密性・完全性・可用性の確保をどの優先順で考慮すべきかを考慮し、適切な対策ができる環境を準備しなければならない。

第8章　サイバーセキュリティ技術

■演習問題
問1　サイバー攻撃による脅威の例を一つ挙げ、どのような脆弱性に関連するか述べなさい。

問2　NISTのサイバーセキュリティ・フレームワークの五つの機能とその内容を述べなさい。

問3　クロスサイトスクリプティングの種類を三つ挙げ、概要を説明しなさい。

問4　ネットワークセキュリティで用いられるセキュリティ対策を一つ挙げ、その対策で防げる攻撃の例を挙げなさい。

参考文献
(1) 情報処理推進機構：情報セキュリティ白書2018(2018)
(2) 警察庁：平成29年におけるサイバー空間における脅威の情勢について(2018)
https://www.npa.go.jp/publications/statistics/cybersecurity/data/H29_cyber_jousei.pdf
(3) 情報処理推進機構：情報セキュリティ教本 改訂版(2009)
(4) ISO/IEC27000:2014　Information technology − Security techniques − Information security management systems − Overview and vocabulary
https://standards.iso.org/ittf/PubliclyAvailableStandards/c063411_ISO_IEC_27000_2014.zip
(5) 瀬戸洋一編著：情報セキュリティ概論，日本工業規格(2007)
(6) 瀬戸洋一，渡辺慎太郎：サイバーセキュリティ入門講座，日本工業規格(2017)
(7) 不正アクセス行為の禁止等に関する法律（平成十一年法律第百二十八号）
http://elaws.e-gov.go.jp/search/elawsSearch/elaws_search/lsg0500/detail?lawId=411AC0000000128umu
(8) 情報処理推進機構：「新しいタイプの攻撃」の対策に向けた設計・運用ガイド 改訂第2版, 2011
https://www.ipa.go.jp/files/000017308.pdf
(9) NIST：Framework for Improving Critical Infrastructure CybersecurityVer1.1
https://nvlpubs.nist.gov/nistpubs/CSWP/NIST.CSWP.04162018.pdf
(10) 国立国会図書館：ネットワーク・情報システムの安全に関する指令（NIS 指令）—EU のサイバーセキュリティ対策立法—（2018）
http://dl.ndl.go.jp/view/download/digidepo_11152345_po_02770001.pdf?contentNo=1&alternativeNo=
(11) 内閣サイバーセキュリティセンター：サイバーセキュリティ戦略，2015
http://www.nisc.go.jp/active/kihon/pdf/cs-senryaku.pdf
(12) NIST:SP 800-61 Rev.2 Computer Security Incident Handling Guide,2012
https://nvlpubs.nist.gov/nistpubs/SpecialPublications/NIST.SP.800-61r2.pdf
(13) 経済産業省：コンピュータウイルス対策基準

第8章　サイバーセキュリティ技術

  http://www.meti.go.jp/policy/netsecurity/CvirusCMG.htm
(14) Wikipedia：マルウェア マルウェアの検出技術
  https://ja.wikipedia.org/wiki/%E3%83%9E%E3%83%AB%E3%82%A6%E3%82%A7%E3%82%A2
(15) 齋藤孝道：マスタリングTCP/IP 情報セキュリティ編，オーム社（2013）
(16) 八木　毅ほか：実践サイバーセキュリティモニタリング，コロナ社（2016）
(17) 長嶋　仁：セキュリティ技術の教科書（専門分野シリーズ），iTEC（2017）
(18) 情報処理推進機構：情報セキュリティ読本 IT時代の危機管理入門 四訂版，実教出版（2013）
(19) 徳丸　浩：体系的に学ぶ 安全なWebアプリケーションの作り方 第2版 脆弱性が生まれる原理と対策の実践，SB Creative（2018）
(20) 上野　宣：Webセキュリティ担当者のための脆弱性診断スタートガイド 上野宣が教える情報漏えいを防ぐ技術，翔泳社，2016
(21) OWASP Top 10 2017
  https://www.owasp.org/images/2/23/OWASP_Top_10-2017%28ja%29.pdf
(22) IPA：「高度標的型攻撃」対策に向けたシステム設計ガイド
  https://www.ipa.go.jp/files/000046236.pdf
(23) サイバーセキュリティ基本法（平成二十六年法律第百四号）
  http://elaws.e-gov.go.jp/search/elawsSearch/elaws_search/lsg0500/detail?lawId=426AC1000000104
(24) NISC：内閣サイバーセキュリティセンターとは
  https://www.nisc.go.jp/about/index.html
(25) 情報処理推進機構：情報セキュリティ早期警戒パートナーシップガイドライン
  https://www.ipa.go.jp/files/000059694.pdf
(26) 総務省：IoT セキュリティガイドライン ver 1.0（2016）
  http://www.soumu.go.jp/main_content/000428393.pdf
(27) NISC：サイバーセキュリティ研究開発戦略（2017）
  https://www.nisc.go.jp/active/kihon/pdf/kenkyu2017.pdf
(28) 情報処理推進機構：IPAが取組むサイバー攻撃対策（2013）
  https://www.ipa.go.jp/files/000035933.pdf
(29) 高倉弘喜：サイバー攻撃被害を軽減するための研究開発と人材育成の動向，2017
  https://www.saaj.or.jp/kenkyu/pdf/222Shiryo01.pdf

第9章

情報セキュリティマネジメントシステム（ISMS）および情報セキュリティ監査

9. 情報セキュリティマネジメントシステム（ISMS）および情報セキュリティ監査

9.1　情報セキュリティマネジメントシステム（ISMS）とは

　インターネット時代の情報セキュリティ対策は、ファイアウォール、侵入監視、暗号化通信、電子署名等のIT技術による対策を、要求されるセキュリティを満足するように組み合わせて実現することが基本となる。しかし、実際のシステム環境においては、このような技術的対策を構築したのみでなく、構築した対策を意図した通りに運用できるようになっていなければならない。さらには、電子的な情報だけでなく紙の書類まで含めた情報の管理、設備面の管理、人の教育などの人的側面での管理など、技術的対策のみではカバーしきれない範囲まで含めた運用・管理が重要である。このような総合的な情報セキュリティ対策を実現し維持・改善してゆくための仕組みが情報セキュリティマネジメントシステム(ISMS：Information Security Management System)と呼ばれるものである[1]。

9.1.1　基本的な考え方

　情報セキュリティマネジメントシステムに関する用語及び定義を規定する国際標準規格としてISO/IEC 27000[2]が策定されている。この規格を基に策定された日本規格であるJIS Q 27000[3]において、情報セキュリティは次のように定義されている。

　情報セキュリティ（information security）
　　情報の機密性，完全性及び可用性を維持すること。
　　注記　さらに、真正性、責任追跡性、否認防止、信頼性などの特性を維持
　　　　　することを含めることもある。

　また、上記定義で示されている機密性、完全性、可用性について、同じくJIS Q 27000における定義を表9.1に示す。

　組織が保護すべき情報資産について、表9.1で示した機密性、完全性、可用

表9.1　機密性、完全性、可用性の定義

項目	内容
機密性（Confidentiality）	認可されていない個人、エンティティ又はプロセスに対して、情報を使用させず、また、開示しない特性。
完全性（Integrity）	正確さ及び完全さの特性。
可用性（Availability）	認可されたエンティティが要求したときに、アクセス及び使用が可能である特性。

第9章 情報セキュリティマネジメントシステム（ISMS）および情報セキュリティ監査

性をバランス良く維持し改善することが情報セキュリティマネジメントシステムの基本コンセプトということができる。このためには、機密性、完全性、可用性へのリスクという観点から組織が直面するセキュリティ上のリスクを評価し、そのリスクに対し、暗号化やアクセス制御のようなIT技術面での対策、セキュリティ区画設置のような物理面での対策、さらにそれら対策を運用する人や組織まで含めた総合的な観点で、かつ、継続的に対処してゆくアプローチが必要である。

9.1.2 ISMS構築・運用の基本となるサイクル（PDCAサイクル）

図9.1に示すように、情報セキュリティに対する脅威は、外部からのもの、内部からのもの、また、技術面でのもの、人的なもの、運用面に関わるもの等、さまざまな要因が存在し、さらに、脅威の内容も日々変化し得るという状況である。このような状況の中で情報セキュリティを維持するためには、まず、組織全体での情報セキュリティに対する基本となる方針を策定し、この方針に則ってセキュリティ対策を構築、運用することが必要である。また、構築したセキュリティ対策の運用状況を定期的に評価し、必要に応じて対策内容や運用の見直し、改善を行うことも必要である。

このような総合的なセキュリティ対策、すなわち、ISMSを実現するためには、図9.2に示すPlan（計画）－Do（実施）－Check（点検）－Act（処置）というセキュリティのライフサイクルを通じた運用・管理を継続して続け、セキュリティ対策の内容を向上してゆくことが必要である（スパイラルアップ）。これらサイクルは、各フェーズの頭文字をとってPDCAサイクルと呼ばれる。

図9.1 情報セキュリティを維持するには

第9章　情報セキュリティマネジメントシステム（ISMS）および情報セキュリティ監査

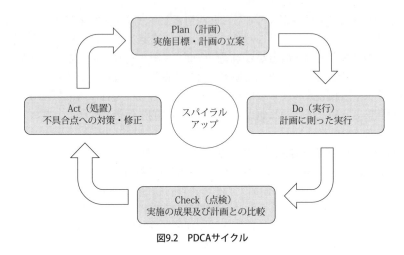

図9.2　PDCAサイクル

ISMSにおけるPDCAサイクルの各フェーズで実施する内容について以下に示す。

(1)　Plan(計画)：文書化したISMSの構築

ISMS構築においては、まず、Planの段階で、組織における情報セキュリティの基本となる方針（以下本章では、情報セキュリティポリシーと呼ぶ。）を作成することになる。情報セキュリティポリシーは、組織として事業を継続する上でどのようなセキュリティを達成する必要があるかを示す情報セキュリティ基本方針、その基本方針の下でどのようなセキュリティ対策（管理策）を施すかの方針を定める情報セキュリティ対策基準から構成されるのが一般的である。情報セキュリティ対策基準を作成するにあたっては、組織にとってどのようなセキュリティ上のリスクがあるかを分析・評価し、その結果に基づきリスクをどのように管理してセキュリティを守るかを決定するプロセス、すなわち、情報セキュリティリスクマネジメントが基本となる。

なお、情報セキュリティポリシーについては9.2節で、情報セキュリティリスクマネジメントについては9.3節で説明する。

(2)　Do(実施)：ISMSの導入及び運用

Doの段階では、対策基準で示された管理策を、それぞれの部署において具体的な対策に展開・実装し、運用してゆくことになる。ここでの対策は技術的対策はもちろんのこと、組織・体制の確立、人的対策、物理的対策等の総合的な対策を意味する。ここで具体的な対策に展開する際には、ガイドラインとし

第9章 情報セキュリティマネジメントシステム (ISMS) および情報セキュリティ監査

てセキュリティ管理策が全般的に示されている国際標準ISO/IEC 27002[4] (その国内規格であるJIS Q 27002[5])を参考にするとよい。
このフェーズで実施する主要な項目を以下に示す。

(a) 対策の適用

Plan(計画)フェーズで策定した対策基準の中で技術的対策にて実現する部分については、その対策システムを設計、構築し対象とする情報システムに組みこむこととなる。また、入退室管理設備を備えたセキュリティ区域への重要サーバなどの設置のような設備、物理面での対策も施す。

(b) 対策実施手順の整備

技術的なセキュリティ対策の運用、設備や物理的なセキュリティ対策の運用、日常業務の中でのセキュリティに関する運用を、各管理担当者、利用者がそれぞれの責任範囲に応じて確実に実施することが重要である。このためには、運用・操作手順書、利用者ガイダンス等のドキュメント類を確実に整備し、全対象者にその実施を徹底することが必要である。

(c) 運用体制の整備

組織内に情報セキュリティ管理体制を確立し、その体制のもとで、セキュリティ管理を行う担当者の責任、権限、義務を明確化しセキュリティ対策の運用を実施する。この中で、全ての対象者に対してセキュリティ管理についての教育、セキュリティ対策運用の訓練等を定期的に実施し、セキュリティ対策実施の周知徹底を図ることも重要である。情報セキュリティ管理体制の例を図9.3に示す。

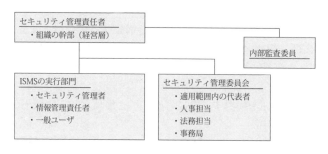

図9.3 情報セキュリティ管理体制例

(d) 対策の運用

上記で整備した手順書、体制のもとで、実際のセキュリティ対策を運用する。ここで、それぞれの運用において運用した結果の記録を生成、保持しておくことが重要である。この記録は次に示す評価と見直し段階での基本となる情報である。

(3) Check(点検)：ISMSの監視及び有効性の評価

Checkの段階では、情報セキュリティ対策基準で規定された対策が手順書通りに運用され有効に機能しているか、また、その手順において改善すべき点がないか等を、運用記録や現場での従業員へのヒアリング等を通じてチェックするものである。このフェーズで重要な位置付けを占めるものが情報セキュリティ監査である。情報セキュリティ監査には、組織内部の監査部門等が実施する内部監査、外部の監査会社等が実施する外部監査とがある。ISMSのチェックフェーズでは、通常は内部監査が実施される。

なお、情報セキュリティ監査については、9.4節にて説明する。

(4) Act(処置)：ISMS有効性の維持・改善

Actの段階では、Check結果に基づき、情報セキュリティポリシーの見直しも含めて改善計画を作成しその計画を実行する。Check結果のレビュー、改善計画の策定は、組織の経営層を含めて実施することが重要である。このような経営層含めたレビューをマネジメントレビューと呼ぶ。ここでは、計画実行のフォローを行い改善計画の実施を確実に進めることが重要である。

9.1.3 ISMS検討時の留意点(ISMSを適用する範囲)

ISMSについての要求事項を示した国際標準規格ISO/IEC 27001[6] (国内規格ではJIS Q 27001[7])では、ISMSを構築する際に、まず、組織及びその状況を理解することが必要とされている。すなわち、ISMSは、組織が推進する事業及び組織の状況に応じて構築されるべきものであるということに留意することが重要である。

このような観点から、自組織にISMSを構築する際には、まず、ISMSの適用範囲(例えば、組織全体に対して構築する、組織内で特に情報セキュリティが必要とされる部署に対して構築する、など)を、組織の状況を踏まえて決めることが必要である。

ISMSの適用範囲を検討する際に考慮すべき事項としては以下が挙げられる。

(1) 事業上の特徴
 • 組織の行っている事業の特徴からみたISMSの必要性

(2) 組織の特徴（ISMSの組織的範囲と特徴）
- ISMSの対象とする範囲（ISMS適用範囲）に含まれる組織
- ISMSに関連する組織（業務委託先、顧客など）
ISMS適用範囲との境界に位置する組織について、その責任範囲とISMS適用範囲内か範囲外かの判断

(3) 場所の特徴（ISMSの物理的範囲と特徴）
- ISMS適用範囲に含まれる場所（建物、土地など）と特徴
- ISMS適用範囲内外の境界

(4) 技術の特徴（ISMSの論理的範囲）
- ISMS適用範囲に含まれるネットワークの構成、システム構成
- ネットワーク及びシステムの外部とのインタフェース（境界）

(5) 資産の特徴
- ISMS適用範囲に含まれる主要な資産（守るべき資産）、資産に対する責任範囲など

(6) 組織のISMSに関連する利害関係者の要求事項

(7) 組織が実施する活動と他の組織が実施する活動との間のインタフェース及び依存関係（役割分担、責任分界点など）

9.2 情報セキュリティポリシー

9.2.1 情報セキュリティポリシーの位置付け

情報セキュリティポリシーは、組織がどのように情報セキュリティに対処してゆくかについての基本となる方針を示す文書ということができる。組織の具体的なセキュリティ対策はこの文書を拠り所として展開されることになる。ISMSを構築する過程で組織は、ISO/IEC 27001（国内規格ではJIS Q 27001）のANNEX A（附属書A）で示される管理策を基に、具体的なセキュリティ対策を計画、実装する。

組織内部ネットワークを保護するためにインターネットとの境界にファイアウォールを設置する、組織内部にウィルスが混入されないようチェック機能を導入するなど局所的なセキュリティ対策は数多く存在する。そうした技術の経験的な組み合わせを行うだけでは、組織としてのセキュリティ対策に不備な点が残っている可能性や、ある箇所では過剰な対策を施している可能性がある。情報セキュリティポリシーを定義することで、こうしたバランスの悪いセキュリティ対策の実施を回避し、組織として統一された意志のもと、バランスのと

れたセキュリティ対策を実現することができる。

情報セキュリティポリシー文書は、それを遵守するために、組織員全てに対し公開され、内容が良く理解されることが必要である。これにより、組織員のセキュリティ意識の啓発、およびそれに伴う組織内モラルの向上が図られる。人員管理に関する項目も含む情報セキュリティポリシーが有効に機能するためには、組織員の理解が不可欠である。

組織内で強制力を持たせるため、また、実行・展開を効果的に進めるため、情報セキュリティポリシーもまた経営層からトップダウンで示されるべき文書である。なお、組織のセキュリティに対する取組み方針が示されるため、基本的に組織外には非公開の位置付けの文書である。

9.2.2　情報セキュリティポリシー及び関連文書の構成

情報セキュリティポリシー及びそれを拠り所とする組織の具体的セキュリティ対策は、情報セキュリティ基本方針、情報セキュリティ対策基準、規則／細則や手順書、マニュアル等の3階層の文書体系から構成される（図9.4）場合が多い。これら上位2階層がPlan（計画）フェーズで策定される対象となるものであり、3階層目の規則／細則や手順書、マニュアル等は、Do（実施）フェーズで作成することが通常である。情報セキュリティ対策基準及び規則／細則や手順書、マニュアル等について、以下にそれぞれの特徴を示す。

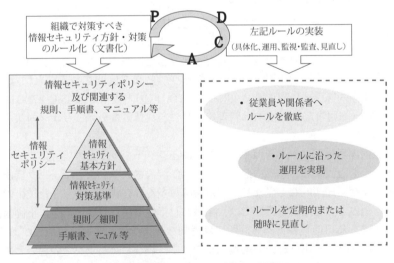

図9.4　情報セキュリティポリシーの構成

第9章　情報セキュリティマネジメントシステム（ISMS）および情報セキュリティ監査

(1) 情報セキュリティ対策基準

　情報セキュリティ基本方針を実現するために取るべき施策の基準を示す文書であり、要求されるセキュリティを守るためにどのような対策を打つべきかの方針を記載する場合が多い。従って、ここでの対策にはIT技術による対策のみでなく、運用面での対策、設備面での対策等も含む。なお、セキュリティ対策基準で示す対策は、9.3節で説明するリスクアセスメント、リスク対応の結果から導き出されるものである。すなわち、リスクを分析・評価し、評価したリスクを許容できるレベルまで低減するために、どのような対策を取るべきかを検討・評価した結果が情報セキュリティ対策基準であると言うこともできる。

表9.2　情報セキュリティ対策基準の項目例（JIS Q 27001付属書Aより）

大項目（分野）	中項目
情報セキュリティのための方針群	・情報セキュリティのための経営陣の方向性
情報セキュリティのための組織	・内部組織 ・モバイル機器及びテレワーキング
人的資源のセキュリティ	・雇用前 ・雇用期間中 ・雇用の終了及び変更
資産の管理	・資産に対する責任 ・情報分類 ・媒体の取扱い
アクセス制御	・アクセス制御に対する業務上の要求事項 ・利用者アクセスの管理 ・利用者の責任 ・システム及びアプリケーションのアクセス制御
暗号	・暗号による管理策
物理的及び環境的セキュリティ	・セキュリティを保つべき領域 ・装置
運用のセキュリティ	・運用の手順及び責任 ・マルウェアからの保護 ・バックアップ ・ログ取得及び監視 ・運用ソフトウェアの管理 ・技術的ぜい弱性管理 ・情報システムの監査に対する考慮事項
通信のセキュリティ	・ネットワークセキュリティ管理 ・情報の転送
システムの取得、開発及び保守	・情報システムのセキュリティ要求事項 ・開発及びサポートプロセスにおけるセキュリティ ・試験データ
供給者関係	・供給者関係における情報セキュリティ ・供給者のサービス提供の管理
情報セキュリティインシデント管理	・情報セキュリティインシデントの管理及びその改善
事業継続マネジメントにおける情報セキュリティの側面	・情報セキュリティ継続 ・冗長性
順守	・法的及び契約上の要求事項の順守 ・情報セキュリティのレビュー

情報セキュリティ対策基準に記載される項目の例としては表9.2に示すようなものがある。表9.2は、ISO/IEC 27001（国内規格ではJIS Q 27001）のANNEX A（附属書A）で示される管理策をベースに項目を記載したものである。

(2) 規則／細則や手順書、マニュアル等

情報セキュリティ対策基準で示される対策方針を具体化し、対象となるシステムに実装した後に、それら対策を運用するための手順を具体的に記述するものである。組織共通の規則／細則と具体的手順や業務フローをマニュアル化したものに分けられる。この手順書、マニュアル類は、情報セキュリティ対策基準に則り、それぞれの部署の実状に応じて作成されるものである。各管理者、利用者はこの手順書・マニュアルに従い実際の操作、運用、記録の作成、報告等を行う。

9.3 情報セキュリティリスクマネジメント

情報セキュリティリスクマネジメントとは、対象となる組織にとってどのようなセキュリティ上のリスクがあるかを特定・分析・評価（リスクアセスメント）し、評価した結果のリスクをどのように管理するかを決定し実施（リスク対応）するものであり、ISMSの構築・運用において基本となる重要なプロセスである。情報セキュリティリスクマネジメントの実施においては、対象に応じた様々なアプローチを取ることができるが、以下ではその基本的な考え方を示す。

9.3.1 リスクマネジメントプロセス

リスク全般に対してのリスクマネジメントの原則と指針を示す国際標準規格としてISO 31000[8]、また、その国内規格としてJIS Q 31000[9]が定められている。JIS Q 31000では、リスクマネジメントプロセスとして、図9.5に示すプロセスが示されている。

 (a) コミュニケーション及び協議

  外部及び内部のステークホルダと行うコミュニケーション及び協議であり、リスクマネジメントプロセスのすべての段階で、継続的に及び繰り返し行うプロセス。

 (b) 組織の状況の確定

  リスクマネジメントにおいて考慮することが望ましい外部及び内部の要因を特定し、リスクマネジメントプロセスの適用範囲、リスクの重大性を評価するための目安とする条件（リスク基準）を設定するプロセス。

 (c) リスクアセスメント

  リスクを特定するとともに、特定したリスクを分析及び評価し、対応

第9章　情報セキュリティマネジメントシステム (ISMS) および情報セキュリティ監査

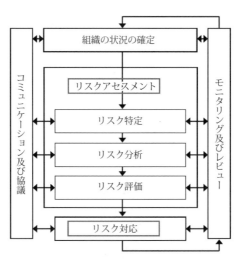

図9.5　リスクマネジメントプロセス（JIS Q 31000より）

すべきリスクを決定するプロセス。
(d)　リスク対応
　　対応すべきリスクに対し、それを修正するために一つ以上の選択肢を選び出すこと及びそれらの選択肢を実践するプロセス。
(e)　モニタリング及びレビュー
　　リスクマネジメントプロセスの状態の点検や調査を行い、その妥当性や有効性を決定するプロセス。定期的に又は臨時に行う。

　情報セキュリティに関するリスクの運用管理も、このリスクマネジメントプロセスに則って進めることが望ましい。情報セキュリティマネジメントシステム（ISMS）の国際標準規格であるISO/IEC 27001（国内規格ではJIS Q 27001）では、ISO 31000（国内規格ではJIS Q 31000）で規定される原則及び指針と整合性のとれた情報セキュリティリスクアセスメント及びリスク対応のプロセスの実施が求められている。
　以下、本節では、このリスクマネジメントプロセスの中で中核となる情報セキュリティに関するリスクアセスメント、リスク対応について説明する。

9.3.2　情報セキュリティリスクアセスメント
(1)　情報セキュリティリスクの特定
　情報セキュリティリスクアセスメントにおいては、まず、対象組織で求められる情報セキュリティに対して望ましくない影響を与える可能性を有するリス

クを特定することが必要である。JIS Q 31000ではリスクの特定について、次のように定義されている。

　リスク特定：リスクを発見、認識及び記述するプロセス。
　注記1　リスク特定には、リスク源、事象、それらの原因及び起こり得る結果の特定が含まれる。
（注記2は省略）

このリスク源、事象、結果については、同じくJIS Q 31000にて次のように定義されている。

　リスク源：それ自体又はほかとの組合せによって、リスクを生じさせる力を本来潜在的にもっている要素。

事象：ある一連の周辺状況の出現又は変化。

結果：目的に影響を与える事象の結末。

情報セキュリティリスクを特定する場合にも、図9.6に示すように、このリスク源、事象、結果の観点を次のように踏まえると良い。

　(a) 守るべき情報資産は何か、それが守れなかった時に何が起こるか（結果）

　　　組織には守るべき、つまり、機密性、完全性、可用性を維持しなければならない情報資産が存在する。この情報資産は、すべて同じ資産価値をもつというわけではなく、通常、それぞれの資産においてその重要性のレベルは異なる。例えば、個人情報や組織の極秘情報のような情報は、会社紹介情報のように外部に公開している情報とは、その資産としての価値、すなわち、セキュリティが破られたときの影響の大きさ（結果）は異なるであろう。

　　　情報資産の例としては次のようなものが挙げられる。
　・情報：電子的データ、文書、記録等
　・ソフトウェア資産：業務用ソフトウェア、システムソフトウェア等

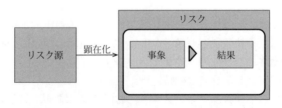

図9.6　リスク特定の要素（JIS Q 31000の定義より作成）

- 物理的資産：コンピュータ装置、通信装置等
- サービス：通信サービス、空調や電源などの一般ユーティリティ等

(b) 情報資産が守れなくなるのはどのような要因によるか（リスク源、事象）

このような守るべき情報資産に対しては、例えば、不正アクセスやマルウェアというような脅威（リスク源）により、その情報に対する機密性、完全性、可用性が破られる危険性がある。対象となる情報資産に対して、どのような脅威が発生しうるかについて把握しておくことがセキュリティ対策を考える上で重要である。脅威の例としては次のようなものが挙げられる。

- 人による意図的な脅威：盗聴、改竄、不正アクセス、マルウェア等
- 偶発的な脅威：オペレータの入力ミスや設定エラー、機器故障等
- 環境的な脅威：地震や火災等

また、組織として守るべき情報資産に対しては、当然、その資産価値に応じて何らかの対策がなされているはずである。この対策が適切で、かつ完全に施されていれば、基本的には、対象となる情報資産に対する脅威が発生したとしても、情報資産はその脅威から守られるはずである。しかし、不十分な管理など対策に脆弱な点（リスク源）がある場合は、その脆弱性をついた攻撃（事象）が成功するなど、脅威が現実の損害（結果）につながってしまうことが考えられる。脆弱性の例としては次のようなものが挙げられる。

- OSなどのソフトウェアに含まれる未対策のセキュリティホール
- 推測されやすいパスワードの使用
- アクセス制御の欠如
- ハードウェアや記録媒体のメインテナンス不足
- 入退室管理の欠如

(2) 情報セキュリティリスクの分析

上記(1)で特定した情報セキュリティリスクが実際に発生する可能性と発生した場合に生じる影響の大きさ（結果）について評価し、リスクの大きさ（リスクレベル）を決定するプロセスがリスク分析である。

情報セキュリティリスクは、守るべき情報資産の価値、脅威の発生可能性、情報資産を守っている対策に存在する脆弱性の程度、により、そのレベルを評価することができる。この考え方に基づく情報セキュリティリスクの分析は一般的に次のステップにより実施する。

(a) 情報資産価値の評価
　　情報資産が、組織にとってどのような価値を持つかを評価する。ここでは、対象となる情報資産に対し、その機密性、完全性、可用性が侵害された際の事業上の影響(損害など)の大きさを価値として評価することが一般的である。
(b) 脅威の発生可能性の評価
　　情報資産に発生し得る脅威に対し、その発生の可能性を評価する。
(c) 脆弱性の程度の評価
　　情報資産への対策に関する脆弱性に対し、その脆弱性の程度を評価する。
(d) リスクの算定
　　上記(a)(b)(c)で評価した情報資産価値、脅威の発生可能性、脆弱性の程度を総合的に判断して、リスクレベルを算定する。リスクレベルの算定方法としては、例えば、情報資産価値(機密性、完全性、可用性が破られたときの影響度)、脅威の発生可能性、脅威に対する脆弱性の程度を、それぞれ、3(大)、2(中)、1(小)の3レベルで評価し、情報資産価値、脅威の発生可能性、脆弱性の程度について個別に評価したレベルの値の積をリスクレベルとする方法などがある。

(3) 情報セキュリティリスクの評価
　リスク評価は、(2)のリスク分析によって算出したリスクレベルを、9.3.1で示したリスクマネジメントプロセスの「(b)組織の状況の確定」で設定するリスク基準(リスクの重大性を評価するための目安とする条件)と比較することにより実施するものである。リスク基準より低いレベルのリスクは、組織にとって受容可能なリスクであると判断される。逆にリスク基準より高いレベルのリスクに対しては、次節で示すリスク対応を行い、リスク基準以下のレベルに低減することが必要である(図9.7)。
　以上示したリスクアセスメントは、セキュリティ対策の策定における根拠を得るために、リスクの大きさを評価し対応すべきリスクを決定するプロセスと捉えることが出来る。

9.3.3　情報セキュリティリスク対応
　9.3.1節で示したように、リスク対応は、対応すべきリスクに対し、それを修正するために一つ以上の選択肢を選び出すこと及びそれらの選択肢を実践するプロセスであるが、本節では、特に、このうちのリスクを修正するための選択肢(リスク対応策)の選定について示す。

第9章　情報セキュリティマネジメントシステム（ISMS）および情報セキュリティ監査

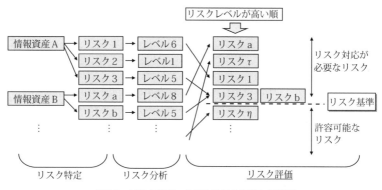

図9.7　リスク特定、分析とリスク評価との関係

(1) 対応策の検討

9.3.2節で示した情報セキュリティリスクアセスメントにより、対応が必要と判断された情報セキュリティリスクに対しては、現状実施されている対応策に加えて、どのような対応策をとるかを検討し、新たに取るべき対応策の方針を決定することが必要である。この対応策を選択するにあたってのガイドとして、一般財団法人 日本情報経済社会推進協会（JIPDEC）が発行しているISMSユーザーズガイド[10]では、次の四つの選択肢が示されている。

(a) 好ましくない結果に対してリスク対応を行う（リスク低減）

　　適切な対策を行いリスクを低減すること。対策の方針としては、リスク源を除去する、対策によりリスクの起こり易さを変える、リスクのもたらす結果（影響度）を変えることが挙げられる。

(b) 情報に基づいた選択によってリスクを保有する

　　リスクを意識的、かつ、客観的に受容すること。リスクが組織の方針及びリスク基準を明らかに満たす場合の選択肢。

(c) リスクを回避する

　　リスク対応を考えてもコストの割に効果が得られない場合、業務を廃止したり、資産を破棄するといった方法をとること。

(d) リスクを共有する

　　契約等によりリスクを他者（他社）と共有すること。方法としては大別すると次の2種類がある。

・資産の運用や情報セキュリティ対策を外部に委託する（アウトソーシング）

- リスクファイナンスの一種として保険等を利用する。

(2) 対応策の評価

　上記で示した(a)のリスクの低減や(d)のリスクの共有、という考え方に基づいて対策を考えた場合は、その対策を施すことにより、リスクレベルがどこまで低減されるかの評価が必要である。この評価は、9.3.2(2)で示したリスク分析を、対策を実施した後の効果を考慮して再度実施しリスクレベルを算定することになる。この再算定した値が、リスク基準より下回っていれば、このリスクに対するリスク対応が成功したことになる。再算定値がリスク基準より大きい場合は、新たな対応策を検討することになる。

　なお、リスクを完全に除去することは不可能であり、対策を施した後でもリスクは残るのが通常である。このリスクのことを残留リスクと呼ぶ。残留リスクに対して、更なる対策を検討するか、または、残留リスクとして許容するかの経営陣による判断が必要である。対策を施すことによりどこまでリスクを低減するかは、対策に要するコストとリスクが発生した場合の損害の大きさとのトレードオフとなる。すなわち、対策にコストをかければリスクをより低減することは可能となるが、そのコストはリスク発生による損害規模と比較して経営上合理的な範囲であることが必要である。このような観点から許容するリスクを決定,すなわちどこまでのリスクに対してどこまでの対策を実施するかを、経営陣が判断し決定することが重要である。

9.3.4　リスクアセスメント実施のアプローチ

　一般財団法人日本情報経済社会推進協会（JIPDEC）が発行しているISMSユーザーズガイド－リスクマネジメント編－[11]では、リスクマネジメントにおけるリスクアセスメントからリスク対応に該当するアプローチとして、次の4種類のアプローチが示されている。リスクアセスメントはこうすればよいという決まった手法があるわけではなく、それぞれの組織に応じた方法を取ることが望ましいが、このような組織に応じた手法を検討する際には、これらアプローチの考え方を参考にすると良い。

(1) ベースラインアプローチ

　あらかじめ一定の確保すべきセキュリティレベルと、そのセキュリティレベルで実施すべき対策のセットを準備しておき、対象となる組織に一律に対策のセットを適用するアプローチである。あらかじめ定められた対策を適用するため、リスクアセスメントにかかる作業量は少なくて済むが、本来ならばより高度な対策を実施すべきであるのに不充分なレベルの対策が適用されてしまうケースや、不必要なまでに高度な対策が適用されてしまうケースが発生する可

能性がある。

(2) 非形式的アプローチ

分析対象に精通した専門家が、自分の知識や経験に基づく考察によりリスクを判定するアプローチである。専門家個人の経験やノウハウに基づく効率的な分析が可能であるが、リスクの見落としや専門家の偏った見方の可能性、分析結果の根拠の正当化が困難という点に対する考慮が必要である。分析対象全体に精通した専門家がいる小規模な対象に適したアプローチであると言うことができる。

(3) 詳細リスク分析

9.3.2節で示したリスクアセスメントを詳細に行うアプローチである。対象となる組織に応じたセキュリティ対策を選択することが可能であるが、リスクアセスメントの対象が大規模な場合、対象全てに適用するのは、非常に作業量が多くなり、経営資源の制約や効率性の観点から現実的ではない場合があり得る。

(4) 組み合わせアプローチ

複数のアプローチを併用し、それぞれのアプローチの長所短所を相互に補完し、作業の効率化や分析精度の向上を図るアプローチである。たとえば、重要な情報資産を含む対象に対しては(3)の詳細リスク分析を実施し、その他の対象については(1)のベースラインアプローチを適用する、という方法が考えられる。

9.4　情報セキュリティ監査

9.1節で示したように、情報セキュリティ対策においては、日々変化する脅威や組織を取り巻く環境に応じてリスクを評価し情報セキュリティ対策を見直し、維持・改善してゆく情報セキュリティマネジメントシステム（ISMS）の確立が重要となる。このISMSで基本となるPDCAサイクル（図9.2）の中で、情報セキュリティ監査はCheck（点検）フェーズで実施されるものである。Plan（計画）フェーズで策定した情報セキュリティ基本方針、情報セキュリティ対策基準に従って、Do（実行）フェーズで対策が有効に実施されていることの評価を行い、情報セキュリティへの取り組みを改善していくことを目的とする。このCheckフェーズの情報セキュリティ監査結果は、次のAct（処置）フェーズのISMSの改善への重要なインプットとなるものである。

なお、情報セキュリティ監査に関わる制度として経済産業省が2003年4月より開始している「情報セキュリティ監査制度」[12]がある。本制度は、2002年9月に経済産業省が設置した「情報セキュリティ監査研究会」の報告書（「情報セ

第9章　情報セキュリティマネジメントシステム（ISMS）および情報セキュリティ監査

キュリティ監査研究会報告書」、「情報セキュリティ監査のための基準」等）の提言に基づき開始されたものである。

本節では、この情報セキュリティ監査制度で示されている情報セキュリティ監査の概要について説明する。

9.4.1　情報セキュリティ監査の形態

情報セキュリティ監査には次に示す形態が存在する。

(1)　保証型監査と助言型監査

情報セキュリティ監査では、監査を受ける側の多様なニーズに応じるため保証型と助言型という二つのタイプの監査形態が存在する。

　(a)　助言型監査

　　　情報セキュリティ監査における助言型監査とは、情報セキュリティマネジメント又は管理策の改善を目的として、監査対象の情報セキュリティ対策上の欠陥及び懸念事項等の問題点を検出し、必要に応じて当該検出事項に対応した改善提言を監査意見として表明する形態の監査をいう。助言型の監査の結論として表明される助言意見は、情報セキュリティ対策に対して一定の保証を付与するものではなく、改善を要すると判断した事項を情報セキュリティ監査人の意見として表明するものである。

　(b)　保証型監査

　　　情報セキュリティ監査における保証型監査とは、監査対象たる情報セキュリティマネジメント又は管理策が、監査手続きを実施した限りにおいて適切である旨（又は不適切である旨）を監査意見として表明する形態の監査をいう。情報セキュリティ監査人が、経済産業省報告書で示される「情報セキュリティ監査基準」に従って監査手続きを行った範囲内での請負であって、かつ当該監査手続きが慎重な注意のもとで実施されたことを前提として付与される保証であることに留意が必要である。

(2)　内部目的監査と外部目的監査

情報セキュリティ監査を実施した結果の利用目的として、次の2通りがあり得る。

- 内部目的：組織内部の対策向上のための利用
- 外部目的：外部の利害関係者に対する利用

上記(1)で示した保証型監査は主に外部目的に、助言型監査は主に内部目的に利用されるものであると言える。外部目的監査は外部の第3者である監査人により実施されることが原則であるが、内部目的監査は内部の監査人であっても外部の監査人であってもよく、これは監査を受ける側の選択となる（表9.3）。

第9章　情報セキュリティマネジメントシステム (ISMS) および情報セキュリティ監査

表9.3　内部目的監査と外部目的監査

監査主体＼目的	外部目的 (外部の利害関係者に利用)	内部目的 (組織内部の対策等に利用)
組織内部の者（内部監査人）	―	「助言型監査」
外部の専門家（外部監査人）	主に「保証型監査」	主に「助言型監査」

ISMSにおけるCheckフェーズは、基本的には内部目的監査であり、通常は、内部監査人が実施することが多い。

9.4.2　情報セキュリティ監査の標準的な基準

情報セキュリティ監査制度では、情報セキュリティ監査を実施するにあたり、対象となる組織、監査形態に依存せず、一定の規律を付与するものとして次の基準が提示されている。

(1)　情報セキュリティ管理基準[13]

情報セキュリティ監査の際の判断の尺度となることを目的として策定された基準である。本基準は、多くの利用者が国際標準に則った情報セキュリティマネジメント体制の構築と、適切な管理策の整備と運用を行えるよう、9.1節で示したISMSの国際標準規格であるISO/IEC 27001（国内規格ではJIS Q 27001)、ISO/IEC 27002（国内規格ではJIS Q 27002)との整合性がとられている。

情報セキュリティ管理基準は、次に示す「マネジメント基準」と「管理策基準」から構成される。

• マネジメント基準

ISMS体制の構築に必要な実施事項を定めるもの。

• 管理策基準

組織における情報セキュリティマネジメントの確立段階において、リスク対応方針に従って管理策を選択する際の選択肢を与えるもの。管理策基準のそれぞれの事項は、JIS Q 27001　附属書A「管理目的及び管理策」とJIS Q 27002をもとに専門家の知見を加えて作成されたものである。

情報セキュリティ監査を実施する際には、この情報セキュリティ管理基準を参照して、監査対象となる組織に対し監査で確認すべき項目を策定する。特に、管理策基準については、全てを網羅的に利用するのではなく、監査対象となる組織の状況に応じて、取捨選択、修正、追加などを行い監査確認項目を策定することが必要である。この際の留意点としては次の事項が挙げられる。

• 管理策基準から、対象組織にとって必要となる項目を抽出する。
• 管理策基準にはないが、対象組織にとってチェックすることが必要となる

項目があればそれを追加する。
- 対象組織内規定との整合性をはかる。
- 対象組織に関連する法令を参照し、必要となる項目を追加する。
- 上記で策定した監査確認項目において、さらに技術的な観点でのチェックが必要な場合は技術的な面での検証項目を策定する。

(2) 情報セキュリティ監査基準[14]

情報セキュリティ監査の際に、監査実施者(監査人)が従うべき行為の規範を定める基準であり、監査人の要件や監査の各プロセスで実施すべき事項、監査報告について示されている。本基準は、内部監査、外部監査を問わず、監査人が監査を実施する際の基本となるものであることより、次節でその内容について説明する。

9.4.3 情報セキュリティ監査基準

情報セキュリティ監査基準では、監査人としての適格性及び監査業務上の遵守事項を規定する「一般基準」、監査計画の立案及び監査手続の適用方法を中心に監査実施上の枠組みを規定する「実施基準」、監査報告に係る留意事項と監査報告書の記載方式を規定する「報告基準」が示されている。以下、この概要について示す。

(1) 監査人(監査実施者)の要件

情報セキュリティ監査基準の一般基準においては、監査人の要件として次の事項が示されている。

(a) 独立性、客観性と職業倫理
- 外観上の独立性
 情報セキュリティ監査人は、情報セキュリティ監査を客観的に実施するために、監査対象から独立していなければならない。
- 精神上の独立性
 情報セキュリティ監査人は、情報セキュリティ監査の実施に当たり、偏向を排し、常に公正かつ客観的に監査判断を行わなければならない。
- 職業倫理と誠実性
 情報セキュリティ監査人は、職業倫理に従い、誠実に業務を実施しなければならない。

(b) 専門能力

情報セキュリティ監査人は、適切な教育と実務経験を通じて、専門職としての知識及び技能を保持しなければならない。

(c) 業務上の義務
- 注意義務
情報セキュリティ監査人は、専門職としての相当な注意をもって業務を実施しなければならない。
- 守秘義務
情報セキュリティ監査人は、監査の業務上知りえた秘密を正当な理由なく他に開示し、自らの利益のために利用してはならない。

(d) 品質管理
情報セキュリティ監査人は、監査結果の適正性を確保するために、適切な品質管理を行わなければならない。

(2) 監査実施のプロセス
情報セキュリティ監査は、次のプロセスにより実施される(図9.8)。

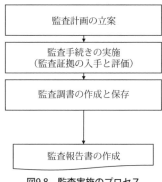

図9.8 監査実施のプロセス

(i) 監査計画の立案

監査計画は、監査の基本的な方針を立案するものである。監査の基本的な方針に基づいて実施すべき監査手続きを具体的に決定し、必要な監査体制を整え、監査計画の文書化を行う。監査計画は、通常、「監査基本計画」と「監査実施計画」に分かれる。

監査基本計画は、監査における基本方針を定めるものである。監査対象の範囲、監査対象とする期間や期日、監査対象にかかる監査目標(例えば機密性)、監査業務の管理体制、他の専門職の利用などを、被監査対象の組織と話し合いながら作成する。

監査実施計画は、対象とする監査の進め方を具体的に定めるものである。監

第9章　情報セキュリティマネジメントシステム (ISMS) および情報セキュリティ監査

査手続きの実施時期や、実施場所、実施担当者とその割り当て、実施すべき監査手続きの概要、監査手続きの進捗管理手段と管理体制などを定める。監査実施計画を立てる際は、対象の規模や、監査の目的、監査に適用する基準、法令・規制・契約などの要求事項、企業の組織・技術・環境、セキュリティ上の要求事項、過去の監査計画のレビュー結果などを考慮することが必要である。

(ii)　監査続きの実施(監査証拠の入手と評価)

監査手続きの実施とは、監査証拠を収集し評価する作業である。監査人は、監査報告で表明する監査意見を裏付けるのに十分で適切な監査証拠を入手することが必要であり、そのための作業を実施するものである。

一般に、監査証拠は、規則などの書類、経営者や担当者へのヒアリング、現場の往査および視察、システムテストへの立会い、テストデータの検証、侵入テストなどのセキュリティ診断などによって収集される。監査人は、このような手続きにより集められた証拠が監査証拠として十分かどうかを判断し、監査証拠として採用するか否かを決定する。監査証拠としての信頼性を高めるためには、複数の方法で監査証拠を収集することが有効である。例えば、特定の人にヒアリングを行うだけはなく、ヒアリング内容を文書と突き合わせ、信用できる証拠かどうか判断する、個別の監査証拠を突合せ総合的に判断して矛盾がないか、異常を示す兆候がないかを確認する、などのやり方がとられる。

(iii)　監査調書の作成と保存

監査人にとって、監査調書を作成することは監査実施のプロセスにおいて重要な位置を占める。監査調書とは、収集した監査証拠に基づき、監査意見表明の根拠となる監査証拠やその他の関連資料などを、監査の結論に至った経過が分かるようにまとめたものである。監査調書の主な役割として次の3点ある。これら3点を押さえた監査調書を作成することが必要である。

- 監査依頼者に対して提示する監査意見の根拠とする
- 次回の監査を行う時の参考とする。これより、品質の高い監査の実行が可能となる
- 監査人が正当な注意を払って監査業務を遂行した証明とする

(iv)　監査報告書の作成

情報セキュリティ監査の報告を行うにあたり、監査人は監査依頼者に対し監査報告書を作成することになる。監査報告書とは、監査の結果を被監査者に伝達する手段であると共に、監査人自らの役割と責任を明確にする手段である。監査報告書は監査証拠に裏付けられた合理的な根拠に基づくものでなければならない。なお、外部監査で、監査報告書が外部に公表されるような場合には、

監査の結果が誤解なく伝わるものであることへの一層の注意が必要である。

9.4.4 監査技法

9.4.3(2)(ii)で示した「監査続きの実施」プロセスにおいて、監査証拠を入手するために実施する主な監査技法として次の四つがある。

(1) 質問(ヒアリング)

マネジメント体制又はコントロールについての整備状況又は運用状況を評価するために、関係者に対し口頭で問い合わせ、説明や回答を求める。

(2) 閲覧(レビュー)

マネジメント体制又はコントロールについての整備状況又は運用状況を評価するために、規程、手順書、記録(電子データを含む)等を調べ読むことによって問題点を明らかにする。

(3) 観察(視察)

マネジメント体制又はコントロールについての整備状況又は運用状況を評価するために、監査人自らが現場に赴き、目視によって確かめる。

(4) 再実施

コントロールの運用状況を評価するために、監査人自らが組織体のコントロールを運用し、コントロールの妥当性や適否を確かめる。

上記で示した技法の監査での適用においては、監査対象の状況に応じてもっとも適切なものを選択することが必要である。また、状況に応じて、他の技法と組み合わせるなどして、監査証拠の信頼性を確保することが重要である。

9.5 ISMSに関連する標準規格

9.5.1 ISO/IEC 27001 (JIS Q 27001) とISO/IEC 27002 (JIS Q 27002)

ISMSに関する代表的な規格としては、ISO/IEC 27001[6](その日本規格であるJIS Q 27001[7])、ISO/IEC 27002[4](その日本規格であるJIS Q 27002[5])がある。以下、これら二つの規格の概要について紹介する。なお、ISO/IEC 27001とJIS Q 27001、ISO/IEC 27002とJIS Q 27002は、実質的に同一内容であることより、以下ではJIS規格内容について説明する。

また、ISMSに関する用語及び定義を規定する国際標準規格としてISO/IEC 27000[2]が策定されており、これを基に策定された国内規格であるJIS Q 27000[3]が策定されている。27001、27002を参照する際には、この規格も必要に応じて参照するとよい。

(1) JIS Q 27001の概要

JIS Q 27001はISMS要求事項(ISMS requirements)を示すものであり、組織

第9章　情報セキュリティマネジメントシステム（ISMS）および情報セキュリティ監査

が情報セキュリティマネジメントシステム（ISMS）を構築する際の要求事項が提示されている。JIS Q 27001のもととなっているISO/IEC 27001は2005年に発行、2013年に改訂され現在に至っている。JIS Q 27001はISO/IEC 27001の発行、改訂を受けて、2006年に発行され、2014年に改訂されている。

ISO（国際標準化機構）では、ISO 9001（品質マネジメントシステム）、ISO 14001（環境マネジメントシステム）、ISO/IEC 27001などISOが発行するマネジメントシステム規格の整合性を確保（目次構成や用語の定義などの共通化）する方針を取っており、2013年のISO/IEC 27001の改訂もこの方針に従って行われた。このため、2013年の改訂では2005年版から文書の構成が大きく変更されている。これは、JIS Q 27001も同じである。

図9.9にJIS Q 27001の目次構成を示す。これら目次項目は、次に示すように9.1.2節で示したPDCAサイクルの各フェーズに対応付くものである。
Plan(計画)：4 組織の状況、5 リーダーシップ、6 計画
Do(実施)：7 支援、8 運用
Check(点検)：9 パフォーマンス評価
Act(処置)：10 改善

一方、JIS Q 27001の附属書Aは、本章の9.3.3節で説明したリスク対応で、リスクを低減するために選択すべきセキュリティ対策（JIS Q 27001では管理

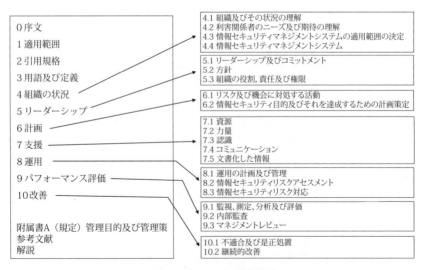

図9.9　JIS Q 27001の目次構成

策と呼ぶ）を示している。図9.10に附属書Aの構成を示す。JIS Q 27001では、リスク低減のための対策は、基本的に附属書Aに示される114項目の管理策の中から選択することを要求している。

(2) JIS Q 27002の概要

JIS Q 27002は情報セキュリティマネジメントの実践のための規範を示すものであり、JIS Q 27001が要求事項であるのに対し、JIS Q 27002はガイドラインという位置付けのものである。

JIS Q 27002のもととなっているISO/IEC 27002は、以前はISO/IEC 17799（国内規格ではJIS X 5080）と呼ばれていたものである。このISO/IEC 17799は2005年に改訂され、2007年に同一内容のままISO/IEC 27002に改番された。さらに2013年に27002としての2度目の改定がなされて現在に至っている。一方、国内規格は、2005年にISO/IEC17799の改訂版がJIS化されており、上記のISO改番を睨んで、JIS Q 27002として発行されている。さらに、ISO/IEC 27002の2013年改訂により2014年に改定され現在に至っている。

JIS Q 27002は、JIS Q 27001の附属書Aの解説書という位置付けのものである。図9.10で示したJIS Q 27001附属書Aの管理策の箇条番号は、JIS Q 27002の箇条番号と一致する構成となっている。このような構成となっていることより、例えば、JIS Q 27001に基づきリスク対応で附属書Aから選択した管理策を実装する場合のガイドラインとして、JIS Q 27002の対応する管理策の内容

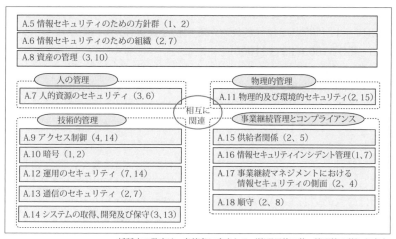

※ 括弧内の数字は、各箇条に含まれる（管理目的の数、管理策の数）を表す

図9.10　JIS Q 27001付属書Aの構成

第9章　情報セキュリティマネジメントシステム（ISMS）および情報セキュリティ監査

を参照する、というように使うことが可能な構成となっている。
　JIS Q 27002では、管理策ごとに、次の構成で説明がなされている。
- 管理策
管理目的を満たすための特定の管理策を規定する。
- 実施の手引き
管理策を実施し、管理目的を満たすことを支持するためのより詳細な情報を提供する。手引は、必ずしも全ての状況において適していない又は十分でない可能性があり、組織の特定の管理策の要求事項を満たせない可能性がある。
- 関連情報
考慮が必要と思われる関連情報（法的な考慮事項、他の規格への参照など）を提供する。考慮が必要な更なる情報がない場合は、この部分は削除される。

9.5.2　ISO/IEC 27000ファミリーについて

　前節で説明したJIS Q 27001、JIS Q 27002のもととなっているISO/IEC 27001、ISO/IEC 27002を含む情報セキュリティマネジメント（ISMS）に関する国際規格は、ISO/IEC 27000ファミリーという枠組みの中で標準化作業が進められている。ISO/IEC 27000ファミリーは、ISMSの要求事項であるISO/IEC 27001を中核とした規格群と捉えることができる。この標準化作業は、ISO（国際標準化機構）及びIEC（国際電気標準会議）が設置する合同専門委員会ISO/IEC JTC1（情報技術）の分科委員会SC27（セキュリティ技術）において進められている。2017年12月時点で発行されている規格を表9.4に示す[15][16]。

9.5.3　ISO 31000（JIS Q 31000）

　9.3.1節で示した通り、リスク全般に対してのリスクマネジメントの原則と指針を示す国際標準規格としてISO 31000[8]、また、その国内規格としてJIS Q 31000[9]が定められており、ISO/IEC 27001（国内規格ではJIS Q 27001）では、この31000で規定される原則及び指針と整合性のとれた情報セキュリティリスクアセスメント及びリスク対応プロセスの実施が求められている。
　この規格はいかなる産業にも分野にも特有なものではなく、あらゆる公共、民間若しくは共同体の事業体、団体、グループ又は個人が使用できる規格という位置づけのものである。JIS Q 31000の目次構成を図9.11に示す。

第9章　情報セキュリティマネジメントシステム（ISMS）および情報セキュリティ監査

表9.4　ISO/IEC 27000ファミリー（2017年12月25日時点）[15][16]

分類	規格番号	内容
基本要求事項	ISO/IEC 27001	Information security management systems － Requirements
用語	ISO/IEC 27000	Information security management systems － Overview and vocabulary
要求事項	ISO/IEC 27006	Requirements for bodies providing audit and certification of information security management systems
	ISO/IEC 27009	Sector-specific application of ISO/IEC 27001 － Requirements
	ISO/IEC 27021	Competence requirements for information security management systems professionals
ガイドライン	ISO/IEC 27002	Code of practice for information security controls
	ISO/IEC 27003	Information security management systems － Guidance
	ISO/IEC 27004	Information security management － Monitoring、measurement、analysis and evaluation
	ISO/IEC 27005	Information security risk management
	ISO/IEC 27007	Guidelines for information security management systems auditing
	ISO/IEC 27008	Guidelines for auditors on information security controls
	ISO/IEC 27013	Guidance on the integrated implementation of ISO/IEC 27001 and ISO/IEC 20000-1
	ISO/IEC 27014	Governance of information security
	ISO/IEC TR 27016	Information security management － Organizational economics
セクター固有のガイドライン	ISO/IEC 27010	Information security management for inter-sector and inter-organizational communications
	ISO/IEC 27011	Code of practice for Information security controls based on ISO/IEC 27002 for telecommunications organizations
	ISO/IEC 27017	Code of practice for information security controls based on ISO/IEC 27002 for cloud services
	ISO/IEC 27019	Information security controls for the energy utility industry

235

第9章 情報セキュリティマネジメントシステム（ISMS）および情報セキュリティ監査

```
1 適用範囲
2 用語及び定義
3 原則
4 枠組み
  4.1 一般
  4.2 指令及びコミットメント
  4.3 リスクの運用管理のための枠組みの設計
  4.4 リスクマネジメントの実践
  4.5 枠組みのモニタリング及びレビュー
  4.6 枠組みの継続的改善
5 プロセス
  5.1 一般
  5.2 コミュニケーション及び協議
  5.3 組織の状況の確定
  5.4 リスクアセスメント
  5.5 リスク対応
  5.6 モニタリング及びレビュー
  5.7 リスクマネジメントプロセスの記録作成

附属書 A （参考）高度リスクマネジメントの属性
附属書 JA （参考）JIS Q 2001:2001 とこの規格との対比
附属書 JB （参考）緊急時対応への事前の備え
解説
```

図9.11　JIS Q 31000の目次構成

9.6　ISMSに関連する国内制度

9.6.1　ISMS適合性評価制度

情報セキュリティマネジメントシステム（ISMS：Information Security Management System）適合性評価制度[17]は、国際的に整合性の取れた情報システムのセキュリティ管理に対する第三者適合性評価制度である。2000年7月に経済産業省により、ISMS適合性評価制度が、「情報処理サービス業情報処理システム安全対策実施事業所認定制度」（2001年3月で廃止）に代わる民間主導による第三者適合性評価制度として位置付けられた。本制度は一般財団法人日本情報経済社会推進協会（JIPDEC）により運営され、2001年4月より一年間のパイロット事業実施を経て2002年4月より本運用が開始されている。2006年5月から本制度の認証基準としてJIS Q 27001が用いられている。

(1) 制度の目的

インターネット時代の電子商取引の安全性、信頼性を確保するためには、国際的にも信頼を得ることができる情報セキュリティ対策を実施することが重要

であり、このためには、技術的なセキュリティ対策だけでは不充分で、人間系の運用・管理面のセキュリティ対策などマネジメントに対する視点から問題を解決することが必要である。このような背景のもと、情報セキュリティ管理に関する国際標準化動向を踏まえ、国内のみならず国際的にも信頼を得られる情報セキュリティ管理を評価、認証し、日本における情報セキュリティレベル全体の向上を図ることを目的として本制度が作られている。2018年10月19日時点で、日本国内の5675組織が本制度の認証を取得している。

(2) 制度の運用

ISMS適合性評価制度は、図9.12に示すように、組織が構築したISMSがJIS Q 27001(ISO/IEC 27001)に適合しているか審査し登録する「認証機関」、審査員の資格を付与する「要員認証機関」、及びこれら各機関がその業務を行う能力を備えているかをみる「認定機関」(情報セキュリティマネジメントセンター(ISMS-AC))から構成される仕組みである。また、審査員になるために必要な研修を実施する「審査員研修機関」は要員認証機関が承認する。

9.6.2 情報セキュリティ監査制度

経済産業省が2003年3月に公開した「情報セキュリティ監査研究会報告書」に基づき2003年4月より情報セキュリティ監査制度[18]が運用されている。

また、情報セキュリティ監査制度において「情報セキュリティ監査企業台帳」が公開されている[18]。情報セキュリティ監査制度に従って監査を行うことを宣言した企業が登録されており、あわせて過去の監査実績も掲載されている。この監査企業台帳は、監査を依頼する企業を選択する際の目安となることを目的としたものである。

情報セキュリティ監査制度の普及促進、監査主体による公正かつ公平な情報

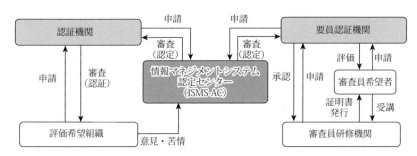

出典:一般社団法人情報マネジメントシステム認定センター公開資料
(https://isms.jp/about/index.html)

図9.12 ISMS適合性評価制度の運用体制

第9章　情報セキュリティマネジメントシステム（ISMS）および情報セキュリティ監査

セキュリティ監査の実施を支援することを目的として、特定非営利活動法人（NPO）情報セキュリティ監査協会（JASA）[19]が2003年10月に設立され活動を行っている。JASAでは、監査技術の向上、監査主体の質の向上（監査人スキルアップ、行動規範の確立、監査人資格のあり方の検討）の他、各種団体との連携、監査制度の国際標準の調査研究や改善提言、並びに監査などについての相談窓口の開設など、幅広い活動を行っている。

また、このような活動の中で、2004年12月から、情報セキュリティ監査人に求められる知識・経験・技術に応じて、認定する情報セキュリティ監査人資格制度が運用されている（表9.5）。

表9.5　情報セキュリティ監査人資格制度

資格区分	役割
情報セキュリティ監査人補	情報セキュリティ監査制度に対する知識と経験を有し、OJTとして監査に参加する。監査経験を積んで、公認情報セキュリティ監査人をめざすことができる。
公認情報セキュリティ監査人	情報セキュリティ監査制度に対する知識と経験を有するとともに、実証された能力として、監査計画を立案し、監査計画に基づいて監査を実施し、報告書を作成し、監査結果を被監査主体に報告する役割を行う。
公認情報セキュリティ主任監査人	情報セキュリティ監査制度に対する知識と経験を有するとともに、実証された能力として、監査チームを編成し監査を実施する場合に監査チームリーダとなって、監査計画を立案し、監査計画に基づいて監査を実施し、報告書を作成し、監査結果を被監査主体に報告する役割を行う。

■演習問題

問1　JIS Q 27001とJIS Q 27002について、それぞれの内容と役割、これら規格間の関係について説明しなさい。

問2　情報セキュリティポリシーについて説明しなさい。

問3　ISMSにおけるPDCAサイクルについて説明しなさい。また、PDCAそれぞれのフェーズで実施する内容について説明しなさい。

問4　情報セキュリティリスクアセスメントを実施する目的は何かを説明しなさい。また、情報セキュリティリスクアセスメントを構成するプロセスについて示し、これら各プロセスで実施する内容について説明しなさい。

第9章　情報セキュリティマネジメントシステム（ISMS）および情報セキュリティ監査

問5　自分に関係する、または、自分で調査した組織を選定し、次の問に答えなさい。
(1)　選定した組織に対し、①事業上の特徴、②組織の特徴、③場所の特徴、④技術の特徴、⑤資産の特徴、の5つの観点からその特徴を記述しなさい。
(2)　上記組織でセキュリティ上重要と考えられる資産（守るべき資産）を一つ想定しなさい。
(3)　その資産に対して情報セキュリティリスクアセスメントを実施し、対応すべきリスクを一つ抽出しなさい。
(4)　上記(3)で抽出したリスクに対するリスク対応策を示しなさい。

問6　情報セキュリティ監査において、監査証拠を入手するために実施する監査技法を四つあげ、それぞれについて、その内容を説明しなさい。

参考文献
(1)　一般社団法人情報マネジメントシステム認定センター，情報セキュリティマネジメントシステム（ISMS）とは，https://isms.jp/isms/index.html
(2)　ISO/IEC 27000, Information security management systems-Overview and vocabulary,, 2014
(3)　JIS Q 27000, 情報技術-セキュリティ技術-情報セキュリティマネジメントシステム-用語, 2014
(4)　ISO/IEC 27002, Information technology-Security techniques-Code of practice for information security management, 2013
(5)　JIS Q 27002, 情報技術－セキュリティ技術-情報セキュリティマネジメントの実践のための規範, 日本規格協会, 2014
(6)　ISO/IEC 27001, Information technology―Security techniques― Information security management systems―Requirements, 2013
(7)　JIS Q 27001, 情報技術-セキュリティ技術-情報セキュリティマネジメントシステム-要求事項, 日本規格協会, 2014
(8)　ISO 31000, Risk management-Principles and guidelines, 2009
(9)　JIS Q 31000, リスクマネジメント-原則及び指針, 2010
(10)　一般財団法人 日本情報経済社会推進協会（JIPDEC），ISMSユーザーズガイド-JIS Q 27001：2014(ISO/IEC 27001：2013)対応, 2014
(11)　一般財団法人 日本情報経済社会推進協会（JIPDEC），ISMSユーザーズガイド-JIS Q 27001：2014(ISO/IEC 27001：2013)対応 -リスクマネジメント編-, 2015
(12)　特定非営利監査法人日本セキュリティ監査協会（JASA），情報セキュリティ監査制度 http://www.jasa.jp/audit/audit.html
(13)　経済産業省，情報セキュリティ管理基準（平成28年経済産業省告示第37号）

第9章　情報セキュリティマネジメントシステム（ISMS）および情報セキュリティ監査

　　http://www.meti.go.jp/policy/netsecurity/is-kansa/index.html
⒁　経済産業省，情報セキュリティ監査基準（平成15年経済産業省告示第114号）
　　http://www.meti.go.jp/policy/netsecurity/is-kansa/index.html
⒂　一般社団法人情報マネジメントシステム認定センター，ISO/IEC 27000ファミリーについて　2017年12月25日，https://isms.jp/27000family/27000family_20171225.pdf
⒃　International Organization for Standardization (ISO), ISO/IEC 27000 family - Information security management systems,
　　https://www.iso.org/isoiec-27001-information-security.html
⒄　一般社団法人情報マネジメントシステム認定センター，ISMS適合性評価制度の概要，https://isms.jp/isms.html
⒅　経済産業省，情報セキュリティ監査制度，
　　http://www.meti.go.jp/policy/netsecurity/is-kansa/index.html
⒆　特定非営利活動法人日本セキュリティ監査協会（JASA），http://www.jasa.jp/

第10章
CC（ISO/IEC 15408）と情報システムセキュリティ対策の設計・実装

第 10 章　CC（ISO/IEC 15408）と情報システムセキュリティ対策の設計・実装

10. CC（ISO/IEC 15408）と情報システムセキュリティ対策の設計・実装

　9章で示した情報セキュリティマネジメントシステム（ISMS）はセキュリティ確保のための、人的側面も含めた運用管理面からのアプローチ、仕組みであると言える。一方、組織の情報セキュリティ実現のためには、今や組織における業務遂行の基盤となっている情報システムにおけるセキュリティ対策の実現も重要な要素である。つまり、図10.1に示すように、核となる情報システムにおける技術面での対策と、それら技術対策を有効にするための運用面や組織面、設備面でのマネジメントとの総合的な対策により、情報セキュリティを実現、維持することが可能となる。

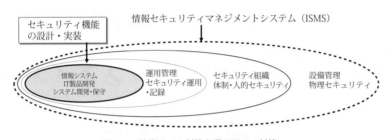

図10.1　技術面での対策と運用面での対策

　9章で示したようにISMSへの要求事項を規定した国際標準がISO/IEC 27001であるが、技術面でのセキュリティ対策が適切に設計され実装されていることを評価、認証するための国際標準としてISO/IEC 15408[1][2][3]がある。
　このISO/IEC 15408のもととなっているのがCC（Common Criteria）と呼ばれる基準である。CCは、米国やカナダ、欧州で独立に策定されていたセキュリティ評価のための基準を統合したものであり、この作業は関係各国がメンバとなったCCプロジェクトにより行われた。CCは2006年9月にバージョン3.1（v3.1）にバージョンアップされ、現在は2017年に発行されたv3.1改訂第5版（Revision 5）[4][5]となっている。一方、現在のISO/IEC 15408は2008年、2009年に改定されたものであり、CCとISO/IEC 15408の発行のタイミング及びバージョンは必ずしも一致していない。
　このような背景から、本章では、CC v3.1改訂第5版（以下、単にCCと記す）内容をベースとして説明を進める。

242

第10章　CC（ISO/IEC 15408）と情報システムセキュリティ対策の設計・実装

10.1　情報システムセキュリティ対策への要件とCC

情報システムに実装されるセキュリティ対策においては、次の二つの要素が満足されることが重要である。

(1)　セキュリティ対策の十分性

セキュリティ対策が、対象とする情報システムに対するセキュリティ上の脅威に対抗できる機能を具備していること。

(2)　セキュリティ対策の正確性

上記(1)で定義したセキュリティ対策の機能が正しく設計し、設計したとおりに実装され機能すること。

CCはこれら(1)(2)を評価するための基準である。

図10.2は、情報システムの開発プロセスの一例を示したものである。また、それぞれの段階で、通常、生成されると考えられるドキュメント類の例も合わせて示している[6]。CCでは、図10.2に示すプロセスに対して、上記(1)の十分性、(2)の正確性を、次の考え方により評価する。

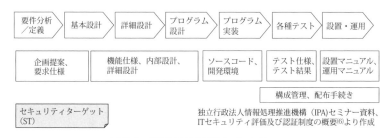

図10.2　情報システム開発のプロセス

(a)　セキュリティ対策の十分性の評価

CCでは、図10.2の要求分析の段階で、図に示すようにST（Security Target、セキュリティターゲット）と呼ばれるドキュメントを作成することが要求される。STは、対象となるシステムが実現すべきセキュリティ機能要件を、その機能要件がなぜ必要であるかの根拠（脅威と対策方針、対策方針を達成する機能の分析など）と合わせて示すドキュメントであり、セキュリティに関する要求分析と基本設計に相当する内容のドキュメントと言う事ができる。

このSTに記載されている内容が信頼でき内部的に一貫していることを評価することにより、上記(1)で示したセキュリティ対策の十分性が達成されていることを確認する。

第 10 章　CC（ISO/IEC 15408）と情報システムセキュリティ対策の設計・実装

(b)　セキュリティ対策の正確性の評価

　STにより定義されたセキュリティ機能要件は、その先の設計から、テスト、設置・運用／保守にわたるプロセスにおいて、正確に実装され運用されなければならない。このような正確性を阻害する、すなわち、脅威に対する脆弱性が作りこまれてしまう要因としては、例えば、次のような事項が考えられる。
- 不正確な設計
- 開発段階での不慮の誤り
- 開発段階での悪意のあるコードの意図的な組込み
- 不十分なテスト
- マニュアル等の不備による誤った設定や運用

　CCでは、図10.2に示す各プロセスに対し、以下の評価を行うことにより、上記(2)で示したセキュリティ対策の正確性が達成されていることを確認する[6]。

- 機能仕様、内部設計、詳細設計
  実際の設計書等を基にセキュリティ機能が適切に設計されていることを検査
- ソースコード、開発環境
  必要な場合はソースコードレベルでの検査や開発環境・製造工場の現地視察
- テスト仕様、テスト結果
  実機による仕様および脆弱性のテスト
- 設置マニュアル、運用マニュアル
  誤使用や誤解を招く不明確な記述がないことを検査
- 構成管理、配付手続き
  配送中に改ざんなどが起こらないか配送手段の検査

　以上示したように、情報システムのセキュリティ対策設計・実装のためには、上記(1)のセキュリティ対策の十分性、(2)のセキュリティ対策の正確性を実現することが重要である。CCは、対象となる情報システムにおいてこれらセキュリティ対策の十分性、正確性が達成されていることを評価するための基準を示したものであるが、この内容は、システムを開発する側にとっても有益な内容であると言える。すなわち、システムの開発にあたって、CCで示される基準を満足するように設計・実装を進めることにより、情報システムにおいて十分性、正確性を満足したセキュリティ対策を達成することが可能となる。

　以下、本章では、10.2節でCCの概要について示し、十分性評価についての

CCでの考え方を10.3節で、正確性評価についてのCCでの考え方を10.4節で、それぞれ示す。また、10.5節でCC策定の歴史と国内のCCに基づく認証制度であるITセキュリティ評価及び認証制度（JISEC）[7]について示し、最後の10.6節で、関連する情報セキュリティ認証制度として、暗号モジュール試験及び認証制度（JCMVP）[8]について紹介する。

10.2　CCの概要

(1)　CCの構成

CCは、三つのパートから構成されている。Part1は「概説と一般モデル」というタイトルがつけられており、CCの概要について記載したイントロダクションといえる内容である。CCの本体は、次に示すPart2とPart3である。

Part2は「セキュリティ機能コンポーネント」というタイトルが付けられており、システムや製品が満足すべきセキュリティ機能が機能コンポーネントとして11の分類に分けて記載されている（表10.1）。対象となるシステムや製品が対処しなければならないセキュリティ上の脅威に対して、このセキュリティ機能コンポーネントの中から必要な項目を選択するというように使われる。CC Part2は、システムや製品が満足すべき機能要件のカタログであるととらえる事ができる。

一方、Part3は「セキュリティ保証コンポーネント」というタイトルが付けられており、Part2のセキュリティ機能コンポーネントから選択された機能要件が正しくシステムや製品に実装されていることを保証するために確認すべき項目が保証コンポーネントとして記載されている（表10.2）。CC Part3では、システムや製品が、これらセキュリティ保証コンポーネントのどこまでを満足するかによって、七つの評価保証レベル（EAL：Evaluation Assurance Level）が規定されている。表10.3に、CC Part3で説明されているEALの各レベル内容の抜粋を示す。

ここで、評価保証レベル（EAL）のランクは、実装されるセキュリティ機能が機能的に高度なものであることを示すランクではなく、対象となるシステムや製品で要求されるセキュリティ機能、すなわち、STで定義されている機能要件がどれだけ確実に実装されているかを示すランクであることに注意が必要である。つまり、EALのランクが高いものが、提供するセキュリティ機能が高度なものであるというわけではない。

CCでは、表10.1の注釈で示したように、評価の対象となるシステムをTOE（Target of Evaluation）と呼ぶ。また、10.1節で示したように、開発するTOEに

第10章 CC（ISO/IEC 15408）と情報システムセキュリティ対策の設計・実装

表10.1 セキュリティ機能コンポーネント
（CC バージョン3.1 リリース5、パート2[4]より作成）

	クラス（略号）	概要
1	セキュリティ監査（FAU）	セキュリティ関連のアクティビティに関する情報の認識、記録、格納、分析に関するコンポーネント。監査結果記録は、どのようなセキュリティ関連のアクティビティが実施されているか、及び誰がそのアクティビティに責任があるかを限定するために検査され得るものであること。
2	通信（FCO）	送信情報の発信者の識別情報の保証（発信の証明）及び、送信情報の受信者の識別情報の保証（受信の証明）に関するコンポーネント。発信者がメッセージを送ったことを否定できないこと、また受信者がメッセージを受け取ったことを否定できないことを保証する。
3	暗号サポート（FCS）	TOE[*1]での暗号機能の実装に関するコンポーネント。暗号鍵の管理、暗号鍵の運用上の使用に関する要件を示す。
4	利用者データ保護（FDP）	利用者データの保護に関するコンポーネント。利用者データ保護におけるセキュリティ機能方針、利用者データ保護の形態、オフライン格納、インポート及びエクスポート、TSF[*2]間通信に関する要件を示す。
5	識別と認証（FIA）	請求された利用者の識別情報を確立し検証するための機能に関するコンポーネント。利用者の識別情報の判定と検証、TOE とやり取りするための利用者の権限の判定、及び各々の許可利用者に対するセキュリティ属性の正しい関連付けを取り扱う。
6	セキュリティ管理（FMT）	TSF のいくつかの側面（セキュリティ属性、TSF データと機能）の管理を特定することを意図したコンポーネント。実施権限の分離のような、異なる管理の役割とこれらの相互の影響を特定することを可能とする。
7	プライバシー（FPR）	他の利用者による識別情報の露見と悪用から利用者を保護することに関するコンポーネント。
8	TSF[*2]の保護（FPT）	TSF を構成するメカニズムの完全性及び管理、TSF データの完全性に関するコンポーネント。
9	資源利用（FRU）	処理能力及び／または格納容量など、必要な資源の可用性のサポートに関するコンポーネント。
10	TOE[*1]アクセス（FTA）	利用者セッションの確立を制御する機能に関するコンポーネント。
11	高信頼パス／チャネル（FTP）	利用者と TSF 間の高信頼通信パス、及び TSF と他の高信頼 IT 製品間の高信頼通信チャネルに関するコンポーネント。

*1 TOE ：Target of Evaluation（評価対象）
*2 TSF ：TOE Security Functionality（TOE セキュリティ機能）

対するセキュリティ基本設計に相当するドキュメントをセキュリティターゲット(ST)と呼ぶ。

このSTの作成を容易にすることを目的として、プロテクションプロファイル（PP）と呼ばれる、STのテンプレートという位置付けのものがCCでは規定されている。例えばDBMSのPP、ファイアウォールのPP、というように特定の製品に依存しない製品種別レベルでの内容をSTのテンプレートとして提供するものである。

第 10 章　CC（ISO/IEC 15408）と情報システムセキュリティ対策の設計・実装

表10.2　セキュリティ保証コンポーネント
（CCバージョン3.1 リリース5、パート3[4]より作成）

	クラス（略号）	概要
1	プロテクションプロファイル（PP）評価（APE）	PPが信頼でき内部的に一貫していること、及びPPが一つまたは複数のPPに基づいている場合に、それらをPPが正しく具体化していることを保証するための要件。
2	プロテクションプロファイル構成評価（ACE）	PP構成が信頼でき一貫していることを保証するための要件。PP構成が、ST、他のPPまたはPP構成を記述するための基礎として使用するのに適していることが求められる。
3	セキュリティターゲット（ST）評価（ASE）	STが信頼でき内部的に一貫していること、及びSTが一つまたは複数のPPに基づいている場合に、それらをSTが正しく具体化していることを保証するための要件。
4	開発（ADV）	セキュリティの仕様が、プログラムのモジュール構成やソースコードに正しく反映されていることを保証するための要件。
5	ガイダンス文書（AGD）	すべての利用者の役割に対するガイダンス証拠資料に関する要件。
6	ライフサイクルサポート（ALC）	TOEを改良するプロセスに統制と管理を確立するための要件。
7	テスト（ATE）	TSFが記述（機能仕様、TOE設計、及び実装表現）に従ってふるまうことの保証するための要件。
8	脆弱性評定（AVA）	TOEの開発または運用で生じる悪用可能な脆弱性の可能性を扱うための要件。
9	統合（ACO）	統合TOEが、すでに評価されたソフトウェア、ファームウェア、またはハードウェアコンポーネントが提供するセキュリティ機能性に依存する場合にセキュアに動作するという信頼を提供するために策定された保証要件。

表10.1で示したCC Part2のセキュリティ機能コンポーネント、表10.2で示したセキュリティ保証コンポーネントと、これらPP、STとの関係を図10.3に示す。

(2)　CCに関連する規格(CEM)

ITセキュリティ評価及び認証制度では、第3者機関の評価者がCCという基準に基づいてTOE(評価対象)を評価することになる。この際に、評価者によって評価結果がぶれないようにするためのガイドラインとして、評価者が実施する最低限のアクションが記述されたドキュメントがCEM (Common Methodology for Information Technology Security)[9][10]と呼ばれるものであり、現在のバージョンは、CCと同じく2017年4月に発行されたv3.1 リリース5である(CCと同じバージョン)。CEMはCCと対を成す文書ということができる。CCがISO/IEC 15408としてISO化されているのと同様に、CEMもISO/IEC 18045[11]としてISO化されている。

CEMには、評価者が作成するアウトプット(所見報告および評価報告)の構

第10章　CC（ISO/IEC 15408）と情報システムセキュリティ対策の設計・実装

表10.3　評価保証レベル（EAL）
（CC バージョン3.1 リリース5、パート3[4]より作成）

評価保証レベル	評価保証の目的
EAL1 （機能テスト）	正しい運用についてある程度の信頼が要求されるが、セキュリティへの脅威が重大とみなされない場合に適用される。個人情報または同様の情報の保護に関して当然の配慮がなされているとの論旨をサポートするために、独立の保証が要求されるところで価値がある。EAL1 評価は、TOE の開発者の支援を受けずに、最小の費用で実施できるように意図されている。
EAL2 （構造テスト）	設計情報とテスト結果の提供に関して開発者の協力を必要とする。開発者または利用者が完全な開発記録を簡単に使用できない場合に、低レベルから中レベルの独立に保証されたセキュリティを必要とする環境に適用できる。そのような状況は、レガシーシステムの安全性を高めるとき、または開発者へのアクセスが制限されるところで生じる。
EAL3 （方式テスト、及びチェック）	良心的な開発者が、既存の適切な開発方法を大幅に変更することなく、設計段階で有効なセキュリティエンジニアリングから最大の保証を得られるようにする。開発者または利用者が、中レベルで独立して保証されたセキュリティを必要とし、大幅なリエンジニアリングを行わずに TOE とその開発の完全な調査を必要とする状況で適用される。
EAL4 （方式設計、テスト、及びレビュー）	厳格ではあるが、多大な専門知識、スキル、及びその他の資源を必要としない正常な商業的開発習慣に基づいて、有効なセキュリティエンジニアリングから最大の保証を開発者が得られるようにする。EAL4 は、既存の製品ラインへのレトロフィットが経済的に実現可能であると思われる最上位レベルである。
EAL5 （準形式的設計、及びテスト）	専門的なセキュリティエンジニアリング技法を中程度に適用することによりサポートされる厳格な商業的開発習慣に基づいて、セキュリティエンジニアリングから最大の保証を開発者が得られるようにする。開発者または利用者が計画された開発において独立して保証される高レベルのセキュリティを必要とし、専門的なセキュリティエンジニアリング技法による非合理的なコストを負担することのない厳格な開発アプローチを必要とする状況で適用される。
EAL6 （準形式的検証済み設計、及びテスト）	重大なリスクに対して価値の高い資産を保護するためのプレミアム TOE を作り出すために、セキュリティエンジニアリング技法の厳格な開発環境への適用から、高い保証を開発者が得られるようにする。保護される資産の価値が追加コストを正当化するリスクの高い状況で適用するセキュリティ TOE の開発に適用される。
EAL7 （形式的検証済み設計、及びテスト）	リスクが非常に高い状況及び／または資産の高い価値によってさらに高いコストが正当化されるところで適用するセキュリティ TOE の開発に適用される。現在、EAL7 の実際的な適用は、広範な形式的分析に従うセキュリティ機能性が強く重要視されている TOE に限られる。

EAL：Evaluation Assurance Level

成要素や、保証クラスによって構成される評価アクティビティの記述に加え、附属書として、評価結果の技術的証拠を提供するために使用する基本評価技法（附属書A）、脆弱性分析基準の説明及びその適用の例（附属書B）が記載されている。なお、CEMでは、まだ一般的に同意されたガイダンスが存在しないような、CCの高い保証コンポーネントのための評価者のアクションは定義されていない。

第10章 CC（ISO/IEC 15408）と情報システムセキュリティ対策の設計・実装

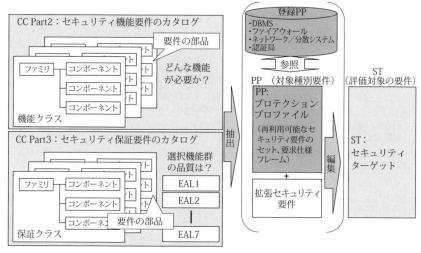

図10.3　CC Part 2、Part 3とPP、STとの関係

10.3　情報システムのセキュリティ基本設計

10.3.1　セキュリティ基本設計の進め方

10.1節で示したように、セキュリティ対策の十分性を確保するためには、開発プロセスの要求分析段階でセキュリティ対策の基本設計を確実に実施することが重要である。CCでは、この作業はセキュリティターゲット（ST）を作成することにより実施する。ここでは、セキュリティターゲットの論理的な構成と各項目での考え方を紹介することにより、セキュリティ基本設計の進め方について示す。

表10.4にSTで記述される項目を示す。表10.4で示す項目の中で、STの作成、すなわち、セキュリティ基本設計を進める上で重要な項目である、ST概説の中のTOE概要及びTOE記述、セキュリティ課題定義、セキュリティ対策方針、セキュリティ要件、それぞれの内容について、以下に説明する

(1) ST概説（TOE概要、TOE記述）

ST概説の中では、次に示すTOE概要とTOE記述により、TOE、すなわち、開発するシステムにおいて実装するセキュリティ対策の対象となる範囲を明確に規定する。

(a) TOE概要

TOE概要では以下の項目を記述する。

第10章 CC（ISO/IEC 15408）と情報システムセキュリティ対策の設計・実装

表10.4　STの項目
（CC バージョン3.1 リリース5、パート1[(4)]より作成）

	項目	概要
1	ST概説	・ST及びSTが参照するTOEを識別するための資料を提供するST参照及びTOE参照。 ・TOEの概要と詳細な記述を提供するTOE概要、TOE記述
2	適合主張	CCへの適合、PPへの適合（存在する場合）、パッケージへの適合（存在する場合）、の主張とその適合根拠の記述
3	セキュリティ課題定義	脅威、組織のセキュリティ方針、前提条件、についての記述
4	セキュリティ対策方針	TOEのセキュリティ対策方針、運用環境のセキュリティ対策方針、セキュリティ対策方針根拠、についての記述
5	拡張コンポーネント定義	CC Part2、CC Part3で示されているコンポーネント以外のコンポーネント（拡張コンポーネント）を採用する場合の、そのコンポーネントの定義
6	セキュリティ要件	セキュリティ機能要件、セキュリティ保証要件、セキュリティ要件根拠、についての記述
7	TOE要約仕様	TOEが、上記6で選択されたセキュリティ機能要件をどのように満足するかを、CCの言葉ではなく、TOEの潜在的な消費者が理解できる言葉で記述

・TOEの使用及び主要なセキュリティ機能の特徴

　TOEがどのような用途で用いられるもので、どのようなセキュリティ機能を提供するものかを、利用者が理解できる言葉で記述

・TOE種別

　TOEがどのような種別に属するものであるか（例えば、ファイアウォール、スマートカード、データベース、Webサーバ等の一般的な種別）を示す

・必要なTOE以外のハードウェア／ソフトウェア／ファームウェア

　例えば、TOEがソフトウェアの場合は、そのソフトが動作するOSやサーバ環境などの、TOEが動作するために必要となるTOE以外のハードウェア／ソフトウェア／ファームウェアを記述

(b)　TOE記述

　TOE記述では、次の観点からTOEの範囲をより詳細に記述する。

・物理的な範囲

　TOEを構成するすべてのハードウェア、ファームウェア、ソフトウェアのリストを記述。リストの各項目については、STの読者に包括的な理解を与えられるように、十分に詳細なレベルで記述する。

・論理的な範囲

　TOEが提供する論理的なセキュリティ機能を記述。STの読者に包括的

第10章　CC（ISO/IEC 15408）と情報システムセキュリティ対策の設計・実装

な理解を与えられるように、十分に詳細なレベルで記述する。

(2) セキュリティ課題定義

TOEにおいて実現すべきセキュリティ対策を導出するための基本となる部分である。すなわち、ここで規定されるセキュリティ上の課題を解決するための対策として、以降のセキュリティ対策方針、セキュリティ要件を決定してゆくことになる。STでは、セキュリティ課題として次の3項目を定義する。

(a) 脅威

脅威は、次の三つの観点から検討し、どのような脅威が存在しうるかを分析し抽出する。セキュリティ対策はこれら脅威に対抗できるものでなければならない。

- 資産

 TOEが保護しなければならないエンティティであり、例えば、コンピュータが保持する情報の機密性や完全性、コンピュータ処理の可用性などが例として挙げられる。

- 脅威エージェント

 資産に有害な影響を与える可能性のあるエンティティであり、例えば、ハッカー、利用者、TOE開発従事者、などが例として挙げられる。

- 脅威エージェントの有害なアクション

 脅威エージェントが資産に対して行うアクションであり、例えば、なりすまし、盗聴、不正アクセスなどが例として挙げられる。

(b) 組織のセキュリティ方針

TOEが運用される環境を管理する組織において決められているセキュリティ上の規則やガイドラインなどの、組織としてのセキュリティ方針は、TOEにおいても守られなければならない。すなわち、セキュリティ対策は、これら組織のセキュリティ方針を満足するものでなければならない。

(c) 前提条件

TOEの運用環境において、TOEがセキュリティ対策を実行する上で前提となる条件は、抜け漏れなく明確に定義されていることが必要である。万一、これら前提条件が満足されていない環境でTOEが運用された場合は、意図したセキュリティ対策が達成されない可能性がある。前提条件は、主に次の側面から検討することになる。

- 運用環境の物理的側面に関する前提条件：

 例えば、TOEは入退室管理がなされているサーバ室に設置される、などの条件。

- 運用環境の人的側面に関する前提条件：
  例えば、TOE運用者は十分な訓練を受けている、などの条件。
- 運用環境の接続の側面に関する前提条件：
  例えば、TOEは信頼できるネットワークに接続される、などの条件。

(3) セキュリティ対策方針

上記(2)で定義したセキュリティ課題を解決するためのセキュリティ対策の方針を立てる部分である。ここで、セキュリティ対策方針とは、実現するセキュリティ機能の内容、言葉を変えて言うと、課題を解決するために達成すべきセキュリティ上の目標を、TOEの利用者が理解できる言葉で、簡潔、かつ、明確に定義したものである。

セキュリティ対策方針は、次に示すように、TOE自体で実現する対策方針、TOEではなくTOEの運用環境で実現する対策方針、という二つの側面から策定する。

(a) TOEのセキュリティ対策方針

セキュリティ課題定義で定義された課題を解決するためにTOEが達成すべき目標を記述する。セキュリティ課題定義で示された「脅威」に対抗するための機能、「組織のセキュリティ対策方針」を満足するための機能が記述されることになる。

なお、TOEのセキュリティ対策方針で、「脅威」及び「組織のセキュリティ対策方針」の全てを解決する必要は、必ずしも無い。TOEだけでは解決できないものや、TOEで解決するためのコストの問題などを考慮し、次の(b)で示す運用環境の対策方針との適切な組み合わせにより、セキュリティ課題を解決することが重要である。

(b) 運用環境のセキュリティ対策方針

セキュリティ課題定義で定義された課題を解決するためにTOEの運用環境で達成すべき目標を記述する。セキュリティ課題定義の「脅威」「組織のセキュリティ方針」に対して運用環境で実現すべき項目、また、「前提条件」を満足するために運用環境で実現しなければならない内容を記述する。

なお、上記(a)(b)の両方を達成することにより、(2)のセキュリティ課題が全て解決されることも検証されなければならない。これは、セキュリティ対策方針根拠として記述する。具体的には、次の2点を示すことが必要である(図10.4参照)。

- 「TOEのセキュリティ対策方針」と「運用環境のセキュリティ対策方針」により、セキュリティ課題定義で定義された全ての「脅威」に対抗でき、

第10章　CC（ISO/IEC 15408）と情報システムセキュリティ対策の設計・実装

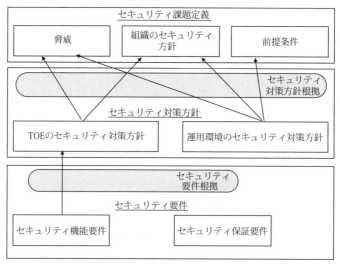

図10.4　ST項目間の追跡（根拠）

全ての「組織のセキュリティ方針」が満足されていること。
- 「運用環境のセキュリティ対策方針」により、セキュリティ課題定義で定義された全ての「前提条件」が満足されていること。

(4) セキュリティ要件
　(a) セキュリティ機能要件

　セキュリティ機能要件は、(3)で策定した「TOEでのセキュリティ対策方針」をCCの言葉で定義しなおしたものである。ここでCCの言葉とは、具体的には、CC Part2で示されるセキュリティ機能コンポーネントである。CCでは、一般の言葉で自由記述される対策方針を、CCで定義する機能コンポーネントという標準言語で定義しなおす事により、TOEのセキュリティ機能をより正確に記述することを目的としている。これにより例えば、複数人でSTを作成する場合に異なる作成者間での記述レベルを共通化することが可能となる。

　なお、CCはTOEの評価を目的としたものであることより、「運用環境のセキュリティ対策方針」に対しての標準言語への書き換えは要求されていない。ただし、CCでは評価されないが、実際のシステムでは「運用環境のセキュリティ対策方針」が運用環境で守られることが保証されていなければならない。

また、セキュリティ機能要件に対しては、「TOEのセキュリティ対策方針」の各項目と、ここで定義される「セキュリティ機能要件」の各項目とが適切に対応していることをセキュリティ要件根拠として示すことが必要である（図10.4参照）。ここで適切に対応しているとは、次の2項目が達成されていることを意味する。

- 全ての「TOEのセキュリティ対策方針」が、少なくとも一つの「セキュリティ機能要件」により対応されていること。
- 「TOEのセキュリティ対策方針」に対応づかない「セキュリティ機能要件」が存在しないこと。

(b) セキュリティ保証要件

セキュリティ要件では、TOEがセキュリティ機能要件を満足するという保証を得るための方法についても記述する。具体的には、CC Part3で示されるセキュリティ保証コンポーネントのセットとして記述する。なお、セキュリティ保証要件としては、CC Part3で保証コンポーネントのセットとして定義されている評価保証レベル（EAL）を用いるのが通常である。また、セキュリティ保証要件に対しても、なぜ、この保証要件のセットを選択したかを示すセキュリティ要件根拠を記述する。

10.3.2　CC Part2の構成（セキュリティ機能コンポーネント）

CC Part2「セキュリティ機能コンポーネント」は、TOEのセキュリティ対策方針を実現するためのセキュリティ機能要件のカタログという位置付けのものである。

CC Part2で示される機能要件のカタログは、図10.5に示すように、クラス、ファミリ、コンポーネントという階層化された構造を持っている。なお、図10.5には示されていないが、コンポーネントはエレメントと呼ばれる複数の

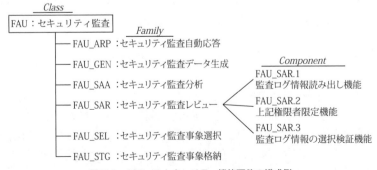

図10.5　CC Part2 セキュリティ機能要件の構成例

第10章 CC（ISO/IEC 15408）と情報システムセキュリティ対策の設計・実装

最小の項目から構成されている。一つのコンポーネントに定義されているエレメントは、そのコンポーネントを選択した場合は全て選択しなければならないものである。

10.2節で示した表10.1は、CC Part2で規定されているクラスの一覧を示したものである。また、これらクラスが、どのようなファミリから構成されているかの一覧を表10.5に示す。

表10.5　CC Part2のクラスとファミリー覧

クラス	ファミリ
FAU：セキュリティ監査	FAU_ARP：セキュリティ監査自動応答
	FAU_GEN：セキュリティ監査データ生成
	FAU_SAA：セキュリティ監査分析
	FAU_SAR：セキュリティ監査レビュー
	FAU_SEL：セキュリティ監査事象選択
	FAU_STG：セキュリティ監査事象格納
FCO：通信	FCO_NRO：発信の否認不可
	FCO_NRR：受信の否認不可
FCS：暗号サポート	FCS_CKM：暗号鍵管理
	FCS_COP：暗号操作
FDP：利用者データ保護	FDP_ACC：アクセス制御方針
	FDP_ACF：アクセス制御機能
	FDP_DAU：データ認証
	FDP_ETC：TOEからのエクスポート
	FDP_IFC：情報フロー制御方針
	FDP_IFF：情報制御フロー機能
	FDP_ITC：TOE外からのインポート
	FDP_ITT：TOE内転送
	FDP_RIP：残存情報保護
	FDP_ROL：ロールバック
	FDP_SDI：蓄積データ完全性
	FDP_UCT：TSF間利用者データ機密転送保護
	FDP_UIT：TSF間利用者データ完全性転送保護
FIA：識別と認証	FIA_AFL：認証失敗
	FIA_ATD：利用者属性定義
	FIA_SOS：秘密についての仕様
	FIA_UAU：利用者認証
	FIA_UID：利用者識別
	FIA_USB：利用者-サブジェクト結合

第10章　CC（ISO/IEC 15408）と情報システムセキュリティ対策の設計・実装

FMT：セキュリティ管理	FMT_MOF：TSFにおける機能の管理	
	FMT_MSA：セキュリティ属性の管理	
	FMT_MTD：TSFデータの管理	
	FMT_REV：取消し	
	FMT_SAE：セキュリティ属性有効期限	
	FMT_SMF：管理機能の特定	
	FMT_SMR：セキュリティ管理役割	
FPR：プライバシー	FPR_ANO：匿名性	
	FPR_PSE：偽名性	
	FPR_UNL：リンク不能性	
	FPR_UNO：観察不能性	
FPT：TSFの保護	FPT_FLS：フェールセキュア	
	FPT_ITA：エクスポートされたTSFデータの可用性	
	FPT_ITC：エクスポートされたTSFデータの機密性	
	FPT_ITI：エクスポートされたTSFデータの完全性	
	FPT_ITT：TOE内TSFデータ転送	
	FPT_PHP：TSF物理的保護	
	FPT_RCV：高信頼回復	
	FPT_RPL：リプレイ検出	
	FPT_SSP：状態同期プロトコル	
	FPT_STM：タイムスタンプ	
	FPT_TDC：TSF間TSFデータ一貫性	
	FPT_TEE：外部エンティティのテスト	
	FPT_TRC：TOE内TSFデータ複製一貫性	
	FPT_TST：TSF自己テスト	
FRU：資源利用	FRU_FLT：耐障害性	
	FRU_PRS：サービス優先度	
	FRU_RSA：資源割当て	
FTA：TOEアクセス	FTA_LSA：選択可能属性の範囲制限	
	FTA_MCS：複数同時セッションの制限	
	FTA_SSL：セションロックと終了	
	FTA_TAB：TOEアクセスバナー	
	FTA_TAH：TOEアクセス履歴	
	FTA_TSE：TOEセション確立	
FTP：高信頼パス/チャネル	FTP_ITC：TSF間高信頼チャネル	
	FTP_TRP：高信頼パス	

第10章　CC（ISO/IEC 15408）と情報システムセキュリティ対策の設計・実装

セキュリティ機能コンポーネントは、次に示すように構造化された構成となっている。

(1) ファミリ内コンポーネント間の階層構造

ファミリ内のコンポーネント間には図10.6に示すように階層構造が定義されている。図10.6のファミリ1では、コンポーネント1の上位コンポーネントが2で、コンポーネント2の上位コンポーネントが3であることを示している。ここで、上位コンポーネントであるとは、下位コンポーネントの機能を包含しているということを意味する。つまり、コンポーネント2は、コンポーネント1の機能を包含し、さらに要件が追加されている、また、コンポーネント3は、コンポーネント2の機能（当然コンポーネント1の機能も）を包含しさらに要件が追加されている、ということを示している。従って、ファミリ1の場合は、要求されるセキュリティ機能のレベルに応じて、コンポーネント1、2、3のいずれかを選択するということになる。

また、ファミリ2の場合は、コンポーネント2と3は階層関係にあるが、コンポーネント1と、コンポーネント2及び3とは並列の関係であり階層関係はないことを示している。つまり、コンポーネント3は、コンポーネント2を包含するが、コンポーネント1とコンポーネント2、コンポーネント1とコンポーネント3との間には包含関係はないということを示している。

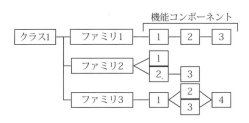

図10.6　機能コンポーネント間の階層構造

(2) コンポーネント間の依存構造

機能要件で示されるコンポーネントは、自己完結型ではなく、適切に機能するためには他クラスのコンポーネントの機能が必要である場合がある。このように他クラスのコンポーネントに依存する場合には、どのコンポーネントに依存するかが、コンポーネントの記述の中で「依存性」として明示される。例えば、「クラスFAU（セキュリティ監査）」の「ファミリFAU_GEN（セキュリティ監査データ生成）」においては、

第10章　CC（ISO/IEC 15408）と情報システムセキュリティ対策の設計・実装

　　コンポーネントFAU_GEN.1(監査データ生成)
　　依存性：FPT_STM.1　高信頼タイムスタンプ
　というように記述されている。すなわち、FAU_GEN.1（監査データ生成）のコンポーネントを選択する場合は、クラスFPT（TSFの保護）のコンポーネントであるFPT_STM.1（高信頼タイムスタンプ）も合わせて選択しなければならないことを示している。

10.4　情報システムのセキュリティ実装における要件

　CCでは、セキュリティ対策の正確性、すなわち、10.3節で示したSTの内容がTOEに正確に実装されていることの評価は、TOEに対して行う。この評価の際に、TOEにおいて何が満足されていなければならないかを規定しているものが、CC Part3の「セキュリティ保証コンポーネント」である。本節では、このPart3で示されている要件を紹介することにより、情報システムや製品に対して必要とされるセキュリティ機能を正確、確実に実装するために考慮すべき事項について示す。

10.4.1　CC Part3の構成（セキュリティ保証コンポーネント）

　CC Part3「セキュリティ保証コンポーネント」は、TOEにセキュリティ機能要件が正確に実装されているという保証を得るためのセキュリティ保証要件のカタログという位置付けのものである。CC Part3は、Part 2と同じく、クラス、ファミリ、コンポーネントという構成となっている。また、機能コンポーネントと同様に、保証コンポーネントの間にも依存関係が存在する。

　また、各コンポーネントにおいて具体的に実施する評価作業項目がセットとして定義されている。これら評価作業項目をエレメントと呼ぶ。エレメントは、その内容に応じて次の3種類に区分されている。

- 開発者アクションエレメント：開発者が行わなければならない作業を示すエレメント
- 証拠の内容・提示エレメント：提示されなければならない証拠を示すエレメント
- 評価者アクションエレメント：評価者が行わなければならない作業を示すエレメント

10.4.2　セキュリティ対策の実装における要件

　セキュリティ対策のTOEでの実装の正確性を評価するためには、10.2節で示した表10.2の項番4～8に該当するセキュリティ保証コンポーネントの各クラスに対して、次のファミリで規定される要件を満足していることが必要となる。

(1) ADVクラス(開発)

セキュリティの仕様が、プログラムのモジュール構成やソースコードに正しく反映されていることを保証するための要件であり、次に示す六つのファミリから構成される。

■セキュリティ機能要件(SFR)の設計及び実装の(様々な抽象レベルでの)記述に関する要件
  ・機能仕様(ADV_FSP)
  ・TOE設計(ADV_TDS)
  ・実装表現(ADV_IMP)
■ドメイン分離、TOEセキュリティ機能(TSF)の自己保護、及びセキュリティ機能性の非バイパス性というアーキテクチャ指向の特徴の記述に関する要件
  ・セキュリティアーキテクチャ (ADV_ARC)
■セキュリティ方針モデルに関する要件、及びセキュリティ方針モデルと機能仕様の間の対応付けに関する要件
  ・セキュリティ方針モデル化(ADV_SPM)
■モジュール化、階層化、複雑さの最小化などの側面に対応するTOEセキュリティ機能(TSF)の内部構造に関する要件
  ・TSF内部構造(ADV_INT)

また、CCでは、TOEセキュリティ機能(TSF)の実装については、次に示す二つの特性の実証が必要とされており、上記六つのファミリはこれら実証をサポートするように構成されている。

(a) セキュリティ機能が仕様どおりに正しく動作すること：
　機能仕様(ADV_FSP)、TOE設計(ADV_TDS)、実装表現(ADV_IMP)、セキュリティ方針モデル化(ADV_SPM)のファミリがこの実証を扱う。

(b) セキュリティ機能が破壊またはバイパスされかねない方法ではTOEを使用できないようになっていること：
　セキュリティアーキテクチャ (ADV_ARC)、TSF内部構造 (ADV_INT) のファミリがこの実証を扱う。

　なお、この評価で得られる知識は、TOEに対する脆弱性分析とテストを実施するための基礎として使用される。

(2) AGDクラス(ガイダンス文書)

管理者および利用者向けのマニュアルやガイドラインの記述内容に関する要件であり、次に示す二つのファミリから構成される。

第10章 CC（ISO/IEC 15408）と情報システムセキュリティ対策の設計・実装

- 利用者操作ガイダンス（AGD_OPE）
  TOEの操作中に行うべきことのガイダンスに対する要件
- 準備手続き（AGD_PRE）
  配付されたTOEを、その運用環境においてSTで記述されたとおりの構成を実現するために行うべきことのガイダンスに対する要件
  このクラスは、すべての利用者の役割に対するガイダンス文書に関する要件を示すものである。TOEをセキュアに準備して操作するために、TOEのセキュアな取り扱いに関連するすべての側面を記述することに加えて、TOEの間違った構成や取り扱いについての可能性についても考慮されている。

(3) ALCクラス（ライフサイクルサポート）
開発から保守に至るまでの各工程で必要なセキュリティ手段に関する要件であり、次に示す七つのファミリから構成される。
- 構成管理（CM）能力（ALC_CMC）
  TOE構成要素を管理する能力に関する要件
- 構成管理（CM）範囲（ALC_CMS）
  構成要素の最小限のセットが、規定された方法で管理されることに関する要件
- 配付（ALC_DEL）
  TOEの利用者への配付のための手続きに関する要件
- 開発セキュリティ（ALC_DVS）
  開発環境で使用される、物理的、手続き的、人的、その他セキュリティ手段に関する要件
- 欠陥修正（ALC_FLR）
  発見されたセキュリティ上の欠陥の取り扱いに関する要件
- ライフサイクル定義（ALC_LCD）
  TOEの、上位レベルでのライフサイクルモデルの確立に関する要件。ライフサイクルモデルは、TOEを開発及び保守するために使用される手順、ツール及び技法を含む。
- ツールと技法（ALC_TAT）
  TOEの開発、分析、及び実装に使用されるツールの選択に関する要件。TOEの開発時に不明確な、一貫性がない、もしくは不正確な開発ツールが使用されるのを防止する要件を含む。
  このクラスは、TOEの開発及び保守中に、TOEを改良するプロセスに統制

第 10 章　CC（ISO/IEC 15408）と情報システムセキュリティ対策の設計・実装

と管理を確立するための要件である。セキュリティ分析と証拠の作成が、開発と保守のプロセスにおいて標準的に行われるならば、TOE のセキュリティ要件と TOE との対応の信頼度はより大きくなるという考え方に基づいている。

(4)　ATE クラス(テスト)

セキュリティ機能が正しく実現されていることをテストによって確認するための要件であり、次に示す四つのファミリから構成される。

- カバレージ(ATE_COV)

開発者が実施した TOE セキュリティ機能(TSF)の機能仕様のテストに対する厳格性に関する要件

- 深さ(ATE_DPT)

機能仕様以外の設計記述(セキュリティアーキテクチャ、TOE 設計、実装表現)に対するテストの必要性に関する要件

- 機能テスト(ATE_FUN)

開発者によるテストの実行手順、及びその証拠資料に関する要件

- 独立テスト(ATE_IND)

評価者が実施するテストに関する要件。評価者が開発者テストの一部、または全てを繰り返すべきであるか、評価者がどの程度の独立テストを実行するべきかを扱う。

このクラスでは、TOE セキュリティ機能(TSF)がその設計記述(機能仕様、TOE 設計、実装表現)に従って動作することの確認に重点がおかれている。

(5)　AVA クラス(脆弱性評定)

TOE の開発及び運用における様々な脆弱性をカバーする次の一つのファミリから構成される。

- 脆弱性分析(AVA_VAN)

TOE の開発及び予期される運用の評価を通して、または他の方法によって識別される潜在的脆弱性が、攻撃者によるセキュリティ機能要件の侵害を許すかどうかを決定するための要件

このクラスは、TOE の開発または運用で生じる悪用可能な脆弱性の可能性を扱うものであり、評価者はこのファミリの要件に基づき次のような脆弱性を調査する。

- 開発上の脆弱性

TOE の開発中に入り込み悪用される可能性のある、次に示すような特性。

－TOE セキュリティ機能(TSF)の改ざん

第10章　CC（ISO/IEC 15408）と情報システムセキュリティ対策の設計・実装

　　　―直接攻撃または監視によりTSF自己保護が破られる脆弱性
　　　―TSFの監視または直接攻撃によりTSFドメイン分離が破られる脆弱性
　　　―TSFの回避（バイパス）により非バイパス性が破られる脆弱性、など
　・運用上の脆弱性
　　TOEに求められるセキュリティ機能要件を侵害するために悪用される可能性のある、誤使用や不正な構成などの非技術的な弱点。ここで誤使用とは、セキュアでないにもかかわらずTOEの管理者または利用者が合理的にセキュアであると判断した方法で、TOEが構成または使用されてしまう可能性のことを示す。
　　10.3節で示したセキュリティ基本設計において選択したセキュリティ機能要件を情報システムへのセキュリティ対策として実装するにあたっては、以上示したセキュリティ保証コンポーネントで示されている内容について留意することが必要である。

10.4.3　評価保証レベル（EAL）と保証コンポーネントとの関係

　CCでは、STで定義されたセキュリティ機能要件が、対象となる情報システムや製品、すなわちTOEに正確に実装されていることを保証するレベルとして、表10.3で示した評価保証レベル（EAL）が規定されている。EALが高くなるほど、より厳密な評価がなされ、より信頼度の高い保証が得られるが、その分、開発者側、評価者側両方において評価にかかる負荷やコストが大きくなる。TOEで実行する業務や保持する情報の重要度、運用される環境、想定される脅威、開発にかけられるコストなどを考慮して、適切なEALを選択することが重要である。
　CCでは、表10.6に示すように、EALのレベルごとに、どの保証コンポーネントが満足されなければならないかのセットが、コンポーネント間の依存性も考慮して定められている。セキュリティ対策の実装においては、まず、開発する情報システムでのセキュリティ対策の実装保証のレベル（EAL）を決めて、そのレベルに対応するセキュリティ保証コンポーネントのセットを考慮して実装を行うことが望ましい。

10.5　CC策定の歴史と国内制度

10.5.1　CC策定の歴史

　図10.7にCCに関連する基準策定の歴史を示す。
　世界最初の情報セキュリティ評価基準TCSEC（通称、オレンジブックと呼ばれている）はアメリカで生まれ、軍事、政府分野の機密性やアクセス制御を重

第 10 章　CC（ISO/IEC 15408）と情報システムセキュリティ対策の設計・実装

表10.6　評価保証レベル（EAL）とセキュリティ保証コンポーネントとの対応

保証クラス	保証ファミリ	評価保証レベル別の保証コンポーネント						
		EAL1	EAL2	EAL3	EAL4	EAL5	EAL6	EAL7
開発	ADV_ARC		1	1	1	1	1	1
	ADV_FSP	1	2	3	4	5	5	6
	ADV_IMP				1	1	2	2
	ADV_INT					2	3	3
	ADV_SPM						1	1
	ADV_TDS		1	2	3	4	5	6
ガイダンス文書	AGD_OPE	1	1	1	1	1	1	1
	AGD_PRE	1	1	1	1	1	1	1
ライフサイクルサポート	ALC_CMC	1	2	3	4	4	5	5
	ALC_CMS	1	2	3	4	5	5	5
	ALC_DEL		1	1	1	1	1	1
	ALC_DVS			1	1	1	2	2
	ALC_FLR							
	ALC_LCD			1	1	1	1	2
	ALC_TAT				1	3	3	3
セキュリティターゲット評価	ASE_CCL	1	1	1	1	1	1	1
	ASE_ECD	1	1	1	1	1	1	1
	ASE_INT	1	1	1	1	1	1	1
	ASE_OBJ	1	2	2	2	2	2	2
	ASE_REQ	1	2	2	2	2	2	2
	ASE_SPD		1	1	1	1	1	1
	ASE_TSS	1	1	1	1	1	1	1
テスト	ATE_COV		1	2	2	2	3	3
	ATE_DPT			1	2	3	3	4
	ATE_FUN		1	1	1	1	2	2
	ATE_IND	1	2	2	2	2	2	3
脆弱性評定	AVA_VAN	1	2	2	3	4	5	5

出典：独立行政法人情報処理推進機構(IPA)、評価基準（CC バージョン 3.1 リリース 5）、パート 3[4]

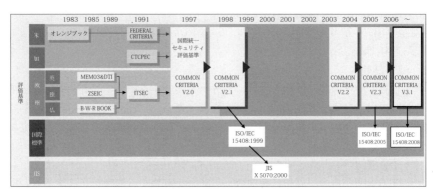

図10.7　CC V3.1策定までの流れ

第10章　CC（ISO/IEC 15408）と情報システムセキュリティ対策の設計・実装

視したコンピュータシステムのセキュリティ評価基準として用いられた。これに次いで、コンピュータの発展に伴い商用分野向けに完全性や可用性についても考慮した基準として、EUのITSEC等が出現した。

その後、国際的に統一された基準の必要性が高まり、制定されたのが情報セキュリティ評価基準ISO/IEC 15408である。この国際統一基準作成の活動は、アメリカ、イギリス、オランダ、カナダ、ドイツ、フランスの6ヶ国で構成されたCC(Common Criteria)プロジェクトにより行われた。

CCプロジェクトではISO/IEC JTC1/SC27/WG3と連携しながら、1996年1月にセキュリティ評価基準としてCC v1.0を作成し、同年6月にISOのCommittee Draft (CD)として取り上げられた。さらにCC v1.0に対して受けたコメントと試行結果を反映させ、1998年にCC v2.0を作成し、同年5月にFinal Committee Draft(FCD)、10月にFinal Draft International Standard(FDIS)となり、1999年6月にISO/IEC 15408：1999として成立した。また、日本国内においてもISO標準化を受けて2000年7月にJIS X 5070としてJIS化された。

CCは、その後も改定され、現在は2017年4月に発行されたv3.1リリース5となっている。また、ISO/IEC 15408もCCの改訂に伴い改定されているが、CCとISO/IEC 15408の発行のタイミング及びバージョンは必ずしも一致していない。

10.5.2　ITセキュリティ評価及び認証制度[6][7]

ITセキュリティ評価及び認証制度（JISEC：Japan Information Technology Security Evaluation and Certification Scheme）とは、IT関連製品のセキュリティ機能の適切性・確実性を、セキュリティ評価基準の国際標準であるISO/IEC 15408（CC）に基づいて第三者（評価機関）が評価し、その評価結果を認証機関が認証する、わが国の制度である。本制度は2001年より運用されており、主に政府調達において活用されている。

図10.8に本制度の枠組みを示す。この図の評価機関と認証機関の役割は下記の通りである。

- 評価機関

申請者からの評価依頼を受けて、評価を実施する機関。評価結果は認証機関に提出される。評価機関は、認定機関である㈱製品評価技術基盤機構 認定センター[12]からIT製品やシステムの評価を行う試験事業者としての認定を受ける必要がある。

- 認証機関

評価機関からの評価報告を検査し、認証を実施する機関。経済産業省の事業を受託してIPAが認証機関として本制度の運営を実施している。

第 10 章　CC（ISO/IEC 15408）と情報システムセキュリティ対策の設計・実装

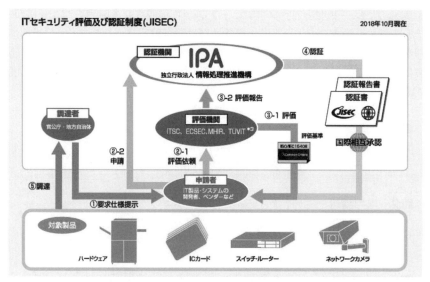

出典：独立行政法人情報処理推進機構（IPA）、ISO/IEC 15408 ITセキュリティ評価及び認証制度パンフレット
https://www.ipa.go.jp/security/jisec/scheme/documents/cc_brochure_1810.pdf

図10.8　ITセキュリティ評価及び認証制度の枠組み

　また、ISO/IEC 15408には相互承認協定CCRA（Common Criteria Recognition Arrangement）[13]という制度がある。これは、協定に加盟しているある国で認証を取得すれば、他の加盟国においてもその認証が有効として扱われる制度である。2017年8月現在、CCRAにはアメリカ、オーストラリア、ニュージーランド、オランダ、ノルウェー、韓国、スペイン、スウェーデン、イタリア、トルコ、マレーシア、インド、日本、カナダ、フランス、ドイツ、イギリスの17カ国が相互承認国として加盟している。日本は、2003年10月にCCRAに加盟した。また、フィンランド、ギリシャ、イスラエル、オーストリア、ハンガリー、チェコ、デンマーク、パキスタン、シンガポール、カタール、エチオピアの11カ国が認証製品受入国として加盟している。

10.6　暗号モジュール試験及び認証制度

　暗号モジュール試験及び認証制度（JCMVP：Japan Cryptgraphic Module Validation Program）が、製品認証制度の一つとして、㈳情報処理推進機構（IPA）により運用されている[8]。本制度は、電子政府推奨暗号リスト[14]等に記載されている暗号化機能、ハッシュ機能、署名機能等の承認されたセキュリティ機能

第10章　CC（ISO/IEC 15408）と情報システムセキュリティ対策の設計・実装

を実装したハードウェア、ソフトウェア等から構成される暗号モジュールが、その内部に格納するセキュリティ機能並びに暗号鍵及びパスワード等の重要情報を適切に保護していることを、第三者が試験及び認証するものである。本制度は、暗号モジュールの利用者が、暗号モジュールのセキュリティ機能等に関する正確で詳細な情報を把握できるようにするために設置された。

■演習問題

問1　ISO/IEC 15408とCCとの関係について述べなさい。また、CCとCEM、それぞれについて、その策定された目的と内容を説明しなさい。

問2　次の語句を説明しなさい。
　　①PP　　②ST　　③TOE　　④セキュリティ機能要件
　　⑤セキュリティ保証要件　　⑥EAL

問3　STの「セキュリティ課題定義」で記述すべき項目を三つあげ、それぞれの内容について説明しなさい。

問4　本章の10.1節で、開発プロセスで脆弱性が作り込まれる要因の例として、①不正確な設計、②開発段階での不慮の誤り、③開発段階での悪意のあるコードの意図的な組み込み、④不十分なテスト、が示されている。これら各項目に対して、それらの要因がどのような状況で発生し得るか、また、考えられる発生原因について考察しなさい。

問5　身の回りにある情報システム、または、IT製品を選択し、次の問いに答えなさい。
　(1)　選択した情報システム、又はIT製品で、TOEとする範囲を決定し、そのTOEがどのような用途で用いられるものかを記述しなさい。
　(2)　選択した情報システム、または、IT製品のシステム構成図を示し、図の中で上記(1)で決定したTOEの範囲を示しなさい。
　(3)　上記(1)(2)で定義したTOEに対して、STの「セキュリティ課題定義」を記述しなさい。

問6　「演習問題　5.」で記述した「セキュリティ課題定義」に対して、同じくSTの「セキュリティ対策方針」を記述しなさい。

第 10 章　CC（ISO/IEC 15408）と情報システムセキュリティ対策の設計・実装

参考文献

(1) ISO/IEC 15408-1：2009 Information technology － Security techniques － Evaluation criteria for IT security－Part 1：Introduction and general model
(2) ISO/IEC 15408-2：2008 Information technology － Security techniques － Evaluation criteria for IT security－Part 2：Security functional components
(3) ISO/IEC 15408-3：2008 Information technology － Security techniques － Evaluation criteria for IT security－Part 3：Security assurance components
(4) ㊤情報処理推進機構（IPA），評価基準（CC バージョン3.1 リリース5），パート1：概説と一般モデル バージョン 3.1 改訂第 5 版，パート2：セキュリティ機能コンポーネント バージョン 3.1 改訂第 5 版，パート3：セキュリティ保証コンポーネント バージョン 3.1 改訂第 5 版，2017年7月20日掲載，https：//www.ipa.go.jp/security/jisec/cc/index.html
(5) ㊤情報処理推進機構（IPA），評価基準（CC v3.1 Release5）Common Criteria for Information Technology Security Evaluation

　　Part1：Introduction and general model Version 3.1 Revision 5 April 2017（CCMB-2017-04-001），

　　Common Criteria for Information Technology Security Evaluation

　　Part2：Security functional components Version 3.1 Revision 5 April 2017（CCMB-2017-04-002），

　　Common Criteria for Information Technology Security Evaluation

　　Part3：Security assurance components Version 3.1 Revision 5 April 2017（CCMB-2017-04-003），

　　2017年7月20日掲載，https：//www.ipa.go.jp/security/jisec/cc/index.html
(6) ㊤情報処理推進機構（IPA），セミナー資料，ITセキュリティ評価及び認証制度の概要（2017年3月17日開催講座資料），https：//www.ipa.go.jp/security/jisec/seminar/apdx.html
(7) ㊤情報処理推進機構（IPA），ITセキュリティ評価及び認証制度（JISEC），https：//www.ipa.go.jp/security/jisec/index.html
(8) ㊤情報処理推進機構（IPA），暗号モジュール試験及び認証制度（JCMVP）

　　https：//www.ipa.go.jp/security/jcmvp/index.html
(9) ㊤情報処理推進機構（IPA），評価方法（CEM バージョン3.1 リリース5），2017年7月20日掲載，https：//www.ipa.go.jp/security/jisec/cc/index.html
(10) ㊤情報処理推進機構（IPA），評価方法（CEM v3.1 Release5），Common Methodology for Information Technology Security Evaluation

　　Evaluation methodology Version 3.1 Revision 5 April 2017（CCMB-2017-04-004），

　　2017年7月20日掲載，https：//www.ipa.go.jp/security/jisec/cc/index.html
(11) ISO/IEC 18045：2008 Information technology -- Security techniques -- Methodology for IT security evaluation
(12) ㊤製品評価技術基盤機構（NITE），製品評価技術基盤機構認定制度（ASNITE），https：//www.nite.go.jp/iajapan/asnite/
(13) ㊤情報処理推進機構（IPA），国際承認アレンジメント（CCRA），https：//www.ipa.go.jp/security/jisec/ccra/index.html
(14) CRYPTREC暗号リスト（電子政府推奨暗号リスト），http：//www.cryptrec.go.jp/list.html

第11章
個人情報保護技術

11. 個人情報保護技術
11.1 個人情報とプライバシー

図11.1はプライバシーと個人情報を示す。個人情報とは、改正個人情報保護法では、生存する特定の個人を識別するための情報と定義しており、氏名やマイナンバー、要配慮個人情報などが該当する。マイナンバーは、行政手続における特定の個人を識別するための番号の利用等に関する法律（番号法またはマイナンバー法ともよばれる）で定義された、住民票コードを変換して得られた「個人番号」である。また、要配慮個人情報は狭義のプライバシーとして、本人の人種、信条、社会的身分、病歴、犯罪歴などを含む個人情報で、改正個人情報保護法で新たに規定された。要配慮個人情報は、本人に対する不当な差別、偏見その他の不利益が生じないようにその取扱いに特に配慮を要するものとして明確に規定されている。

ただし、プライバシーとは、主観的であり、広義では改正個人情報保護法で規定される要配慮個人情報以外も含む概念である。たとえば、年齢、性別、購買履歴などの情報を、自分が関与しないデータベースで管理され、それぞれに対応したダイレクトメールが届いた場合、プライバシーを侵害されたと感じる人もいる。つまり、プライバシーは、図11.1の点線部分のように、法的に規定される個人情報より範囲が広くなり得るものである。このため、具体的に法律（ハードロー）で規定することには限界があり、法律以外のフレームワーク、ソフトロー（ガイドラインや社会的規範）での補足も必要である。

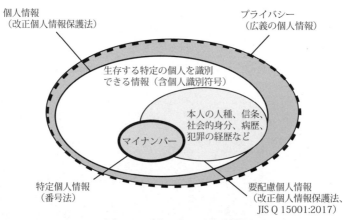

図11.1　プライバシーと個人情報

なお、プライバシーの権利は、憲法第13条が関係し、個人の尊重（尊厳）、幸福追求権及び公共の福祉についてなど憲法上の保護が認められるべき権利として、本条を根拠として憲法上保護された権利であると認められることがある（プライバシーの権利のほか肖像権など）。

プライバシーについて、以下の視点で把握する必要がある[1]〜[4]。

(1) 多義性：

男女、年代などでも異なり、複数の解釈がある。なにをもって、プライバシー侵害と感じるかは人により異なる。

(2) 個別性：

性別は同じでも個人の認識に差がある。どの程度かをもってプライバシー侵害と感じるかは人により異なる。

(3) 流動性：

問題の状況は、社会的背景、場所などによって変わる。プライバシー侵害と感じるか否かは状況により異なる。

このように、コンテキスト（利用される文脈、状況）で、プライバシー侵害が発生するため、プライバシーコミッショナー制度のような保護フレームワークの整備も必要である。プライバシーコミッショナー制度とは、プライバシーの問題に対して、行政から独立し専門化した第三者機関が、行政機関や民間企業などに対して立入調査権などの機能を有する制度である。特に英国、カナダなどの英国連邦で整備された[5]。

日本では2015年施行の改正個人情報保護法により、プライバシーコミッショナーに相当する個人情報保護委員会が設置された。個人情報保護委員会では、番号法に基づいた特定個人情報保護評価などの整備を行っている[6][7]。

日本でのプライバシーを保護する関係法は、憲法、民法、個人情報保護法、番号法がある。一般に憲法は国の権力者の行為を抑止することを規定している。公権力が個人の人権を侵害する場合、憲法14条（法の下の平等）で扱われるが、私人間のプライバシー侵害は民法709条（不法行為）など、個人情報取扱事業者に対しては個人情報保護法、そして、マイナンバーに特化した部分は番号法で規定されている。なお、個人情報保護法は、違法者を罰する観点の法律ではなく、個人情報を取り扱う事業者に対し、守るべきルールを提示している。このため、個人情報保護法に適合しても損害賠償などで民法で訴えられることもある。

11.2 国内の個人情報保護の動向

11.2.1 改正個人情報保護法

(1) 個人情報保護法の概要

個人情報保護法は2005年4月1日に施行した[6]。以降、情報技術の発展により、様々なシステムでパーソナルデータの利活用が行われるようになり、制定当時には想定されていなかった、ビッグデータへの対応やデータ流通のグローバル化への対応が必要となった。このような状況を踏まえ、2017年5月30日に改正個人情報保護法(以下、本書では「個人情報保護法」と記す)が施行した。

表11.1は、個人情報保護法で定義している個人情報取扱事業者の義務を示す。

表11.1 個人情報取扱事業者の義務

対象	条文		義務の内容
個人情報	15条	利用目的の特定	個人情報を取り扱うにあたって、その利用目的をできる限り特定しなければならない
	16条	利用目的による制限	あらかじめ本人の同意を得ないで、特定された利用目的の達成に必要な範囲を超えて個人情報を取り扱ってはならない
	17条	適正な取得	偽りその他不正な手段により個人情報を取得してはならない
	18条	取得に際しての利用目的の通知	個人情報を取得した場合は、あらかじめその利用目的を公表している場合を除き、速やかに、その利用目的を本人に通知し、または、公表しなければならない
個人データ	19条	データ内容の正確性の確保	利用目的の達成に必要な範囲内において、個人データを正確かつ最新の内容に保つよう努めなければならない
	20条	安全管理措置	個人データの安全管理のために必要かつ適切な措置を講じなければならない
	21条 22条	従業者の監督 委託先の監督	従業者、委託を受けた者に対する必要かつ適切な監督をおこなわなければならない
	23条	第三者提供の制限	あらかじめ本人の同意を得ないで、個人データを第三者に提供してはならない
保有個人データ	24条	保有個人データに関する事項の公表	保有個人データに関する事項を本人の知り得る状態に置かなければならない
	28条 29条 30条	開示 訂正 利用停止	本人から開示、訂正、利用停止などの求めがあった場合、応じなければならない

個人情報保護法では、個人情報取扱事業者による個人データの第三者への提供にあたり、原則として、本人の事前同意を必要としている(23条1項)。この

ように本人の事前同意を必要とする形式を「オプトイン」と呼ぶ。

一方で、本人の事前同意を必須としないケースとして、例外を認めている。例えば公益上の理由により適用除外となる場合で、具体的には、①法令に基づく場合(警察や検察などからの令状による捜査等)、②人の生命、身体または財産の保護に必要であり、かつ、本人の同意を得ることが困難である場合(救急対応等)、③公衆衛生・児童の健全育成に特に必要な場合(疫学研究等)、④国の機関への協力(統計調査等)がある。

また、本人の事前同意を得ていなくても個人データを第三者に提供することを認める「オプトアウト」の制度を設けている(23条2項)。オプトアウト制度は、所定の事項(①利用目的、②対象項目、③第三者への提供方法、④本人の求めに応じて第三者提供を停止すること、⑤本人の求めを受け付ける方法)をあらかじめ本人に通知または本人が容易に知り得る状態にし、個人情報保護委員会に届けたうえで第三者提供を行う場合に適用される。

但し、要配慮個人情報は、オプトアウト制度の対象外である。また、個人情報の取得にあたり本人の同意が必要である。

(2) 個人情報の定義

個人情報保護法では、以下のような個人情報が規定されている。

このうち、要配慮個人情報と個人識別符号は、改正個人情報保護法で新設された。

- 個人情報:
  生存する個人に関する情報であって、次の各号のいずれかに該当するものをいう。
  ① 当該情報に含まれる氏名、生年月日その他の記述等により特定の個人を識別できるもの(他の情報と容易に照合することができ、それによって特定の個人を識別することができることとなるものを含む)。
  ② 個人識別符号が含まれるもの。
- 個人データ:
  上記個人情報のうち、個人情報データベース等を構成する個人情報をいう。
- 保有個人データ:
  上記個人データのうち、個人情報扱事業者が、開示、内容の訂正、追加又は削除、利用の停止、消去及び第三者への提供の停止を行うことのできる権限を有する個人データであって、その存否が明らかになることにより公益その他の利益が害されるものとして政令で定めるもの又は一年以内の政令で定める期間以内に消去することとなるもの以外のものをいう。

- 要配慮個人情報：
本人の人種、信条、社会的身分、病歴、犯罪の経歴、犯罪により害を被った事実その他本人に対する不当な差別、偏見その他の不利益が生じないようにその取扱いに特に配慮を要するものとして政令で定める記述等が含まれる個人情報をいう。
- 個人識別符号：
生存する個人に関する情報のうち、次のいずれかの符号のうち、政令で定めるものをいう。
  ① 特定の個人の身体の一部の特徴を電子計算機の用に供するために変換した符号で、個人を識別できるもの（指紋・虹彩・顔の特徴などの生体認証のデータ、遺伝子情報などが該当する）
  ② 個人に提供される役務の利用、商品の購入に関して割り当てられ、または個人に発行されるカードその他の書類に電磁的方式により記載され若しくは記録された符号（マイナンバー、パスポート、運転免許証などの番号が該当する）

(3) 匿名加工情報

改正個人情報保護法では、匿名加工情報に関する規定が新設された。匿名加工情報とは特定の個人を識別できないように個人情報を加工して得られる個人に関する情報で、当該個人情報を復元できないようにしたものをいう。匿名加工情報は個人情報にも個人データにも該当しないため、本人の同意なしで第三者提供が可能となるが、匿名化には政令などで厳しいルールが設定されている。

交通系ICカード、各種ポイントカード、スマートメータ等から集められた膨大で多様なデータ（ビッグデータ）の解析と活用にあたり、個人情報保護の観点で、個人に関するデータの取扱いに一定のルールを設けた形である[1][6][7]。

11.2.2　JIS Q 15001:2017

JIS Q 15001:2017個人情報保護マネジメントシステム－要求事項－は、2017年に制定された日本工業規格で、事業者が業務上取扱う個人情報を安全で適切に管理するための規準となるものである。JIS Q 15001:2017には対応するISO規格は存在しないが、規格本文は、マネジメントシステム規格作成の指針である「ISO/IEC専門業務用指針 第1部 及び統合版ISO補足指針－ISO専用手順の附属書SLに適合する規格構成」を参照している。ISO規格に近接した規格構成であり、ISO/IEC 27001等のマネジメントシステム規格との整合性を

図っている。

日本では、OECDプライバシーガイドラインやEUデータ保護指令などを受け、1997年に、「民間部門における電子計算機処理に係る個人情報の保護に関するガイドライン」（平成9年3月4日通商産業省告示第98号）を公表した。1998年に、このガイドラインを基にした第三者評価認証制度としてプライバシーマーク制度の運用が開始されたことに伴い、業界を超えた標準規格が必要となった。そこで、個人情報の保護に関するマネジメントシステム規格として、「個人情報保護に関するコンプライアンス・プログラムの要求事項（JIS Q 15001：1999）」が制定された。以降、個人情報保護法の施行、改正個人情報保護法の施行に伴い、JIS Q 15001:2006、JIS Q 15001:2017として改訂が行われた。

JIS Q 15001ではPDCAサイクルに基づいた個人情報保護マネジメントシステムの考え方が採用されている。JIS Q 15001:2017に記述された各要求事項の対応を図11.2に示す[8]。

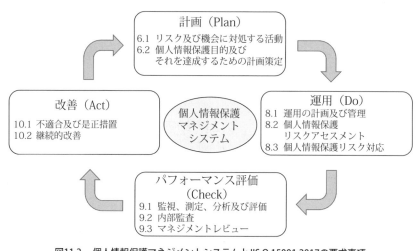

図11.2　個人情報保護マネジメントシステムとJIS Q 15001:2017の要求事項

11.3　各国、国際機関における個人情報保護の動向

11.3.1　OECDプライバシーガイドライン

OECDプライバシーガイドラインは、プライバシー保護と個人のデータの国際流通についてのガイドラインに関するOECD理事会勧告（Recommendation of the Council concerning Guidelines governing the Protection of Privacy and

Transborder Flows of Personal Data (23 September 1980) の附属文書であり、正式名称は"OECD Guidelines on the Protection of Privacy and Transborder Flows of Personal Data"である。このOECDプライバシーガイドラインの個人情報の取扱いに関する基本原則がOECD8原則である。

1970年代、西欧諸国が相次いで制定した個人情報保護法の多くは、官民双方を包括的に規制対象としていた。しかし、具体的な規制内容が各国の法律ごとに異なっていたため、規制を受ける米国の多国籍企業から見ると、個人情報の国際的な流通に対して、大きな阻害要因となると考えられるようになった。利害の対立がOECDに持ち込まれて協議された結果、双方のバランスを図り、個人データの取り扱いに関するOECDプライバシーガイドラインが1980年に採択された。

日本の個人情報保護法、並びに個人情報保護制度はOECDプライバシーガイドライン、特に8原則の影響を受けた[1][7]～[9]。

11.3.2　国際標準におけるプライバシー規格

(1)　各規格の関係

プライバシーに関連し、プライバシーフレームワーク、リスクマネジメント、情報セキュリティマネジメント、プライバシー影響評価など種々の国際標準規格が開発されている。

図11.3は、プライバシーに関連する国際標準の関係を示す。

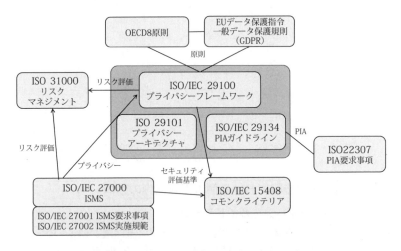

図11.3　プライバシーに関連する国際標準規格の関係

ISO/IEC 29100は、個人識別情報(Personally Identifiable Information、以下PII)の処理における関係者とその役割を定義しており、ICTシステムでのプライバシー原則の実施、および組織のICTシステム内で実装されるプライバシー管理システムの開発を中心に置くプライバシーフレームワークである。この規格ではプライバシー11原則を示している。ISO/IEC 29101は、ISO/IEC 29100に基づくシステム設計フレームワークである[11][12]。

ISO 22307は、プライバシー影響評価の要求事項を規定している[5][13]。関連する規格ISO/IEC 29134は、プライバシー影響評価の方法論を規定している[14]〜[16]。ISO 31000は、リスクマネジメントの原則と指針を定義している[17]。ISO 31000は、公的組織、民間組織、団体、グループなど全ての組織に適用できる汎用的な規格である。また、ISO/IEC 27000シリーズは、情報セキュリティマネジメントの規格群である。ISO/IEC 27001は、情報セキュリティマネジメントシステム(以下、ISMS)の要求事項を定義しており、ISO/IEC 27002は、ISMSの実践規範を定義している[18]。ISO 31000、ISO/IEC 27000シリーズの詳細は第9章を参照のこと。

ISO/IEC 15408は、コモンクライテリア(Common Criteria)と呼ばれるコンピュータセキュリティのための国際規格であり、IT製品や情報システムに対して、情報セキュリティを評価し認証するための評価基準を定めている[19]。ISO/IEC 15408の詳細は第10章を参照のこと。

JIS Q 15001は、個人情報保護マネジメントシステムの要求事項を定義する日本工業規格である。日本で初めて、プライバシーを規定し、プライバシーマーク制度の規準となった規格である。

(2) ISO/IEC 29100

ISO/IEC 29100は、プライバシーフレームワークの国際標準規格であり、個人識別情報(PII)の処理を定義、プライバシー11原則等を定義している。2017年に、日本工業規格JIS X 9250として発行された[11][12]。

ISO/IEC 29100におけるプライバシーフレームワークは、登場者(actor)と役割、インタラクション、PIIの認識、プライバシー安全対策要件、プライバシーポリシー、プライバシー管理策で構成される。これらの要素は、プライバシーおよびICTシステムでのPII処理に関連している。

プライバシー安全対策要件は、PIIの収集と保持、PIIの第三者への提供、PII管理者とPII処理者との間の契約関係、PIIの国外への移転など、PII処理の多様な側面に関連する場合がある。

表11.2はISO/IEC 29100プライバシー11原則を示す。社会的、文化的、法的、

経済的要素が異なるため、状況によっては、これらの原則の適用が制限される場合もあるが、この国際規格に規定された原則をすべて適用することを推奨している[11][12]。

表11.2 ISO/IEC 29100プライバシー11原則

原則	内容
1. 同意及び選択	PII管理者がPII主体に対し、PIIの処理を許可するか否かの選択の機会を提供する。同意した場合、あるいは同意しなかった場合の影響をPII主体に説明する。
2. 目的の正当性及び明確化	利用目的が必要に応じたものであり、法令に準拠したものであることを明確にする。また、新たな利用目的が追加された場合、PII主体に説明する。
3. 収集制限	利用目的に応じた必要最低限の量及び種類のPIIを収集する。
4. データの最小化	処理するPIIを最小限にするとともに、PIIへアクセスを許可する者を最低限に抑える。
5. 利用、保持、及び開示の制限	PIIの利用を必要最低限にする。また、PIIの保持は必要な期間に限定し、必要な期間を経過した後はPIIの破棄、匿名化または安全にアーカイブする。
6. 正確性及び品質	処理されたPIIが正確、完全、最新であることを確保する。また、そのための管理の仕組みを確立する。
7. 公開性、透明性、及び通知	PII処理の目的、PIIを開示する可能性がある利害関係者の種類、PII管理者への連絡先をPII主体に通知する。また、当該情報にアクセス、修正、削除するための手段をPII主体に開示する。
8. 個人の参加及びアクセス	PII主体が自分のPIIにアクセスおよび確認することができるようにする。また、PIIの正確性及び完全性への異議申立て、修正、訂正、削除の権利を行使する手順を確立する。
9. 責任	プライバシー関連のポリシー、実施手順を文書化し、共有する。また、プライバシー侵害が発生した時の苦情処理、救済手順、補償の手順を確立する。
10. 情報セキュリティ	PIIの機密性、完全性、可用性をを確保し、PIIのライフサイクル全体にわたって様々なリスクからPIIを保護するために適切な管理策を実施する。
11. プライバシーコンプライアンス	第三者による定期的な監査を実施することにより、関連する法令やプライバシー安全対策要件を満たすことを実証し、プライバシーリスクアセスメントを維持する。

ISO/IEC 29100において個人識別情報PIIとは、以下の(a)あるいは(b)としている。

(a) その情報に関連するPII主体を識別するために利用され得る情報
(b) PII主体に直接もしくは間接に紐づけられるか又はその可能性がある情報

PIIになり得る属性の参考例として、医療機関で収集された情報、銀行口座またはクレジットカード番号、生体認証識別子、刑事事件の有罪判決または違反、生年月日、障がいの有無、IPアドレス、電気通信システムから得た位置情

報、国民識別子（パスポート番号など）、個人の電子メールアドレス、Webサイトの使用を追跡して得た個人的な興味、個人を特定可能な写真または動画、人種または種族的出身、宗教または哲学的信条、性的嗜好、労働組合員であるかどうか、などが挙げられる。

表11.3は、PIIの処理に関与する関係者の役割を示す。ISO/IEC 29100では、PII主体、情報責任者であるPII管理者、情報処理者であるPII処理者、および第三者という四つのタイプをPIIの処理に関与する関係者とし、その役割を示している。

表11.3 PIIの処理に関与する関係者の役割

登場者（アクター）	概要
PII 主体	PII に関連する個人
PII 管理者	本人の意思を確認・管理し、PII を処理するための目的と手段を決定するプライバシー利害関係者
PII 処理者	PII 管理者の指示に従い、PII 管理者に代わり個人識別情報（PII）を処理するプライバシー利害関係者
第三者	PII 主体、PII 管理者と PII 処理者、及び PII 管理者または PII 処理者による直接の許可の下でデータを処理するプライバシー利害関係者

図11.4は、ISO/IEC 29100におけるPII処理に関与する関係と役割の関係を示す[11][12]。

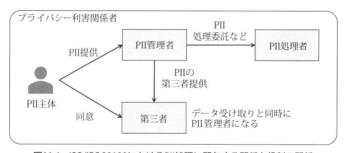

図11.4 ISO/IEC 29100におけるPII処理に関与する関係と役割の関係

(3) プライバシー影響評価に関する国際規格
(a) ISO 22307

ISO 22307は、国際標準化委員会ISO/TC68/SC7（金融サービス）により2008年4月に発効されたプライバシー影響評価（Privacy Impact

Assessment、以下PIA)に関する国際標準規格である[13]。金融分野における不正送金などの問題に対処するため、個人情報の開示が必要となった。OECDにより個人情報の取扱いの原則が明確化されたが、プライバシー関連の法体系やプライバシー規制のレベルは国ごとに相違がある。そのため、各国でプライバシー規制のレベルを整合する必要が出てきた。

ISO 22307は、技術的に金融業界に限定するものではないため、他の業種にも適用可能である。ISO 22307は、(1)PIA計画、(2)PIA評価、(3)PIA報告、(4)十分な専門知識、(5)独立性と公共性の程度、(6)対象システムの意思決定時の利用、の6項目をPIA実施における要求事項としている。このうち、前3者がPIAの実施手順に相当し、後3者が実施体制に相当する[5][13]。

(b) ISO/IEC 29134

ISO/IEC 29134(Guidelines for privacy impact assessment)はPIAの実施手順、およびPIA報告書の構成と内容の提供に関する国際規格として、ISO/IEC JTC1/SC27より2017年6月に発行された[14]。ISO/IEC 29100、ISO/IEC 27001を引用規格としている。ステークホルダーの特定・協議やリスク対応の重要性について記載するなど、民間利用を想定した具体的なPIAの位置付けや実施手順について規定している。記述は、should(〜するとよい。推奨)表現であり、また、基本的な要求事項は、ISO 22307:2008に規定された6つの要求事項を踏襲している。PIAの要件は下記のような構成である。なお、ISO/IEC 29134ではPIAの機能として、ステークホルダーエンゲージメント、プライバシー・バイ・デザイン、デューデリジェンスについて明記された。

1) PIA分析の準備
2) PIA実施手順
   ①はじめに ②予備分析 ③PIAの準備 ④PIAの実施
   ⑤PIAのフォローアップ
3) PIA報告書
   ①はじめに ②報告書の構成 ③PIAの範囲 ④プライバシー要求事項
   ⑤リスクアセスメント ⑥リスク対応計画 ⑦結論と決定
   ⑧PIAパブリックサマリー

11.3.3 一般データ保護規則(GDPR)

2016年に、EUではデータ保護指令より強制力のある一般データ保護規則(General Data Protection Regulation:GDPR)が成立した。正式名称は「Regulation (EU) 2016/679 of the European Parliament and of the Council of

27 April 2016 on the protection of natural persons with regard to the processing of personal data and on the free movement of such data、and repealing Directive 95/46/EC (General Data Protection Regulation) (Text with EEA relevance)」で、2018年5月25日に適用開始された。

EUではGDPRの適用開始まで、1995年に採択されたデータ保護指令「個人データの取扱いに係る個人の保護及び当該データの自由な移動に関する1995年10月24日の欧州議会及び理事会の95/46/EC指令 (Directive 95/46/EC of the European Parliament and of the Council of 24 October 1995 on the protection of individuals with regard to the processing of personal data and on the free movement of such data)」が適用されていた。データ保護指令は、公的部門と民間部門を区別していない包括的な、いわゆるオムニバス方式を採用している。GDPRの適用開始により、指令（Directive）から規則（Regulation）に「格上げ」となり、EUのいずれの国においても、原則としてGDPRが各国法に優先して適用されることになった。

GDPRが採択された背景として、一つには、急速な技術的発展およびグローバル化がある。公的機関も民間企業も先例のない規模で個人データを利用できるようになったため、強力な法執行を伴い堅固で一貫性のあるデータ保護の枠組みと、個人による自らのデータコントロールを保障する必要性が生じた。

もう一つは、保護レベルの統一である。データ保護指令は、「指令」であるため、加盟国はそれぞれに国内法を制定してきたが、そのため、加盟国間の保護レベルに違いが生じた。レベルの違いは、EU全域にわたる個人データの自由な流通を妨げる可能性がある。そこで、高いレベルでのデータ保護を全加盟国で保つ必要性が認識された。

GDPRでは以下のような規定が設けられた[20]〜[22]。

- 加盟国の立法措置を必要とする「指令」から加盟国に直接適用される「規則」への変更
- 種々の定義の新設
- 明示的同意の原則化（第7条）
- 消去権（忘れられる権利）（第17条）
- データポータビリティの権利（第20条）
- 自動処理による個人に関する決定（プロファイリングを含む）（第22条）
- データ保護・バイ・デザインおよびデフォルト（第25条）
- 個人データ侵害の通知／連絡制度（第33条・34条）
- データ保護影響評価（プライバシー影響評価に相当）とDPO（データ保護責

第 11 章　個人情報保護技術

　　任者)の任命(第35 〜 39条)
- 第三国への越境適用(国境を越えたデータの移転)(第44条〜 49条)
- 制裁金制度の導入(第83条)

　第44条〜 49条で規定している個人データの第三国への移転に関しては、データ保護指令第25条1項で「十分なレベルの保護措置」を確保していない第三国への個人データの移転を禁止している。「十分なレベルの保護措置」を講じていることを認定するのは欧州委員会であり、これを「十分性認定」という。日本は2019年1月に十分性認定を受け、国境を越えた個人情報のやりとりが可能となった。

11.3.4　米国における個人情報保護

　米国において、公的部門と民間部門の両方を包括的に規制している連邦レベルの個人情報保護法は、現在のところ存在しない[24]。

　米国の個人情報保護制度は特定の分野ごとに個別法が定められており、いわゆるセクトラル方式を採用している。特別法として医療データに関する法律「医療保険の相互運用性及び説明責任に関する法律(HIPPA)」や子どものオンラインプライバシーに関する法律「児童オンラインプライバシー保護法(COPPA)」がある[23][24]。最も広い範囲をカバーしているのは、消費者保護の文脈で捉えられる、連邦取引委員会法第5条(FTC法第5条)「不公正又は欺瞞的な行為又は慣行の禁止」である。米国では、消費者本人から拒否の意思を表明された場合に禁止する事後規制(オプトアウト)方式を採用している。

　米国では、基本的なデータ保護の仕組みとして、連邦取引委員会(以下、FTC)がデータ保護機関として、FTC法第5条の執行に当たる。

　米国におけるプライバシー保護に関する考え方として、2012年にFTC(連邦取引委員会)が公開したプライバシー・レポートで、次の三つの点を示している[10][24]。

　(a)　個人識別可能情報との関係で適用範囲を検討したこと
　(b)　三つの柱を枠組みに据えたこと
　　①　プライバシー・バイ・デザイン(Privacy by Design)
　　②　単純化された消費者の選択
　　③　透明性
　(c)　消費者選択の一つとして、DNT(Do Not Track)の仕組みを提案したこと

　プライバシー・バイ・デザイン(Privacy by Design、以下PbD)とは、カナダオンタリオ州情報&プライバシーコミッショナーのAnn Cavoukian(アン・カブキャン)博士により、1990年代半ばに提唱された概念である。PbDとは、「プ

ライバシー侵害のリスクを低減するために、システムの開発においてプロアクティブ（proactive：事前）にプライバシー対策を考慮し、企画から保守段階までのシステムライフサイクルで一環した取り組みを行うこと」である。PbDの考え方に則り企画、設計の段階で個人情報の扱いの適正性を評価する手法として、次項で説明するプライバシー影響評価（privacy impact assessment：PIA）がある[5][25]。

米国では、選択のための仕組みとして、プライバシー促進技術としての追跡拒否（Do Not Track, DNT）の導入が進められてきた。DNTの仕組みは、第三者が個人データをどのように利用し、または、第三者が個人データを受領するか否かに対して、消費者がコントロールを行使できる取り組みである。

また、「透明性」に関して、企業は、どのような個人データを収集し、なぜそのデータが必要で、どのようにそれを利用し、いつ消去され、または匿名化するのか、および、第三者と個人データを共有する可能性の有無、その目的についても明確な説明を提供すべきであるとしている[10][24]。

11.4 プライバシー影響評価

11.4.1　プライバシー影響評価の概要

プライバシー影響評価（Privacy Impact Assessment以下、PIA）とは、個人情報に関するリスクアセスメント手法である[5]。「個人情報の収集を伴う新たな情報システムの導入にあたり、プライバシーへの影響度を「事前」に評価し、その回避または緩和のための法制度・運用・技術的な変更を促す」ための一連のプロセスである。

個人情報保護対策には、法律（ハードロー）、ガイドライン（ソフトロー）、社会倫理、国際標準、対策技術などの理解が必要である。技術的対策、法的対策を効果的に実施するには、事前の評価が必要である。また、ステークホルダーの合意形成（マルチステークホルダーエンゲージメント）が必要である。PIAでは、システムの企画・設計段階で包括的なプライバシー問題を事前に把握し、ステークホルダー間の合意形成を行う。

図11.5はPIAの役割を示す[5]。

第11章　個人情報保護技術

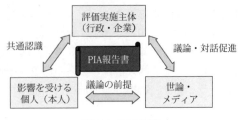

図11.5　PIAの役割

PIAの実施目的は、大きく下記の三つに分けられる。
1) 個人情報に関するセキュリティ対策
2) ステークホルダー間の信頼構築
3) 個人情報保護における相当注意

このうち、1) については、プライバシー・バイ・デザインの考え方が導入されている。3) については、ISO/IEC 29134:2017では、PIAの実施をデューデリジェンス (Due Diligence) の指標として利用することが可能であるとしている。業務の過程で起こりうる潜在的なプライバシー・リスクを事前に特定し、対処するPIAのプロセスが、Due Diligenceに相当する[14]。

11.4.2　プライバシー影響評価の実施手順

ISO/IEC 29134準拠のPIA実施手順を図11.6に示す[14][16][26]。

		PIA実施の準備		PIA評価の実施		PIAの報告
	予備評価	評価準備	リスク分析	影響評価		報告・レビュー
入力	・システム設計書 ・業務概要書 ・運用管理規定　など	・評価対象関連文書 ・参照規定文書 ・評価方針（詳細、簡易）	・対象システム関連文書 ・参照規程文書 ・システム分析書 ・業務フロー分析書 ・安全管理措置関連資料	・システムリスク分析書 ・業務フローリスク分析書 ・安全管理措置関連資料 ・評価シート		・影響評価報告書および関連資料
手順	・評価関連資料の収集 ・対象範囲の確定 ・保護すべき個人情報の抽出	・対象システムの分析 ・業務フローの分析 ・評価シートの作成	・システムリスク分析手法の選定 ・システムリスク分析	・影響評価の実施		・PIA報告書の作成
	・対象システム、個人情報フローの分析	・実施体制の整備 ・対象範囲の特定 ・参照規程文書、組織内規などの特定 ・ステークホルダーの特定と協議計画の策定	・個人情報管理台帳の作成 ・業務フローリスク分析手法の選定 ・業務フローリスク分析	・リスク対応計画の策定		・PIAパブリックサマリー報告書の作成
	・影響評価 ・簡易および詳細PIAの判断 ・予備PIA報告書の作成	・実施スケジュールの策定 ・PIA実施計画書の作成	・ステークホルダーへのヒアリング	・ステークホルダーへのヒアリング		・ステークホルダーによるレビュー ・PIA報告書の提出・公開
出力	・予備PIA報告書	・システム分析書 ・業務フロー分析書 ・評価シート ・PIA実施計画書	・システムリスク分析書 ・業務フローリスク分析書	・影響評価報告書		・PIA報告書 ・PIAパブリックサマリー報告書

図11.6　ISO/IEC 29134準拠のPIA実施手順

PIA実施手順における各項目について以下で説明する。
A. PIA実施の準備
　1)予備評価
　　本評価の実施前に、予備評価(以下、予備PIA)を実施する。予備PIAでは、実施スケジュールおよび体制(人員)を確保し、実施形態の決定を報告書にまとめる。ただし、実施依頼組織責任者の判断で予備PIAの実施を省略し、PIA実施計画を策定し、PIA(本評価)プロジェクトを実施してもよい。実施依頼組織責任者の判断により行った予備PIAの結果を基にPIA(本評価)の実施形態(簡易および詳細)について決定する。
　2)評価準備
　　予備PIA実施後、PIA本評価実施計画を策定する。PIAプロジェクトの推進にあたり、PIA実施体制を整備し、PIAの対象範囲、参照すべき法令や規格、ガイドライン、組織の内部規程を特定する。参照規格を元に、対象システムのプライバシーリスクの影響を評価する評価基準を評価シートとしてまとめる。また、評価対象システムの設計書などをもとに、評価の基本となるシステム分析と業務分析を実施し、システム分析書、業務フロー分析書を作成する。
　　併せて、ステークホルダーエンゲージメントとして、PIA実施対象システムで処理を行うことにより影響を受ける個人と、関係するステークホルダーを特定し、協議計画を立てる。
B. PIA評価の実施
　3)リスク分析
　　対象システムのプライバシーリスクを評価に先立ち、評価チームは、システム分析書、業務フロー分析書、評価シートに基づき、システムリスク分析、業務フロー分析を行う。分析結果をもとに、システムリスク分析書、業務フロー分析書を作成する。必要に応じて、ステークホルダーにヒアリングを実施する。
　4)影響評価
　　評価シート、システムリスク分析書、業務フローリスク分析書に基づきプライバシーリスク評価を行う。評価結果をもとに、影響評価報告書を作成し、企画・開発段階における事前のプライバシーリスク低減と回避に向けた指摘事項や助言事項を記載する。

C. PIAの報告
　5）報告・レビュー
　評価チームは、プライバシーリスク分析と影響評価報告書の結果を基に、PIA報告書を作成する。また、公開用の報告書（パブリックサマリー）を作成する。
作成したPIA報告書は公開し、ステークホルダーのレビューを受ける。

11.4.3　プライバシー影響評価の各国・地域における実施例

(1)　EU

　EUデータ保護指令（95/46/EC）では、第20条「Prior checking」（事前評価）が規定された。「Prior checking」については、「データ主体に特定の危険をもたらす可能性のある作業を事前に指定し、作業開始前に調査しなければならない」としている。PIA実施の義務、体制や実施手順についての規定はない。

　2018年に施行された一般データ保護規則（GDPR）では、データ管理者の新たな義務について、第35条（データ保護影響評価）、第36条（事前協議）、第37条（データ保護責任者の指名）、第38条（データ保護責任者の地位）、第39条（データ保護責任者の職務）で、データ保護影響評価DPIA（Data Protection Impact Assessment）について規定している[20]〜[22]。DPIAの実施手順についてはGDPRには具体的な記載はないが、欧州委員会第29条作業部会（Article 29 Working Party）によるガイドライン「Guidelines on Data Protection Impact Assessment (DPIA) and determining whether processing is "likely to result in a high risk" for the purposes of Regulation 2016/679」が発行されている[27]。

(2)　英国および英国連邦

　英国では、1998年に施行したデータ保護法に基づき、独立した監督機関であるICO（Information Commissioner's Office）が設置された。設置当初はEUデータ保護指令28条の「監督機関」に相当し、個人や団体などからの苦情受付と対応、データ保護法への遵守に向けたベストプラクティスの提供を行っている[5]。

　PIAについては、英国では2008年以降、内閣府の報告書"Data Handling Procedures in Government"に基づき中央省庁でのPIA実施を義務付けている。PIA実施状況は内閣府が管理し、ICOにはPIA報告書の提出義務はない。PIAの実施開始に伴い、ICOは実施規範である「Privacy Impact Assessment Handbook」（2007年）、「Conducting Privacy Impact Assessment Code of

Practice」(2014年)を提供している。英国でのPIA実施例は、2006年に導入したスコットランド国民資格カード、2007年に導入した警察全国データベースをはじめとしたPIA実施実績がある。

その他の英国連邦諸国では、カナダ、オーストラリア、ニュージーランドでPIAが実施されている。いずれの国においても、個人データに関する独立した監督機関であるプライバシーコミッショナーが設置され、PIAガイドラインを発行している[10][15]。

(3) 米国

米国では、2002年に施行した電子政府法208条に基づき、各行政機関が個人情報を直接的または間接的に推定可能な方法で収集する場合、または配信するための情報技術を開発または調達する場合、事前にPIAを実施することを義務付けている。また、国土安全保障法第222条に基づき、省ごとにCPO (Chief Privacy Officer) の任命を義務付けている。CPOはPIAを承認する権限を有する。

米国でのPIA実施例は、2004年に導入した、米国に入国する外国人を対象としたバイオメトリクスを用いた個人認証プログラムであるUS-VISIT (United States Visitor and Immigrant Status Indicator)等で実施実績がある[23][24]。

(4) 韓国

韓国では、2011年に施行した個人情報保護法第33条に基づき、個人情報影響評価(以下PIA)の実施を義務付けている。PIA実施体制としては、個人情報保護委員会が独立した監督機関の役割を果たしている。また、安全行政部、KISA(韓国インターネット振興院)が民間企業向け個人情報影響評価遂行ガイドを発行している。PIAの実施は、認定された評価機関によって行われている。

韓国でのPIA実施例は、2007年に導入した外交部の新電子パスポート、教育部のNEIS(教育行政システム)等をはじめとしたPIA実施実績がある。民間企業でもPIAが実施されている[5][26]。

(5) 日本

日本では、2015年に施行された番号法に基づき、マイナンバー(個人番号)を含む個人情報を「特定個人情報」と定義し、マイナンバーを管理する各自治体に対し、特定個人情報保護評価の実施を義務付けた[28][29]。

特定個人情報保護評価の目的は、住民および本人の権利利益の侵害を未然に防止し、信頼を確保することである。評価の実施結果については、特定個人情報保護評価書の形で公表する。また、対象自治体の規模等によっ

ては、特定個人情報保護評価書について、専門性を有する第三者で構成される点検委員会による第三者点検を受ける必要がある。

特定個人情報保護評価は、評価の対象がマイナンバーのみであり、個人情報は対象外である。また、いくつかの点において、特定個人情報保護評価は海外で実施されているPIAとは異なる。海外で実施しているPIAは実施者(評価者)の要件について、原則として厳密な専門性、中立性を有する者と規定している。しかし、特定個人情報保護評価には実施者の要件についての規定がなく、自己評価(評価と宣言)をベースとしている。また、自治体ごとに設置した、第三者で構成された点検委員会が評価書の点検を行なっているが、点検委員会の構成要件や権限が明確に規定されておらず、PIAにおけるプライバシーコミッショナーの位置づけとは、機能的に異なる[5][28][29]。

11.5 プライバシー強化技術

11.5.1 概要

プライバシー保護強化技術 (privacy enhanching technologies,以下PET) は、プライバシー保護を向上させるために利用される技術の総称で、個人情報の不正な収集、利用及び開示を防ぎ、情報システムの個人のプライバシーの保護を強化するための情報通信技術(ICT)である。プライバシー・バイ・デザイン(PbD)の実現にあたり、PETを適用してシステム設計を行う。

PETには大きく分けて二つの考え方がある[25]。
- 代替的PET
  個人情報または特定の個人を識別可能な情報を取得しない、または最低限の取得にとどめるための技術。
- 補完的PET
  データの取得及び利用を認めたうえで、プライバシー情報の取扱いを制限するための技術。

近年、ビッグデータの利活用にあたり、店舗での購買データや交通機関の利用状況データ等における個人情報(個人を識別可能な情報)の扱いが注目され、パーソナルデータの利活用に向けて、プライバシー保護との両立を実現するための技術が必要とされている。このような観点で、企業でPETを導入する場合、補完的PETを導入する傾向がある。

11.5.2 プライバシー保護技術

個人の活用に関わる様々な情報を蓄積したデータで、個人情報の定義に該当

するかどうかが明確になっていない検索履歴、購買履歴、移動履歴などのデータをパーソナルデータという。企業等でデータ解析を行い、マーケティングやサービスの向上に活用するにあたり、前提としてパーソナルデータの収集が必要となる。しかし、データ解析の過程や結果から、個人の特定等、プライバシー上の問題が発生することが考えられる。

このようなプライバシー上の問題を解決するために、様々なプライバシー保護技術が開発されている[30][31]。

(1) 匿名化技術

匿名化技術とは、パーソナルデータから、情報と、その情報に紐づく個人情報を特定できないように加工するための技術の総称である。匿名化の手法は大きく分けると、(a)仮名化、(b)無名化、(c)匿名化がある。

仮名化、無名化の例を図11.7に示す。

元のデータ

連番	氏名	住所	年齢	購買品
1001	A山○○	埼玉県川口市	21	雑誌
1002	B田△△	東京都品川区	13	パン
1003	C川××	神奈川県横浜市	34	コーヒー

仮名化

連番	氏名	住所	年齢	購買品
1001	f2o4jgh	埼玉県川口市	21	雑誌
1002	k2utng8	東京都品川区	13	パン
1003	4hb3ytz	神奈川県横浜市	34	コーヒー

無名化

連番	住所	年齢	購買品
1001	埼玉県川口市	21	雑誌
1002	東京都品川区	13	パン
1003	神奈川県横浜市	34	コーヒー

図11.7 仮名化と無名化の例

(a) 仮名化

「仮名化」は、氏名等の個人を識別可能なデータ部分を別のIDに置き換えて、個人を特定できないようにする手法である。仮名化には、個人情報と仮名データの対応表等を用いて、必要に応じて仮名から個人情報に変換する手段を確保する連結可能匿名化と、仮名から個人情報に変換す

る方法を確保しない連結不可能匿名化という二つの方法がある。

　個人情報が仮名データに置き換えられることで、仮名データから直接個人を識別することは不可能となる。連結可能仮名化では、対応表の漏えいや不正入手等があった場合、元の個人情報が識別可能となる。連結不可能仮名化の場合も、同じ仮名データを使い続けると、購買履歴や移動履歴を連続して収集するような場合、個人が特定されるリスクが高くなる。また、氏名が仮名化されていても、データベースに含まれている他の情報(生年月日、住所等)と別のデータベースを照合することで個人が特定されてしまうことがある。

(b) 無名化

　「無名化」は、個人を識別可能なデータ部分を取り除く手法である。無名化されたデータには個人情報は含まれておらず、また、仮名データを使用しないため、個人情報と仮名データの対応表は不要となり、対応表からの個人情報漏洩のリスクが少なくなる。このため、個人が特定されるリスクも低い。しかし、仮名化同様、無名化された個人情報以外の、データベースに含まれている情報(生年月日、住所等)と別のデータベースを照合することで個人が特定されてしまう場合がある。また、データベースに生年月日や住所が含まれていなくても、出現頻度が少ない、特異な属性や行動履歴情報が含まれている場合、データから個人の特定が可能となる場合がある。

(c) 匿名化

　(a)仮名化、(b)無名化の説明のように、個人情報を仮名データに置き換えても、また、個人データを性別、生年月日、住所を含めて削除しても、残りのデータや蓄積された履歴から特定の個人が識別可能となるケースがある。そこで、データを加工し、個人を識別可能となるリスクを低減するための方法が開発されており、代表的な技術がk-匿名化である。k-匿名化の例を図11.8に示す。図11.8では「同じ属性をもつデータ(住所、年齢、購買品)が3件以上(k=3)のグループになるように、データを変換している。

　k-匿名化は、データの集合の中から同じ属性をもつデータがk件以上となるグループになるように、データを変換する技術である。このデータ変換を行うことにより、個人を特定される可能性がk分の1になる。つまり、kの値が大きくなるほど、個人の特定が困難になり、匿名性を高めることができる。

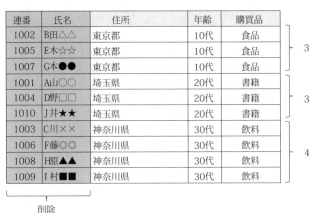

図11.8　k-匿名化の例

(2) 秘密計算

秘密計算とは、個人を識別可能な情報を渡さずにデータ分析を行う技術で、各組織それぞれの持つデータを他組織に知られることなく、それぞれの組織から全組織のデータを総合した計算結果を得ることを可能とする。

秘密計算を実現する代表的な方式として、暗号化された状態でのデータの加算や乗算によるデータマイニングを行う準同型暗号方式、暗号化したデータを断片化して複数のサーバーに分散して保存し、分散化された状態のまま計算を行いデータ解析結果を復元する秘密分散方式がある。なお、秘密分散、秘密計算の方式については2017年にISO/IEC 19592-2:2017として国際規格化された[32]。

第 11 章　個人情報保護技術

■演習問題
問 1　プライバシーと個人情報の相違を述べなさい。

問 2　個人情報保護法における個人情報、要配慮個人情報、匿名加工情報の特徴について簡単に説明しなさい。

問 3　プライバシー影響評価とはなにか、また、プライバシー影響評価ではなぜ事前に評価するのか、簡単に説明しなさい。

参考文献
(1)　岡村久道：個人情報保護法の知識，第4版（2017）
(2)　小向太郎：情報法入門，第4版，エヌティティ出版（2018）
(3)　西原博史編：監視カメラとプライバシー，成文堂（2009）
(4)　名和小太郎：個人データ保護，みすず書房（2008）
(5)　瀬戸洋一：実践的プライバシーリスク評価技法，近代科学社（2014）
(6)　e-Gov：個人情報の保護に関する法律（平成十五年法律第五十七号），
http://elaws.e-gov.go.jp/search/elawsSearch/elaws_search/lsg0500/detail?lawId=415AC0000000057&openerCode=1
(7)　日置巴美，板倉陽一郎:個人情報保護法のしくみ，商事法務（2017）
(8)　藤原靜雄監修，新保史生編著：JIS Q 15001:2017個人情報保護マネジメントシステム要求事項の解説，日本規格協会（2018）
(9)　堀部政男，新保史生，野村至：OECDプライバシーガイドライン　30年の進化と未来，JIPDEC（2014）
(10)　瀬戸洋一：プライバシーリスク対策技術テキスト，KDP（2017）
(11)　ISO/IEC 29100 Information technology – Security techniques – Privacy framework（2011）
(12)　JIS X 9250 情報技術 – セキュリティ技術 – プライバシーフレームワーク（プライバシー保護の枠組み及び原則）（2017）
(13)　ISO 22307:2008 Financial services - Privacy impact assessment
https://www.iso.org/standard/40897.html（2008）
(14)　ISO/IEC 29134:2017 Information technology - Security techniques -- Guidelines for privacy impact assessment.（2017）
(15)　村上康二郎：現代情報社会におけるプライバシー・個人情報保護，日本評論社（2017）
(16)　瀬戸洋一，長谷川久美：プライバシー影響評価実施マニュアル - ISO/IEC 29134適合，KDP（2018）
(17)　ISO 31000:2018 - Risk management –Guidelines（2018）
(18)　ISO/IEC 27001:2013 Information technology – Security techniques – Information security management systems – Requirements（2013）およびISO/IEC 27002:2013 Information technology – Security techniques – Code of practice for information security

第 11 章　個人情報保護技術

controls(2013)

(19)　ISO/IEC 15408-1:2005 Information technology – Security techniques – Evaluation criteria for IT security – Part 1: Introduction and general model(2009)およびISO/IEC 15408-2:2008 Information technology – Security techniques – Evaluation criteria for IT security – Part 2: Security functional components(2008)およびISO/IEC 15408-3:2008 Information technology – Security techniques – Evaluation criteria for IT security – Part 3: Security assurance components(2008)

(20)　一般データ保護規則(原文)

https://ec.europa.eu/info/law/law-topic/data-protection_en(2018)

(21)　小川晋平，鎌田博貴：欧州GDPR全解明，日経BP社(2018)

(22)　日本貿易振興機構　ブリュッセル事務所：「EU一般データ保護規則(GDPR)」に関わる実務ハンドブック(入門編)(2016)

https://www.jetro.go.jp/ext_images/_Reports/01/dcfcebc8265a8943/20160084.pdf

(23)　瀬戸洋一　他：プライバシー影響評価PIAと個人情報保護，中央経済社(2010)

(24)　石井夏生利：新版 個人情報保護法の現在と未来　勁草書房(2017)

(25)　堀部政男編著:プライバシー・バイ・デザインプライバシー情報を守るための世界的新潮流，日経BP社(2012)

(26)　瀬戸洋一：プライバシー影響評価ガイドライン実践テキスト，インプレス(2016)

(27)　Guidelines on Data Protection Impact Assessment (DPIA) and determining whether processing is "likely to result in a high risk" for the purposes of Regulation 2016/679(2017)

(28)　個人情報保護委員会：特定個人情報保護評価の概要

https://www.ppc.go.jp/files/pdf/20160101hyoukasyousai.pdf.

(29)　瀬戸洋一監修：自治体のための特定個人情報保護評価実践ガイドライン，ぎょうせい(2015)

(30)　中川裕志：プライバシー保護入門　法制度と数理的基礎，勁草書房(2016)

(31)　佐久間淳：データ解析におけるプライバシー保護，講談社(2016)

(32)　ISO/IEC 19592-2:2017 Information technology – Security techniques – Secret sharing – Part 2: Fundamental mechanisms(2017)

第12章
デジタルフォレンジック技法

12. デジタルフォレンジック技法
12.1 デジタルフォレンジック技法の概要
12.1.1 定義

　Forensicとは、事実を確定するための証拠の適正な取り扱いに関する科学的手法を意味する形容詞であり、この手法を用いる応用学問の総称を法科学（Forensic ScienceまたはForensics）という。法科学の中では司法解剖や血液鑑定を行う法医学が知られるが、デジタルフォレンジック（Digital Forensics）もまた法科学の一種である[1]。

　デジタルフォレンジックは、もともと警察などの法執行機関で発達した。事件が発生すると、鑑識課が現場に急行し、証拠を保全する。鑑識課員は衣服の繊維や毛髪といった遺留品や、指紋や足跡などの痕跡を採取し、施設にて専門的な分析を行う。もし、犯罪捜査でコンピュータやサーバが押収された場合、デジタルフォレンジックの技法を用いて証拠保全や分析がなされる[2]。

　デジタルフォレンジックで取り扱う証拠は、電磁的記録という形態で残される。電磁的記録とは、「電子的方式、磁気的方式その他人の知覚によっては認識することができない方式で作られる記録であって、電子計算機による情報処理の用に供されるもの」（刑法7条の2）をいう。

　電磁的記録は0と1との並びであるから、人間が内容を理解できるよう変換を施さなければならない。また、電磁的記録は複製や消去、改変が容易であるという性質をもつ。これらのことから、デジタルフォレンジックでは証拠を分析する技術とともに、証拠を保全する手順や復元する技術も重要である。

　NIST SP 800-86「インシデント対応へのフォレンジック技法の統合に関するガイド」は、デジタルフォレンジックを「情報の完全性を保護し、データの厳密な保管引渡し管理（Chain of Custody）を維持しながら、データの識別、収集、検査、および分析に科学的手法を適用すること」と定義している[3]。

　以下では、デジタルフォレンジックを単にフォレンジックと表記する。

12.1.2 社会的背景

　1980年代以降、コンピュータの普及に伴って、法執行機関はコンピュータを利用した犯罪（サイバー犯罪）に対処しなければならなくなった。米国連邦捜査局（FBI）は1984年に、英国ロンドン警視庁は1985年にコンピュータ犯罪部門を組織している。我が国では、1996年に電磁的記録解析が警察庁情報管理課の管掌となり、2000年には警察庁情報通信局に技術対策課が発足した[4]。スマートフォンの急速な普及によって、現在では多くの犯罪捜査でフォレン

ジック技法が用いられている。

1990年代以降、インターネットの発展によって、国境を越えた犯罪活動が容易に行われるようになった。そのため犯罪捜査の国際協調が志向され、2004年にはサイバー犯罪条約が発効している。この条約は、サイバー犯罪を禁じる立法措置を締約国に義務づけ、フォレンジックに関連する証拠収集などの捜査手続きや国際協力を規定するものである。我が国は2011年に刑法を改正して「不正指令人電磁的記録に関する罪」(いわゆる「ウイルス作成罪」)を新設し、2012年に批准した。

デジタル化の進展は、刑事事件だけでなく民事事件においてもフォレンジックの重要性を高めることとなった。民事裁判においては、文書の成立が真正であることを証明しなければならない(民事訴訟法228条1項)。改変の容易な電磁的記録が裁判において証拠として採用されるためには、フォレンジック技法に基づく適正な手順が不可欠である[5]。

12.1.3 適用分野

フォレンジックは法執行機関での犯罪捜査に起源をもち、その後民事訴訟でも利用されるようになった。しかし、用いられる技法は他の領域にも応用可能であるため、現在では裁判以外の目的でも利用されている。表12.1に適用分野を示すとともに、一般組織における利用例を述べる[4]。

表12.1 フォレンジックの適用分野

組織分類	利用例
法執行機関	犯罪捜査(刑事訴訟において必要な証拠の発見)
一般組織	民事訴訟への対応 コンプライアンス対応 内部不祥事調査(横領、パワハラ・セクハラなど) サイバー攻撃によるインシデント対応

(1) 民事訴訟への対応

知的財産を巡る訴訟や労働紛争、取引紛争などの民事訴訟において、フォレンジックによって得られた証拠が利用されることがある。これらの業務は、弁護士や専門企業によって行われることが一般的である。

米国には、eDiscovery(電子証拠開示)という我が国には存在しない民事訴訟上の手続きがある。この制度の下では、事実審理の前に、原告・被告の双方が相手から要求された情報を証拠として開示しなければならない(証拠隠蔽などの不誠実な対応は、制裁につながる恐れがある)。フォレンジックは、提出す

べき証拠を絞り込むための調査や、提出された証拠の分析に使用される。

(2) コンプライアンス対応

コンプライアンス上、フォレンジックが要求されることがある。代表的なものは、クレジットカード情報に関わる事故が発生した場合である。クレジットカード加盟店は、事故発生時に業界団体(PCI SSC)の認定機関によるフォレンジック調査を受けなければならない。

(3) 内部不祥事調査

組織の従業員が何らかの不正行為を行っていると疑われるとき、真偽の調査や証拠発見のためにフォレンジックが利用される。従業員が使っていたPCのストレージ(ハードディスクやSSD)を複製して分析することが一般的だが、アプリケーションサーバやメールサーバ、ファイルサーバなどのログも調査に利用される。調査の事実が悟られないよう、本人の休暇中に作業を行うこともある。

組織によっては、不正の能動的な発見や従業員への牽制を目的として、従業員のPCをランダムに回収してフォレンジックを行うところもある。

(4) サイバー攻撃によるインシデント対応

情報セキュリティ分野におけるフォレンジックの利用例として、不正アクセスやマルウェア感染などのインシデントへの対応が挙げられる。

サイバー攻撃の深刻化を背景に、近年はCSIRT(Computer Security Incident Response Team、「シーサート」と発音する)と呼ばれる専門部隊を構築する組織が官民を問わず増えている。我が国のCSIRTの互助会である日本コンピュータセキュリティインシデント対応チーム協議会(NCA)は2007年に6チームで発足したが、現在では300チーム以上の加盟者を数える[6]。

同協議会「CSIRT人材の定義と確保」は、インシデント対応における担当者の

表12.2 インシデント対応におけるCSIRT要員の役割(NCA)

役割名称	業務内容
コマンダー	CSIRT全体統括、意思決定、社内PoC、役員、CISO、または経営層との情報連携
インシデントマネージャー	インシデントの対応状況の把握、コマンダーへの報告、対応履歴把握
インシデントハンドラー	インシデント現場監督、セキュリティベンダーとの連携
インベスティゲーター	捜査に必要な論理的思考、分析力、自組織内システム理解力を使った内偵
トリアージ担当	事象に対する優先順位の決定
フォレンジック担当	証拠保全、システム的な鑑識、足跡追跡、マルウェア解析

役割を6種類定義している[7]。それぞれの役割と業務内容とを表12.2に示す。ここでは、フォレンジック担当の業務が「証拠保全、システム的な鑑識、足跡追跡、マルウェア解析」と定義されている。

以降の節では、組織のセキュリティインシデント対応におけるフォレンジック技法の用いられ方を解説する。フォレンジック全般を概観するには、参考文献(4)を薦める。

12.2 インシデント対応におけるフォレンジック技法の利用

12.2.1 インシデント対応プロセス

インシデント対応の目的は、被害の極小化である。NIST SP 800-61 Rev.2「コンピュータセキュリティインシデント対応ガイド」は、インシデント対応のプロセスを図12.1のように「準備」「検知、分析」「封じ込め、根絶、復旧」「事後活動」の四つのフェーズから構成されるライフサイクルとして定義している[8]。

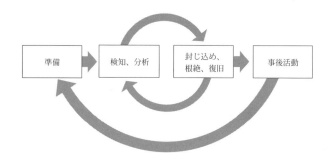

図12.1 インシデント対応のライフサイクル(SP 800-61 Rev.2)

(1) 準備

組織がインシデントに適正に対応するためには、事前の準備が必要である。準備には、CSIRT体制の構築やインシデント対応方針および計画の作成、手順の作成といった組織的対策のほか、必要な技能の一覧化、対応要員の技能育成や訓練などの人的対策が含まれる。各種フォレンジックの専門家を内部で確保できる組織は少ないため、事前に何を外部に委託するかを決定し、委託先候補を一覧化しておくことが望ましい。

準備フェーズには、ログ検索基盤の設置などの技術的対策も含まれる。フォレンジックで必要となるデータが収集できるか否かは、このフェーズに依存する。ネットワーク機器のパケットやコンピュータのログは、インシデントが発

生する前に設定しておかなければ取得できないからである。
　フォレンジック担当は、インシデントが発生した場合に備え、必要なツールをインストールした作業用PCやストレージ装置、各種ケーブル類や、証拠採取・記録のためのデジタルカメラ、ノート、小物入れやシールなどの必要物をバッグに詰めておき、いつでも持ち出せるようにしておく。

(2)　検知、分析

　インシデント情報の入手経路は複数存在する。侵入検知システム (IDS) やファイアウォールによるアラート発報や、利用者や組織外部からの通報などが想定される。CSIRT要員は、それらの事実確認と影響範囲の特定、対応の優先順位づけを行う。優先順位づけを行うのは、インシデントが同時に発生した際、CSIRTには対応できる資源が不足している可能性があるためである。

(3)　封じ込め、根絶、復旧

　インシデントを認知したのち、被害の拡大防止をはかる。これを封じ込めという。具体的な封じ込めの内容はインシデントの種類によって異なる。コンピュータをネットワークから隔離することもあれば、悪性なIPアドレスとの通信をファイアウォールで遮断することもある。

　次に、インシデントの原因を突き止め、問題を除去するとともに、システムやネットワークに必要な追加対策を行う。最後に、状況を監視しながら、システムや業務を通常状態に戻す。

　図が示す通り、(2)と(3)とのフェーズは循環している。サイバー攻撃による侵害を示す新たな証拠が見つかった結果、影響範囲を再特定し、封じ込めをやり直さねばならないこともある。

　フォレンジック担当は、インシデントに関連する証拠を発見することにより、CSIRTの意思決定を支えたり、追加対策の検討材料を提供したりする。たとえば、フォレンジックによって発見したマルウェアの通信先をIT部門に提示し、通信を遮断させる。

(4)　事後活動

　最も重要な事後活動は、インシデントによって得られた教訓を次の機会に生かすための努力である。たとえば、インシデント報告書を作成したり反省会を開催したりすることが該当する。これらの活動に、フォレンジック報告が利用されることがある。

　このほかフォレンジック固有の活動として、収集した証拠の保管がある。外部の要請がある場合を除き、証拠保管期間を定め、期限が過ぎれば確実に廃棄する。

12.2.2 フォレンジックプロセス

フォレンジックの目的は、電磁的記録媒体を変換し、証拠を抽出することである。NIST SP 800-86は、図12.2に示す四つのフェーズからなるプロセスを定義している[3]。

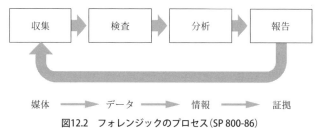

図12.2　フォレンジックのプロセス（SP 800-86）

(1) 収集

本フェーズは、特定・保全・取得の段階に分割することができる。

インシデントの種類に応じて、収集すべき媒体を特定する。内部犯行者によるデータの持ち出しであれば、PCのストレージやUSBデバイスが収集の対象になる。マルウェア感染であれば、メモリ情報を取得することが多い。

取得する媒体を特定したら、それらの媒体に変更がかからないよう保全したうえで、媒体からデジタル証拠を取得する。図12.3に、ハードディスクからの証拠取得の例を示す。専用のソフトを使って原本ハードディスクの内容全体を複製し、イメージファイルとして保存する。

複製物を作成するのは、次のフェーズである検査や分析の過程において証拠

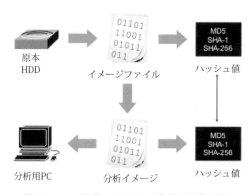

図12.3　ハードディスクからのデジタル証拠取得

が破壊されるためである。フォレンジック調査は、原本ではなく複製物に対して行う。このとき正確な複製が行われていることを示すために、複製元と複製先とでイメージファイルのハッシュ値(第2章)を比較し、一致することを確認する。

裁判が想定される場合には、一連のフェーズにおいて手順が適正であることを示すために、媒体情報を記録する。たとえばハードディスクであれば、製造業者や型番、シリアルナンバーなどである。合わせて、受け渡し履歴が追跡可能なように、作業日時、作業場所、作業従事者を記録する。この履歴管理をChain of Custodyという。

デジタル証拠の収集については、デジタル・フォレンジック研究会が手順を詳細にまとめている[9]。我が国での関連法規や裁判での証拠利用、Chain of Custodyシートやツールが記載された付録が充実しており、一読を勧める。

(2) 検査

収集したデータがすべて有用なわけではない。むしろ、事実を解明する鍵となりうるデータは、ごく一部である。また、データが暗号化されていたり削除されていたりする場合には、復元しなければならない。検査フェーズでは、データの種類に応じてツールや技法を用い、分析に有用な情報を抽出する。このような情報をアーティファクト(artifact)と呼ぶ。

(3) 分析

本フェーズでは、インシデントの全体像など、明らかにしたい事柄に対して妥当な事実を推論する。あるいは、得られたアーティファクトでは想定が裏付けられないことを結論づける。

フォレンジック担当は、検査プロセスで得られた多数のアーティファクトを時系列に並べ、インシデントの解明を試みる。ツールの支援もあるものの、本フェーズは人間による仮説検証や事実検証が不可欠である。

図12.4は、マルウェアに感染した疑いがあるPCに対するフォレンジック分析の仮設例を示したものである。取得したメモリとハードディスクのデータか

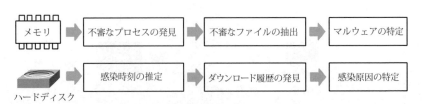

図12.4 マルウェア感染疑いにおけるフォレンジック分析の例

ら、「どのようなマルウェアに感染したのか」「どのようにして感染したのか」を調査したいと仮定する。

メモリの分析から、不審な通信を行っているプロセスを発見する。そのプロセスからファイルを抽出することで、マルウェアを特定する。さらにハードディスクの分析では、当該プロセスが起動した時刻をもとに感染時刻を推定し、ブラウザの閲覧履歴を調べることで、不審なファイルのダウンロードを確認する。ここから感染原因の特定に至る。

実際の現場ではインシデントの全容が一挙に解明されることはなく、分析によって得られた断片的な事実を足がかりに、追加の検査および分析を行うことが一般的である。

(4) 報告

最後に報告書を作成する。このとき、受領者が何を求めているのかを理解しておかなければならない。受領者が経営陣であれば、技術的詳細ではなく事業影響を中心に簡潔に報告する。情報セキュリティ部門やIT部門であれば、今後の再発防止策や追加的な監視項目が検討できるようにする。インシデントの進行中には、時間的制約から簡便な報告ですませることが多い。その場合でも、作業記録を取って事後活動に活かせるようにすることが必要である。

12.2.3. 運用上の留意点

インシデント対応とフォレンジックとは本来の目的が異なるため、両者の原則が対立することもある。

フォレンジックの観点からは、収集できる証拠が多いほど原因究明の可能性が高まる。しかし昨今はストレージの大容量化に伴い、ディスク全体の複製に要する時間が増大し、インシデント対応で要求される迅速さを達成できない場合がある。このような場合には、一部のデータだけを取得して分析を進めるファストフォレンジックが用いられる。

また、インシデント対応における封じ込めの過程では、稼働中のシステムに変更が加わる。コンピュータからLANケーブルを抜線すれば、メモリの内部状態は変化する。コンピュータがワームに感染した場合、メモリ情報を取得してからLANケーブルを抜線することがフォレンジック上は望ましいが、インシデント対応の原則からは直ちに抜線しなければならない。

フォレンジックを情報セキュリティマネジメントのインシデント対応に統合させるためには、CSIRT要員のバランス感覚が重要である。サイバー攻撃への対応の場合には、攻撃者の身元や意図の特定よりも、組織の影響範囲の調査や課題是正に資するための分析を優先すべきである。

近年では、インシデント対応とフォレンジックとを一体的に検討したDFIR（Digital Forensics and Incident Response。「ディーファー」と発音する）という単語が用いられる[1][10]。インシデント対応におけるフォレンジックを学びたいときには、「DFIR」でネット検索するとよい。

12.3　デジタル証拠の収集

12.1および12.2節で、フォレンジックプロセスの概観を述べた。本節と次節とで、「収集」フェーズおよび「検査」「分析」フェーズについて詳しく紹介する。

この節では、デジタル証拠の収集手順を取り扱う。最初にネットワーク全体の証拠の収集について取り上げ、次に個別のコンピュータから証拠を収集する方法を解説する。

12.3.1　ネットワークからの収集

12.2.2節では、1台のコンピュータに対してフォレンジックを行うケースを例示した。しかし組織におけるインシデント対応では、どのコンピュータを調査するかを決めるところから始めなければならない。なぜなら標的型攻撃では、複数のコンピュータが侵害されていることが一般的だからである。そのような場合、ネットワーク上のデータを分析（ネットワークフォレンジック）して対象範囲を絞り込んだのち、コンピュータフォレンジックを行うことが有効である。

ネットワークトラフィックに関するデジタル証拠を収集するためには、事前にネットワーク機器やセキュリティ機器、サーバや端末からログが出力されるよう設定しておかなければならない。

図12.5に、小規模な組織内ネットワークの構成を示す。図におけるDMZ

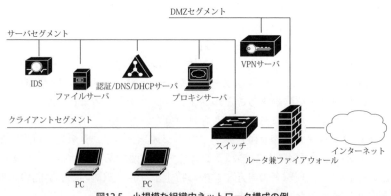

図12.5　小規模な組織内ネットワーク構成の例

(DeMilitarized Zone)セグメントは、内部ネットワークと外部ネットワークとの中間に置かれるネットワーク領域であり、外部からの一切の通信はDMZで受けるようにする。

この例では、以下の機器のログが収集対象になる。
- ルータ兼ファイアウォール
- リモート接続(VPN)サーバ
- プロキシサーバ
- 侵入検知システム(IDS)
- 認証/DNS/DHCPサーバ
- PC

各所に分散するログを都度個別に収集することは、労力を要する。また、その機器が侵害を受けた場合には、ログ自体が消去される恐れがある。このため、ログは個別に保管するのではなく、1か所に集約すべきである。さらに、インデックスをつけて高速に検索できるようにしたログ検索基盤を整備することが望ましい。ログ検索基盤には、Splunkのような商用製品や、Elastic Stackのようなオープンソースのものが存在する。

12.3.2 コンピュータからの収集

コンピュータからデジタル証拠を収集する際には、データが失われやすい証拠から優先的に取得する。データの失われやすさを揮発性(volatility)という。揮発性の一般的な順序を表12.3に示す[11]。たとえばメモリ情報はディスクよりも揮発性が高いため、先に取得しなければならない。

表12.3　揮発性の順序(RFC 3227)

揮発性：高 ↑ ↓ 揮発性：低	レジスタ、キャッシュ
	ルーティングテーブル、ARPキャッシュ、プロセステーブル、カーネル統計、メモリ
	テンポラリファイルシステム
	ディスク
	当該システムと関連する遠隔ロギングと監視データ
	物理的設定、ネットワークトポロジー
	アーカイブ用メディア

(1) メモリ情報の取得

メモリ情報を取得するためには、Comae DumpIt、FTK Imager Lite、WinPmemなどの専用ツールをコンピュータ上の管理者権限で実行し、ダンプファイルを出力する。メモリ情報をネットワーク経由で遠隔取得できる商用

ツールも存在する。

　メモリ情報は、常に正しく出力できるとは限らない。最悪の場合、途中でシステムが不安定になり、再起動を余儀なくされることもある。また、ツールの相性もあるので、組織で利用しているPCと相性のよいツールを事前に探しておくとよい。

(2)　ディスク情報の取得（オフライン）

　ハードディスクやSSDのデータを取得する際には、保全のためにシャットダウン状態にしたのち、ディスク全体を複製することが原則である。このとき、複製元と複製先とで同一性を検証しなければならない。この検証は、12.2.2節で述べた通り、ハッシュ値を比較することで行う。

　裁判で証拠として提出することが想定される場合には、複製元と同じハードディスクを準備して物理コピーを行うことが望ましい。このための専用の複製装置が販売されている。

　インシデント対応では、収集対象のPCをCD-ROMなど別の媒体から起動させて取得ツールを実行し、内蔵ストレージのディスクイメージを作成して外付けストレージ内に保存することが多い。ディスクイメージとは、ディスクの内容を丸ごと一つのファイルにしたものである。圧縮が効くので保存しやすく、検査や分析が容易であるという利点がある。物理コピーとディスクイメージ作成との違いを、図12.6に示す。

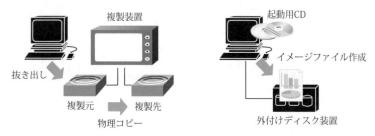

図12.6　ディスクの物理コピー（左）とディスクイメージの作成（右）

(3)　ディスク情報の取得（オンライン）

　ディスク全体が暗号化されている場合、オフラインで取得したイメージは暗号化されているため分析に用いることができない。このような際には、起動したPCにツールをインストールして、ディスクイメージを取得する。PCの改変を伴うので、作業者が不適切な行為を行っていないことを証明するために、ビ

デオカメラでの撮影など作業記録の取得や作業の立ち合いが必要である。

(4) ファストフォレンジックのためのデータ取得

近年はストレージが大容量化しているため、ディスクイメージの取得だけで数日間を要することがある。迅速なインシデント対応を行うために、ディスクイメージ全体を取得する代わりにファストフォレンジックを行う例が増えている。

ファストフォレンジックではメモリダンプに加え、ストレージ格納データのうち重要と考えられるものだけを抽出して分析する。ファストフォレンジックのためのデータ取得を実行するツールとしては、CDIR Collectorがある。

12.4 デジタル証拠の分析

この節では、フォレンジックの検査および分析(以下では、まとめて分析と呼ぶ)に利用可能なデータを「ネットワークトラフィック」「アプリケーション」「オペレーティングシステム」「ファイルシステム」の4種類に分けて説明する。

分析には、フォレンジック作業に必要なツールがセットになったLinuxベースの専用ディストリビューションが利用されることが多い。代表的なものではSIFT WorkstationやCAINE Linuxがあり、いずれも無償で利用可能である。

12.4.1 ネットワークトラフィック

ネットワークトラフィックに関するデータは3種類に分けられる。それぞれパケット、フロー、ログである[12]。

(1) パケット

パケットとはネットワークを流れるデータ(フレーム)のことであり、パケットを取得することをパケットキャプチャと呼ぶ。パケットキャプチャはコンピュータ上でも実施できるが、上位のネットワーク機器でポートを複製する設定を行えば、そのネットワークで流れるすべてのパケットが取得できる。

パケットは生のデータであるため、さまざまな分析が可能である。ただし、SSL/TLSによってコンピュータ間で暗号化されている通信までは分析できない。暗号化通信を行うマルウェアも増えており、専用の復号装置を導入して復号したパケットをキャプチャする組織もある。

パケットを可視化して分析するソフトウェアとしては、オープンソースのWireSharkが最も有名である。大規模な分析では、RSA Netwitness SuiteやSymantec Security Analytics Platformのような商用製品が用いられることが多いが、Molochというオープンソース製品も存在する。

(2) フロー

すべてのネットワークでパケットが記録できれば強力な証拠になるが、実用的ではない。たとえば1Gbpsの通信を1日間記録するだけで、10TB以上のストレージ容量を必要とするためである。

そこで、一部のポイント（たとえばインターネットとの境界）でのみパケットキャプチャを行い、組織内部のネットワークではパケットのかわりにフロー情報を分析することも考えられる。フロー情報は、5タプル（5-tuple）と呼ばれるIPヘッダ上の5種類のデータで構成される。それぞれ「送信元IPアドレス」「宛先IPアドレス」「送信元ポート番号」「宛先ポート番号」「プロトコル」である。

フロー情報にはコンテンツにあたる部分が含まれていないものの、通常と異なるパタンを示す通信の把握や、標的型サイバー攻撃などのインシデント発生時に侵害範囲を特定するためには十分に有用である。

(3) ログ

ログは意図的に残された記録である。ネットワークフォレンジックで分析に利用されるログは、12.3.1節で説明された。

ネットワークフォレンジックでは、複数のログを組み合わせて分析する。その例を表12.4に示す。たとえばプロキシサーバのログに不審なURLへのアクセス記録があったとする。どのPCから通信したのかを知るには、MACアドレスが必要である。そこで、プロキシサーバに記録された送信元IPをキーにして、DHCPサーバのログを見る。誰が通信したのかを知るには、同じく送信元IPをキーにして認証サーバのログを見る。

表12.4 複数のログを用いた調査の例

ログの生成元	URL	送信元IP	MAC	ユーザ名
プロキシサーバ	○	○		
DHCPサーバ		○	○	
認証サーバ		○		○

ログを分析する際には、タイムゾーンを意識しておかなければならない。記録された時刻がJST（日本標準時）なのかUTC（協定世界時）なのかは大きな違いである。また、ログを記録する機器の時刻は正確でなければならない。従って、それぞれの機器がNTPサーバによって時刻同期されていることを普段から確認しておく必要がある。

12.4.2 アプリケーション

(1) クライアント端末

内部犯行であれサイバー攻撃であれ、インシデント調査にはアプリケーションに関連するファイルの分析が含まれる。電子メールの記録を例にとると、内部犯行であれば動機の解明や共謀者の有無の確認が、サイバー攻撃であればマルウェアと接触した経緯の確認が期待できる。

以下に掲げるものは、一般的なクライアント端末において分析対象とするアプリケーションのデータである。これらは後述する総合フォレンジックツールで分析することもできるし、各種データに応じた単体のツールが入手可能な場合もある。

- Microsoft Office関連データ(ファイルを開いた履歴など)
- 電子メールクライアントのキャッシュ、メールボックス
- メッセージングソフトウェアの記録
- ウェブブラウザのキャッシュ、閲覧履歴

(2) サーバ機器

サーバ機器にインストールされたアプリケーションは、ログ機能を備えていることが一般的である。以下に、典型的なサーバと得られるログを示す。

- HTTPサーバのアクセスログ、エラーログ
- アプリケーションサーバの認証ログ
- ファイルサーバのアクセスログ

12.4.3. オペレーティングシステム

オペレーティングシステム（以下OS）のデータは、メモリ（揮発性データ）とストレージ（不揮発性データ）との2種類の状態で存在している。OSにも複数の種類があるが、本章ではWindows系のOSを前提として説明する。やや古いが、参考文献(13)がWindowsフォレンジックの代表的な基本書である。

(1) メモリ

マルウェア感染に伴うインシデントの調査には、メモリの分析が欠かせなくなりつつある。OSのあらゆる活動はメモリを通じて実行される。ファイル上では難読化されているマルウェアも、メモリ上では復号しなければならない。

メモリの分析には、Volatility FrameworkやRekallなどのツールが用いられることが多い。いずれもオープンソースであり、多数のプラグインが開発されている。これらのツールを用いることで、以下のような事実を得ることができる。

- ネットワーク接続の状態
- プロセスの状態

- 開かれているファイル

(2) ストレージ

ストレージから得られるOSのアーティファクトとしては、一部のメモリ情報(仮想メモリ、ハイバネーションファイル)に加え、イベントログ、ジャーナルログ、プリフェッチ、レジストリなどがある。表12.5に、それぞれのアーティファクトから確認できる事実を示す。

表12.5 ストレージから得られるOSのアーティファクト

アーティファクト	記録内容／確認できる事実
イベントログ	OS 上で発生したイベント／ログオン、タスクの生成、サービスの開始など
ジャーナルログ	ファイルやフォルダの変更履歴／直近に行われたファイル操作(削除)など
プリフェッチ	プログラム情報(起動高速化が目的)／プログラムの実行履歴
レジストリ	OS やアプリケーションの設定ファイル／各種設定、USB メモリの接続履歴など

標的型攻撃では、最初に侵害したPCから横展開(Lateral Movement)して侵害の拡大が試みられることが多い。フォレンジックによって横展開の痕跡を発見するためには、以下の情報をイベントログやレジストリなどから取得する。これらのアーティファクトは接続元と接続先とで異なるので注意する。

- リモートアクセスされた記録(RDP：Remote Desktop Protocolなど)
- リモート実行された記録(PsExec、WMI、PowerShellなど)

12.4.4. ファイルシステム

現代のOSは、媒体にファイルを格納して操作できるようにするために、媒体をパーティションに区切り、各パーティションを4KBごとの小さな単位で区画分けして、それぞれの区画にどのようなデータが記録されているのかをメタデータとして別途管理している。この仕組みをファイルシステムという。

フォレンジックにおいてファイルシステムの理解が重要なのは、攻撃者がファイルを意図的に操作する場合があるためである。情報を持ち出す者は、クラウドストレージにデータをアップロードしたあと、ハードディスクからファイルを削除する。あるいは、作成時刻を改ざんしたファイルを故意に残すことで、分析を攪乱させようとする恐れがある。従ってフォレンジック担当は、得られたアーティファクトを複数の角度から分析し、矛盾がないかを確認しなければならない。

(1) データの復元

削除されたデータを復元する方法は、主に2種類ある。それぞれ、メタデー

タからの復元、カービング（carving）である。以下、順に説明する。

Windowsの標準ファイルシステムであるNTFSのメタデータはマスターファイルテーブル（MFT）と呼ばれ、ボリュームごとに$MFTという名前のファイルで格納されている。ファイルを削除してもMFTの管理情報が変更されるだけで、実データはそのまま残されている。MFTの管理情報を参照すれば、実データが上書きされていない限り、削除されたファイルを取り戻すことができる。

論理フォーマットなどによってMFTそのものが失われた場合には、カービングという手法を用いて復元を試みる。それぞれのファイルには、種類に応じて特徴的なバイト列が存在する。（テキストファイルのように、存在しない場合もある。）たとえばJPEG画像ファイルは「FF D8」という16進数（HEX）の列で始まり、「FF D9」で終わる。こうした独特のバイト列をファイルシグネチャと呼び、ファイルシグネチャで媒体からファイルを検索するのがカービングである。ファイルシグニチャの例を表12.6に示す。

表12.6 ファイルの先頭に見られるシグニチャの例

ファイルの種類	HEX	ASCII
Windows/DOS 実行形式	4D 5A	MZ
PDF ファイル	25 50 44 46	%PDF
PNG 画像ファイル	89 50 4E 47 0D 0A 1A 0A	‰ PNG....
Office 2003 までの文書ファイル	D0 CF 11 E0 A1 B1 1A E1	ÐÏ.à¡±.á
Office 2007 以降の文書ファイル	50 4B 03 04 14 00 06 00	PK......
ZIP 圧縮ファイル	50 4B 03 04	PK..

(2) タイムスタンプ

NTFSのMFTに記録される時刻（タイムスタンプ）には4種類あり、MACEと略称される。それぞれ、更新日時（Modified Time）、アクセス日時（Accessed Time）、作成日時（Creation Time）、エントリ更新日時（Entry Modified Time）である。表12.7に、各タイムスタンプを整理した。

ファイルに名前変更、移動、複製などの操作を加えた場合のタイムスタンプの挙動は、OSのバージョンごとに少しずつ異なる。たとえば、Windows 7以降のOSではアクセス日時の更新がデフォルトで無効化されているため、タイムスタンプの最終アクセス日時以後にアクセスされている可能性もある。

Windowsにおいてファイル操作がタイムスタンプに与える影響を、表12.8に示す。ただし、この通りの挙動を示さないアプリケーションもある（たとえ

311

第12章 デジタルフォレンジック技法

表12.7 NTFSにおけるタイムスタンプ

タイムスタンプ名	解説
更新日時	データ（ファイルの内容）が変更された日時。
アクセス日時	ファイルが最後にアクセスされた日時。
作成日時	ファイルが作成された日時。Birth Time ともいう。
エントリ更新日時	メタデータが変更された日時。Change Time ともいう。

表12.8 ファイル操作がタイムスタンプに与える影響（NTFS）

ファイル操作	M	A	C	E
修正する	更新	—	—	更新
名前を変更する	—	—	—	更新
複製する	複製元を継承	更新	更新	更新
ボリューム内で移動する	—	—	—	更新

ばMicrosoft Office）ので、実際に検証することが必要である。

NTFSの時刻分解能は100ナノ秒であるから、タイムスタンプが秒以下の単位まで0でそろっている場合には、改ざんが疑われる。また、MFTには2種類（$STANDARD_INFORMATIONおよび$FILENAME）のタイムスタンプ属性があるが、改ざんツールによっては前者しか変更できないものもあり、両者の差異分析によって改ざんを発見できることがある。

ファイルシステムを分析する機能を有する商用ツールには、EnCase Forensic、Forensic Toolkit（FTK）、X-Ways Forensicsなどがある。オープンソース製品ではAutopsy（The Sleuth Kit）が知られる。これらは、削除ファイルを復元する機能や、アプリケーションデータを抽出する機能を有する。

12.5 フォレンジック技法の応用

12.5.1 マルウェア解析

表12.2では、フォレンジック担当の役割の一つとして「マルウェア解析」が含まれていた。

フォレンジックによって取得したマルウェアの実体ファイルを自組織で解析するCSIRTもある。マルウェア解析は、解析の難易度が低い順から「表層解析」「動的解析」「静的解析」の3種類に分けられる[14]。

(1) 表層解析

表層解析は、ファイルのハッシュ値や含まれる文字列などをもとに情報収集を行い、そのファイルがマルウェアか否か、マルウェアの場合にはどのような

特徴を有するのかを調査することである。このような情報提供サイトとしてはVirusTotalが著名であるが、その他のサービスも存在する。

(2) 動的解析

動的解析では、サンドボックスと呼ばれる専用の環境でマルウェアを実際に実行し、その動作を記録する。発生させる通信やレジストリへの書き込みを分析することで、追加的な対策に必要な情報を得ることができる。

サンドボックスには、商用製品、オープンソース製品、クラウドサービスなど、さまざまな種類のものが存在する。

動的解析は比較的手軽に行えるが、サンドボックス環境であることを認識すると動作しないように作られているマルウェアもある。

(3) 静的解析

デバッガや逆アセンブラツールを利用して実際にコードを分析するのが静的解析である。マルウェアの詳細な機能を解明することができるが、アセンブラを理解する必要があるなど、要求される知識水準が高く、解析に時間がかかる。

実際には、これらの解析手法を組み合わせる。たとえば、通常の分析であれば表層解析や動的解析だけを行い、標的型攻撃が疑われるなど詳細な調査が必要と判断する場合には静的解析を行う。

12.5.2 脅威ハンティング

フォレンジック技法をサイバーセキュリティに応用する最新の動向に、脅威ハンティング (Threat Hunting) がある[15]。脅威ハンティングとは、インシデントの兆候を示す端末の挙動を追跡することをいう。

高度な攻撃者は、対象組織が保有するセキュリティ機器を調査したうえで、機器の検知を回避して攻撃を行う。このため標的型攻撃が行われた場合、組織が侵入を受けてからインシデントを認知するまでに時間差がある。セキュリティ企業ファイア・アイは報告書の中で、この時間差を101日間 (世界での中央値、2017年) と推定している[16]。

従来のフォレンジックがインシデント発生時に受動的に対応するのに対し、脅威ハンティングはインシデントの能動的な発見によって、時間差の短縮を試みる。フォレンジック担当が調査で培った仮説検証能力を、平常時においても活用しようとするものである。

脅威ハンティングは探索的なデータ解析であるため、組織がログ検索基盤を整備し、担当者が活用できる状態になっていることを前提としている。さらに、従来はリアルタイムでの取得が難しかった端末情報の取得を、EDR製品などを用いて合わせて行うことが一般的である。

12.5.3　DFIR活動の一例

最後に、仮設例のインシデントを通じて、CSIRTにおけるDFIR活動の内容を具体的に紹介する。

ここでは、本社と各拠点とがWANで結ばれたネットワーク（図12.7）をもつ組織を仮定する。インターネットとの境界にはファイアウォールがあり、インターネットとの通信内容はパケットが記録されている。CSIRTやIT部門は本社に配置されているものとする。

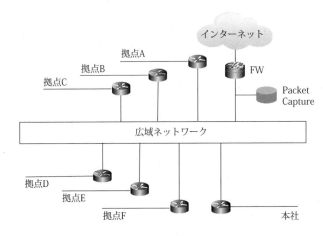

図12.7　仮設例におけるネットワーク構成

ある日、CSIRTがIT部門のヘルプデスクから、「拠点CのPCでファイルが暗号化されて開けなくなった、不審な画面が表示された」という報告を受けた。

(1)　ネットワークフォレンジックによる調査範囲の特定

報告を受けたCSIRTは、事実の確認を行う。現場で画面の写真を撮影してもらい、それがランサムウェアの感染を示すものであることを認知する。次に、被害の範囲を調査する。このとき、技術的調査だけに頼らないことが重要である。電話などで聞き取り調査をしたほうが早いことが少なくない。

聞き取り調査の結果、以下3点の事実が判明した。

- 拠点C内には他の数台の感染が見られる一方で、他拠点からは感染の報告はない。
- 拠点Cのネットワーク機器のログを調査したところ、最初に感染が報告されたPCから他の拠点への通信は存在しない。

- インターネット境界に設置されたネットワーク機器の調査によって、感染が確認された複数台のPCから特定の国への通信が存在する。

これらの事実から、CSIRTは本マルウェアが同一ネットワークセグメント内に横展開する可能性があると考え、当該拠点内の端末をネットワークから隔離させるとともに、組織全体に注意喚起を発した。また、必要な業務を継続すべく、事業部門やIT部門と協力し、近隣拠点にて当該拠点の人員を受け入れて作業ができるよう手配した。

(2) コンピュータフォレンジックによる初期感染原因の特定

現時点では、拠点C内の数台のPCが個別に感染したのか、1台のPCから拠点内に横展開したのかを判断できない。そこでCSIRTは、特定の国への通信を最初に行ったPCと、最初に感染が報告されたPCとの2台を保全し、コンピュータフォレンジックを行うことを決定した。

メモリがダンプできればよいが、拠点には技能従事者が存在しない。遠隔地であるため、CSIRT要員が駆けつけることもできない。このためメモリ情報の取得を諦め、拠点からPCを郵送してもらうことにした。

コンピュータフォレンジックの結果、以下の事実が判明した。

- 特定のフォルダ内にマルウェア本体が設置されている。
- ブラウザ履歴の調査結果では、大手検索サイト経由で正規サイトにアクセスした直後にマルウェアがダウンロードされている。
- レジストリの調査結果では、ログインユーザの権限でデジタル複合機の共有フォルダにアクセスし、マルウェア本体へのショートカットが作成されている。

デジタル複合機の共有フォルダは、誰もが読み書きできる状態になっていた。他のPCは、共有フォルダに作られたマルウェア本体へのショートカットにアクセスして感染したものとCSIRTでは推論した。

CSIRTは再びネットワークフォレンジックを行う。インターネット向けの通信はパケットを収集しているので、当該時刻付近のパケットからアクセス状況が再現できる。再現した結果、以下の事実を得た。

- 正規サイトが改ざんされてJavaScriptが埋め込まれており、ブラウザの機能拡張を装うポップアップ(図12.8)が表示されるようになっていた。
- パケットから取得したマルウェア本体のハッシュ値は、PCに保存されているものと一致する。

第12章 デジタルフォレンジック技法

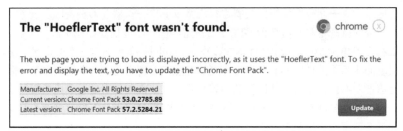

図12.8 マルウェアをダウンロードさせるポップアップウインドウ

　以上の分析から、改ざんされたサイトから従業員がマルウェアをダウンロードして実行することで、最初の感染が起こったとCSIRTは結論づけた。CSIRTが把握したインシデントの全容を、図12.9に示す。

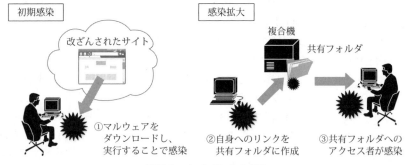

図12.9 インシデントの全容

　別途、CSIRTはウイルス対策ソフトウェアのベンダーに入手したマルウェアを検体として提出し、保有する機能の調査を依頼した。このマルウェアは暗号化機能を有するものの、情報を持ち出す機能等は存在しない、とのことであった。

(3) 調査報告書の作成と課題の抽出

　以上の分析結果を報告書に整理するとともに、課題を抽出した。拠点においてメモリ情報を取得する能力を獲得するか、CSIRTが遠隔地からメモリ情報を取得する方法を検討しなければならない。また、ファイルサーバだけでなくデジタル複合機にも共有フォルダ機能が存在することが見落とされていたため、適切なアクセス制御の設定を促さなければならない。

第 12 章　デジタルフォレンジック技法

■演習問題

問1　デジタルフォレンジックが一般組織で利用される例を一つ取り上げ、説明しなさい。

問2　インシデント対応におけるフォレンジックにおいては、証拠の収集を最優先とすべきでないことがある。その理由を説明しなさい。

問3　デジタル証拠の収集に関し、ネットワークフォレンジックの制約を、コンピュータフォレンジックと比較して説明しなさい。

問4　マルウェア解析における動的解析と静的解析との違いを説明しなさい。

参考文献

(1) Gerard Johansen著：Digital Forensics and Incident Response，Packt Publishing，2017．
(2) 羽室英太郎，国浦淳編著：デジタル・フォレンジック概論，東京法令出版，2015．
(3) National Institute of Standards and Technology：Guide to Integrating Forensic Techniques into Incident Response，SP 800-86，2006．
https://csrc.nist.gov/publications/detail/sp/800-86/final
https://www.ipa.go.jp/files/000025351.pdf
(4) 佐々木良一編著：デジタル・フォレンジックの基礎と実践，東京電機大学出版局，2017．
(5) 小向太郎：情報法入門，第4版，NTT出版，2018．
(6) 日本コンピュータセキュリティインシデント対応チーム協議会
http://www.nca.gr.jp/member/index.html
(7) 日本コンピュータセキュリティインシデント対応チーム協議会：CSIRT人材の定義と確保(Ver.1.5)
http://www.nca.gr.jp/activity/imgs/recruit-hr20170313.pdf
(8) National Institute of Standards and Technology：Computer Security Incident Handling Guide，SP 800-61 Rev.2，2012．
https://csrc.nist.gov/publications/detail/sp/800-61/rev-2/final
https://www.ipa.go.jp/files/000025341.pdf（日本語。ただし旧版）
(9) デジタル・フォレンジック研究会：証拠保全ガイドライン，第7版，2018．
https://digitalforensic.jp/home-act-products-df-guideline-7th/
(10) Jason T. Luttgens，Matthew Pepe，Kevin Mandia著：インシデントレスポンス，第3版，日経BP社，2016．
(11) Internet Engineering Task Force：Guidelines for Evidence Collection and Archiving，RFC 3227，2002．

第 12 章　デジタルフォレンジック技法

　　https://www.ietf.org/rfc/rfc3227.txt
(12)　Ric Messier著：Network Forensics，Wiley，2017．
(13)　Steven Anson，Steve Bunting，Ryan Johnson，Scott Pearson著：Mastering Windows Network Forensics and Investigation，Sybex，2012．
(14)　八木毅，青木一史，秋山満昭，幾世知範，高田雄太，千葉大紀：実践サイバーセキュリティモニタリング，コロナ社，2016．
(15)　Peter H. Gregory：Threat Hunting for Dummies，John Wiley & Sons，Inc，2017．
　　https://www.carbonblack.com/resource/threat-hunting-dummies/
(16)　FireEye：M-Trends 2018，2018．
　　https://www.fireeye.com/blog/threat-research/2018/04/m-trends-2018.html

フォレンジックツール
　フォレンジックツールを搭載した無償のLinuxディストリビューションとして、以下のものを推奨する。
　CAINE
　　https://www.caine-live.net/
　SIFT WorkStation
　　https://digital-forensics.sans.org/community/downloads
　Tsurugi Linux
　　https://tsurugi-linux.org/

第 13 章
IoT セキュリティ

13. IoT セキュリティ
13.1 IoT とはなにか

　IoT（Internet of Things）という言葉は、1999年にケビン アシュトン（Kevin Ashton）がプレゼンテーションのタイトルで使用したのが初めてとされる[1]。あらゆるモノがネットワークに接続される「モノのインターネット」といわれる。ITU（国際電気通信連合）の勧告（ITU-T Y.2060（Y.4000））では、「情報社会のために、既存もしくは開発中の相互運用可能な情報通信技術により、物理的もしくは仮想的なモノを接続し、高度なサービスを実現するグローバルインフラ」とされ、次のようなことが期待されている[2]。

① モノ（Things）がネットワークにつながることにより、迅速かつ正確な情報収集が可能となるとともに、リアルタイムに機器やシステムを制御することが可能となる。

② カーナビや家電、ヘルスケアなど異なる分野の機器やシステムが相互に連携し、新しいサービスの提供が可能となる。

　ここでモノとは、スマートフォンのようにIPアドレスを持つものや、IPアドレスを持つセンサから検知可能なRFIDタグを付けた商品や、IPアドレスを持った機器に格納されたコンテンツのことを意味する。

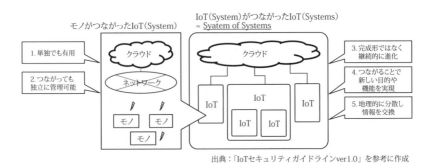

出典：「IoTセキュリティガイドラインver1.0」を参考に作成

図13.1　SoS的な特徴を持つIoTの「つながる世界」のイメージ

　図13.1はSoS（System of Systems）としての性質を持つIoTの「つながる世界」のイメージである[2]。その特性は、同図の1～5に示す通り、IoTがネットワークにつながって価値を生むだけでなく、他のIoTとつながることによって新たな価値を生むという性質を持っている。

　この分野は時代とともにその表現を変えて発展している。テレメトリ、ユビ

キタス、センサネット、M2M（Machine to Machine）などはその表現の一例である。このような進化は半導体チップなどのデバイス技術、ソフトウェアの標準化、通信インフラの整備などにより発展してきた。

　IoTの重要な要素として、アーキテクチャ、標準化、セキュリティが挙げられる。IoTではエコシステム（生態系から転じて経済圏という意味で用いられる）が重要である。IoT機器のようなデバイス、ネットワーク、クラウドなど複数のベンダから、そのプラットフォーム上でサービスを行う事業者まで、色々な分野の事業者がIoTエコシステムを構築するためにはアーキテクチャや相互接続性を担保する標準化が必要である。互いに影響を及ぼすこと、そして対象となるデバイスが管理できないほどの量となるため、一旦システムのセキュリティが破られると影響範囲が大きい。このためにセキュリティの作り込み（セキュリティ・バイ・デザイン）の考え方と継続したセキュリティ確保への対応が重要である。

13.2　IoTの利用分野

　総務省の資料[3]によれば、IoT機器は、2015年時点の154億個から2016年時点の173億個と12.8％の増加となり、2016年を起点に2021年までに年平均成長率（CAGR）15％とさらに成長率が加速し、2020年には300億個ものデバイスがインターネットをはじめとするネットワークに接続され、活用されていくと言われている[3]。図13.2に世界のIoTデバイス数の推移及び予測を示す。

　機器総数の予測値は調査のスコープにより異なるが、予測値の絶対値が重要なのではなく、現在のデバイス数とその成長率に注目することが重要である。分野ごとのデバイス数と成長率を散布図として示したのが図13.3である。

　分野としてはIoTデバイスの中で大きな比率を占めるスマートフォンなどのコンシューマ分野が普及率の拡大から成熟に向かう一方、自動車分野、産業、医療などが今後の有望分野である。医療分野はウエアラブル端末により健康データ、運動データなどが管理できるようになる。併せて、介護や遠隔見守りの分野でもIoTが期待されている。

　自動車分野では、自動運転のサポートに向けてますますコネクティッド・カー（通信機能が搭載された自動車）化が進む。ここでは各自動車の位置情報や車速などの車の状態などが収集され、交通渋滞などのセンサに使われていく。また、自動車の制御を行うECU（Engine Control Unit）などの制御ユニットのファームウェア更新にも活用される。

　産業分野は、近年の第四次産業革命の流れに沿って、急速に拡大している分

第13章 IoTセキュリティ

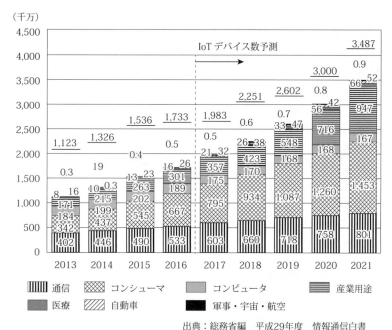

図13.2 世界のIoTデバイス数の推移及び予測

出典：総務省編　平成29年度　情報通信白書

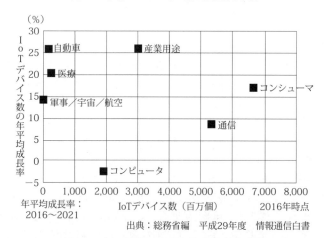

図13.3 分野・産業別のIoTデバイス数及び成長率

出典：総務省編　平成29年度　情報通信白書

野である。産業分野ではデバイス数とその成長率により、自動車分野より大きくなると予測されている。この分野では生産現場のIoT化から、できあがった

322

製品のIoTによる遠隔監視まで、幅広い応用の範囲がある。IoT対応の機器を新規に導入するニーズが今後増えるが、IoT化されていない既設の機器や設備の数も膨大である。このため既設の機器や設備をIoT化するニーズはさらに大きい。

また、今後環境のモニタリングは各種センサのIoT化であり、気象変化による災害の防止やインフラのメンテナンスに欠かせない分野となる。

IoTの構成要素として無線によるネットワークも重要である。現在キャリア無線接続の分野では4G（LTE：Long Term Evolution）の普及が進んでいるが、超高速、多数接続、超低遅延といった特徴によりIoT基盤として早期実現が期待されている5Gや、通信速度や1回に送れるデータ量は限られるが低価格な通信料金が期待できるLPWA（Low Power Wide Area）によるデータ収集も注目されている。図13.4は5G、LTE、LPWAといったキャリア無線を中心とした広域無線と、Wi-Fi、Bluetoothなどの近距離無線の位置付けを示したものである。

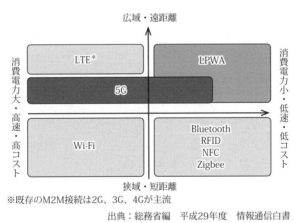

※既存のM2M接続は2G、3G、4Gが主流

出典：総務省編　平成29年度　情報通信白書

図13.4　各通信方式の位置付け

13.3　各国の取り組み

IoTに関する動向として、ドイツ、米国、日本についての取り組みを紹介する[5]。

(1) ドイツ

ドイツは2011年にドイツ政府が推進する製造業のデジタル化・コンピューター化をめざすコンセプト、国家戦略的プロジェクトであるIndustries4.0を発表した。ドイツ政府が推進する製造業の変革であり、サイバー・フィジカル・

システム (CPS) を導入したスマートファクトリの実現をめざし、IoTの技術を導入して機器のデータやセンサの情報をビッグデータとして集め、AIなどを用いてより的確な保全を行うことをめざす。IoT普及のけん引力となっている。

(2) 米国

米国ではドイツの政府主導とは異なり、民間のGE (General Electric) 社が2012年にICT技術を活用し、生産性の向上やコストの削減を支援する産業サービスであるIndustrial Internetを提唱した。様々な製品からIoTを利用して稼働データなどを収集し、ビッグデータとして分析し、運用・保守や次の製品開発に活かす事により、製造業のビジネスモデルを変える取り組みである。

(3) 日本

2017年3月に経済産業省がSociety5.0の一環としてConnected Industriesの概念を発表した。人と機械・システムが協調する新しいデジタル社会の実現、協力や協働を通じた課題の解決、デジタル技術の進展に即した人材育成の積極推進をめざす。

データがつながり、有効活用されることにより、技術革新、生産性向上、技術伝承などを通じた問題解決を図ることを目的とする。

13.4 IoTのアーキテクチャ

一般的なIoTシステムのプラットフォームとしては図13.5のように、IoTデバイス、ネットワーク、クラウドによって構成され、ユーザはインターネットを介してクラウドにアクセスする。

広域ネットワークは、キャリア無線閉域網というインターネットから隔絶され、通信キャリア会社によって安全性が確保されたネットワークと、各種の脅威にさらされる危険性があるインターネットに分けることができる。IoTデバイスは直接広域ネットワークに接続できるもの、ルータなどを介して間接的に接続するものがある。IoTデバイスからクラウドまでの通信経路にはキャリア無線閉域網から専用回線によってダイレクトにクラウドに接続するもの、一旦インターネットに出てからクラウドに接続するもの、ブロードバンドルータ等を介してインターネット経由でクラウドに接続するものがある。

また、クラウドからユーザが使うスマートフォン、タブレット、モバイルPCまでの経路は、インターネットから直につながるものと、インターネットからキャリア無線閉域網を経由してつながるものがある。

13.4.1 IoTデバイス

次にIoTデバイスの構成について説明する[4]。

第 13 章　IoT セキュリティ

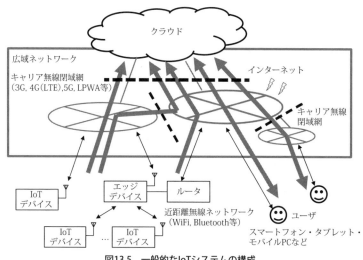

図13.5　一般的なIoTシステムの構成

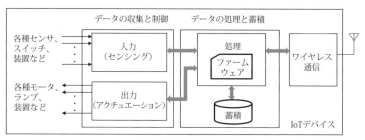

図13.6　IoTデバイスの構成

図13.6は一般的なIoTデバイスの構成を示したものである。
(1)　データの収集と制御
　一般にIoT機器は、入力（センシング）機能、出力（アクチュエーション）機能を単独もしくは複数備えている。
　現実世界とのインタフェース形式さまざまである。例えば、ON/OFFのような接点（スイッチ）を介したデジタル入出力や、電圧や電流といったアナログ入出力をはじめとして、UART (Universal Asynchronous Receiver/Transmitter)、I^2C (Inter-Integrated Circuit)、SPI (Serial Peripheral Interface)、RS-232C、RS-485、CAN (Controller Area Network)、Ethernetなどのシリアル通信のインタフェースがある。一般にセンサは、温度、湿度、光、音、気圧、加速度など

325

第 13 章　IoT セキュリティ

の物理量を電圧や電流といった電気的信号に変換し、このアナログ信号をデジタル信号に変換して取り込むのが一般的である。また、シリアル通信インタフェースは、物理的・電気的特性が一緒でも、通信プロトコルが異なると相手方のセンサや装置と通信できないので注意が必要である。

(2) データの処理と保管

IoT機器は、センサからの入力をデータ処理し、内部に一時的に保管・蓄積する記憶機能を持つ。信号解析やAIエッジ処理などの高度なエッジ処理機能を持つものもある。

(3) IoT機器のファームウェア

IoT機器に組み込まれ機器を制御するソフトウェアはファームウェアと呼ばれる。以下に概要を説明する。

　(a) 組み込みファームウェア

　　　IoT機器のハードウェアリソース(資源：メモリ容量やマイクロコントローラの機能や性能など)は、PCやスマートフォンに比べ、限られていることが多い。この場合には内部デバイスや割り込みのハンドラなどの制御ソフトウェアを専用に開発することで、最小限のコストで機器の制御が可能である。

　(b) OSベースファームウェア

　　　IoT機器がより多機能かつスマート化を求められるようになり、OSベースのファームウェアが用いられるようになってきた。IoT用のOSはIoT機器のアプリケーション・ソフトウェアに対し、基礎となるハードウェアを抽象化できるので、組み込みソフトウェアのエンジニアとアプリケーション・プログラマの開発の分業を容易にできる。

　　　多くのIoT機器メーカが組み込みLINUXのコマンド・パックとして選んでいるのが、Busybox(https://busybox.net/参照)である。Busyboxは、フットプリント(容量)が極めて小さく、UNIXの多数の機能を単一の実行可能ファイルで提供するため、IoT機器のような特定用途の組み込みシステムに適している。多くのIoT機器に実装されているために、このことが逆にBusyboxのコマンドを利用して攻撃を行うマルウェアの存在を許している。

(4) ワイヤレス通信

後述するネットワークと接続するための機能である。直接キャリア無線により接続するもの、Wi-Fi(無線LAN)、Bluetooth、ZigBee、Z-Waveなどの近距離無線により接続するものがある。

(5) 耐タンパ性

内部を解析する意図で、機器のケースを開ける、分解する、プローブを当てる、といった侵襲行為をタンパ（tamper）という。内部に秘密鍵やパスワードなど、重要な情報が内蔵されている場合は、このようなタンパに耐えることが必要である。耐タンパ性が高いとは、機器や装置の内部デバイスやソフトウェアが、外部から解析、読み取り、改ざんされにくくなっている状態を示す。

耐タンパ性を高めるためには、外部からの干渉に対して守りを固める手法と、外部から干渉を受けた時に内部を自ら破壊したりデータを消去して解析できなくする手法に大別される。

13.4.2　ネットワーク

ここではIoTデバイスがワイヤレス、すなわち無線通信でクラウドに接続するとして説明する。IoTデバイスからクラウドまでは、携帯電話の無線網であるキャリア閉域網を経由する。図13.7はIoTデバイスからキャリア閉域網までの接続を示す。

(a) 直接キャリア閉域網に接続

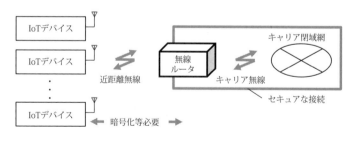

(b) 近距離無線で集約してからキャリア閉域網に接続

図13.7　ネットワークの構成–IoTデバイスからキャリア閉域網まで

キャリア無線閉域網はインターネットとは異なり、インターネットなどの外部からは接続できないクローズドなネットワークなので、キャリア閉域網内はセキュアな接続と考えてよい。IoTデバイスからキャリア閉域網までは(a)のよ

うにキャリア無線によるものと、(b)のようにWi-Fi（無線LAN）やその他Bluetooth、ZigBee、Z-Waveなどの近距離無線によるものなどがある。

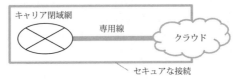

(c) 専用線でクラウドに接続

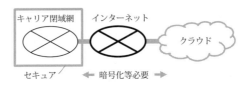

(d) インターネット経由でクラウドに接続

図13.8　ネットワークの構成−キャリア閉域網からクラウドまで

図13.8はキャリア閉域網からクラウドまでの接続を示したものである。(c)のように、クラウドが専用線によりキャリア閉域網に接続されている場合と、(d)のようにインターネットを経由して接続される場合がある。(d)の場合はVPNを張るなど、外部からの不正な攻撃から遮断するセキュリティ対策が必要である。

以上のように、IoTデバイスからクラウドまでのネットワークは大まかに言って(a)(b)と(c)(d)の組み合わせで4通りが考えられるため、途中の経路が外部からの攻撃に対して防御できるよう考慮することが重要である。

13.4.3　クラウド

クラウドはIoTデバイスからのアクセスと、ユーザ側からのアクセスがある。どちらも認証を行い、不要なアクセスを遮断するよう考慮する。

13.5　IoTセキュリティの課題

IoTセキュリティの課題としてセーフティとセキュリティの二つがある[13]。

IoTシステムの本質は、その対象となるIoT機器が大量にあり、さらに長期にわたって使用されることである。また、セーフティとセキュリティを合わせたいわゆる「安全安心」が破られたときに、個人情報の漏えいや直接人命にかかわるインシデントが発生する。表13.1にセーフティとセキュリティの違いをまとめた。

第13章 IoTセキュリティ

表13.1 IoTのセーフティとセキュリティ

相違点	セーフティ	セキュリティ
保護対象	人命、財産など	情報の機密性、完全性、可用性など
原因	合理的に予見可能な誤使用、機器の機能不全	意図した攻撃
被害検知	事故として現れるため、検知しやすい	盗聴や侵入など、検知しにくい被害も多い
発生頻度	発生確率として扱うことが可能	人の意図した攻撃のため、確率的には扱えない
対策のタイミング	設計時のリスク分析・対策で対応	時間的経過により新たな攻撃手法が開発されるので、継続的な分析・対策が必要

　表13.1に示すように、セーフティは合理的に予見可能な原因に対して、設計時のリスク分析によって明らかにした対策により、対応することができる。また被害の検知についても事故として現れるため、検知しやすい。一方、セキュリティは、悪意ある者の意図による攻撃により生じるため、機器が稼働中であっても継続的に対応していく必要がある。また、使用者に気づかれないように偽装されることもあり、検知しにくい場合が多い。
　図13.9にセーフティおよびセキュリティ設計におけるV字開発モデルの例を示す。

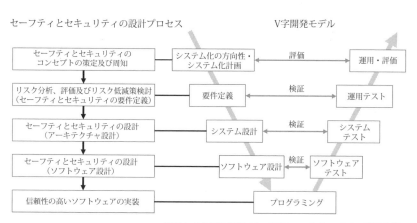

出典：つながる世界のセーフティ＆セキュリティ設計入門
図13.9　セーフティおよびセキュリティ設計における検証・評価

第13章 IoTセキュリティ

　安全安心に関しては、表13.2に示すように、一部業界において国際規格が制定されており、その要求事項が検証・評価の項目抽出に活用できる。また規格に基づく第三者認証により、安全安心対策のレベルの客観的評価も実施されている[2]。

表13.2　安全安心に関する国際規格

分類	国際規格		備考
セーフティに関するもの	機能安全規格 IEC 61508及びその派生規格	自動車分野： ISO 26262	セカンドエディションでセキュリティに関する事項も追加されている。
		産業機械分野： IEC 62061等	
製品セキュリティに関するもの	コモンクライテリア ISO/IEC 15408		情報セキュリティの観点から、情報技術に関連した機器やシステムが適切に設計され、正しく実装されていることを評価する規格で、国際協定に基づき認証された機器やシステムは加盟国においても有効と認められる。
	EDSA（Embedded Device Security Assurance）認証		制御機器を対象としたセキュリティ評価制度であり、ソフトウェア開発の各フェーズにおけるセキュリティ評価、セキュリティ機能の実装評価及び通信の堅牢性テストの三つの評価項目からなる。
その他			国際規格が整備されていない分野では民間による第三者評価も有効であり、米国ではICSA Labs、NSS Labs 等のセキュリティ評価機関が通信機器等の評価を実施している。国内では一般社団法人重要生活機器連携セキュリティ協議会（CCDS）がATM、車載器（カーナビ等）などのセキュリティ評価ガイドラインを作成している。

出典：IoTセキュリティガイドラインver1.0

　IoTに関しては、13.1節で述べたSoSのような性質があるため、今後、普及・発展するに従って新たなハザードや脅威が発生することが想定される。このため、継続的に運用関係者等、エコシステムの中で連携、最新の情報を共有・把握し、評価に反映することが必要である。

　次にIoTセキュリティの課題を明確にするために、IoTシステムの特有の性質を述べる。IoTシステムの性質として、次の六つが挙げられる[2]。

(1) 脅威の影響範囲や影響の度合いが大きい
(2) 対象となる機器のライフサイクルが長い
(3) 機器に対する監視の目が行き届かないことが多い
(4) 機器側とネットワーク側の環境や特性の相互理解が不十分な場合がある
(5) 機器の機能や性能が限られている場合が多い
(6) 開発者が想定外の接続がされることがある

以下、この六つの性質について説明する。

(1) 脅威の影響範囲や影響の度合いが大きい

　例えば、Webカメラやハードディスクレコーダのような民生品、自動車分野、医療分野のIoT機器やシステムは、機器単体に留まらず、ネットワークで接続されているために一旦攻撃されるとその影響は広範囲に及ぶ可能性が高い。攻

撃を受けた場合に考えられるリスクとしては、情報の漏えい、悪意のある他の用途への転用、意図しない制御、機能の無効化などがある。

情報の漏えいは、例えばWebカメラの映像が盗聴されたり、機器やシステム内部の情報（その機器に蓄積された情報、例えば収集した工場の生産情報や個人情報など）が読み取られたりすることである。

悪意のある他の用途への転用とは、例えば機器の制御を乗っ取られてボットネットの構成端末となり、特定サイトのDDoS攻撃に使われたり、仮想通貨のマイニング処理に使われたりすることが挙げられる。

意図しない制御とは、例えば医療機器やPLCなどの制御機器が異常な動作をさせられることで、場合によっては生命が危険にさらされたり、工場やプラントが停止させられたり、破壊されたりする場合がある。機能の無効化とは、文字通り機器の機能を破壊されてしまうことである。

(2) 対象となる機器のライフサイクルが長い

機器によっては10年以上に渡って使い続けられる。例えば自動車の平均使用年数が12年〜13年と言われている。工場の制御機器が10年〜20年に渡り使われる機種が数多く存在する中で、製造された時点、もしくはシステムが構築された時点でのセキュリティ対策は年と共に危殆化していくと考えられる。この結果、ぜい弱性のある機器が長期間にわたってネットワーク上に存在することがあり得る。

加えて、もともとネットワークへの接続を想定せずに設計された機器やシステムを追加機能としてIoT化することも考えられる。この場合、もとの機器やシステムのセキュリティ上のぜい弱性検討が不十分のままIoT化すると、例えばインターネットに直接接続されれば直ちに攻撃にさらされることになる。

*危殆化（きたいか）：例えば、暗号技術について説明すると、考案された当時の暗号研究の水準やコンピュータの処理能力では容易に解読できなかった暗号アルゴリズムが、新しい攻撃手法の発見やコンピュータ性能の飛躍的な向上により、十分に安全とは言えなくなることを意味する。

(3) 機器に対する監視の目が行き届かないことが多い

IoT機器はPCやスマートフォンのようなユーザに対する画面がないことが多い。機器によっては目に見える何の出力すら備えないものもある。また、組み込み機器や、制御盤内に収められた産業用の機器のように、直接目に触れない場所に設置されている機器もある。このため、例えマルウェアに感染していても気付きにくいことがある。また、管理されていない機器から感染が広がる場合もある。

(4) 機器側とネットワーク側の環境や特性の相互理解が不十分な場合がある

IoTシステムを構成する際に、IoT機器側とネットワーク側の相互理解が不十分だと、それぞれが想定している安全性や性能を確保できなくなる恐れがある。このため、IoT機器を接続するネットワークの特性は、事前によく検討しておくことが重要である。

(5) 機器の機能や性能が限られている場合が多い

例えば、環境モニタリングのために設置するセンサなどは低消費電力で何年もの長期間に渡り、動作させる必要があるものがある。このような条件で作られたIoT対応センサなどはハードウェアのリソースが限られていることが多い。このような場合、セキュリティ対策に割けるリソースがなかったり、あっても限られたものになる場合が多い。

(6) 開発者が想定していない接続をされることがある

IoTシステムの構築を行う場合、世の中にあるIoT機器やネットワーク環境やサービスを活用し、あるときは創意工夫で両者を接続することも考えられる。このため、その組み合わせによって機器とネットワークそれぞれの開発者が想定していなかった影響が生じ得る点に注意が必要である。

13.6 インターネットに接続された機器への外部からのアクセス状況

(1) アクセス数の推移

警察庁では、全国の警察施設のインターネット接続点にセンサを設置し、インターネット定点観測システムを構築してアクセス情報等を観測・分析している。警察庁のサイト@Police (https://www.npa.go.jp/cyberpolice/index.html)にはサイバー空間の治安情勢やインターネットの定点観測によるネットワークセキュリティに関するさまざまな情報が掲載されている。例えば平成30年(2018年)10月時点で、インターネットに接続されたデバイスに対し、1日あたり3,195回にのぼるアクセスがあった[5]。図13.10に示すように、定点観測によるアクセス数は年々単調増加の傾向にある[6]。このサイトでは、その時々による特定ポートへのアクセスについても分析しており、有用な情報が得られる。

(2) IoT機器に対するスキャン増加の背景

この背景にあるのはSHODANやCensysなどの誰もが利用できるIoT機器の検索サービスサイトの存在も影響している。2009年に登場したSHODANや2015年に開発されたCensysによってインターネットに接続されているIoT機器を検索できるサービスが利用できるようになり、これによって攻撃者も攻撃するターゲットの機器発見が容易になった[7]。

第 13 章　IoT セキュリティ

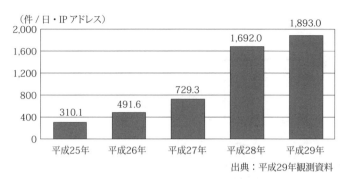

図13.10　定点観測センサに対するアクセス件数推移

13.7　IoTシステムに関わるセキュリティインシデント事例

近年、IoTデバイスを標的としたマルウェアが開発され、今でもその亜種が広まっている[8][9]。

(1) Mirai

代表的なものの一つが2016年にIoTボットネットを構成してDDoS（Distributed Denial of Service）攻撃による被害をもたらしたMiraiと呼ばれるマルウェアである。Miraiは、13.3.1(3)で述べた、組込みLinuxおよび軽量UNIXコマンドツールBusyBoxの上に実装されたIoT機器を感染の対象にしており、ハードコーディングされた「ユーザ名とパスワード」を用いて、telnet（ポート番号23および2323）でログイン可能なIoT機器に感染する。

MiraiはIoT機器によく用いられている「ユーザ名とパスワード」の一覧表を内部に備えており、その一覧表に基づいて侵入可能なIoT機器を探索していく。図13.11に示すように、Miraiに感染したIoT機器は、同じように感染可能なIoT機器を探して攻撃者に報告するなど、IoTボットネット構築に利用される。Miraiに感染したIoT機器は、60秒毎にC&Cサーバ（Command and Control Server）と通信し、C&Cサーバからの攻撃命令を受信して、指定された対象にDDoS攻撃を実施する[10]。2016年9月末にソースコードが公開されたことにより、異なる感染方法・攻撃方法を持つ亜種が出現している[8]。以下、亜種について述べる。

(a) PERSIRAI

2017年4月に発見された。ポート番号81経由で管理画面にアクセス可能なネットワークカメラを感染の対象とするマルウェアである。対象

第 13 章　IoT セキュリティ

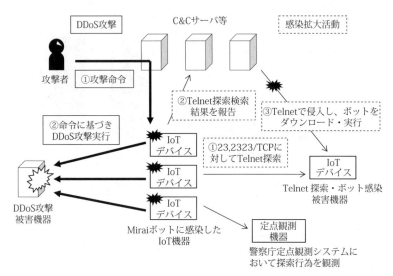

出典：「インターネット観測結果等（平成28年）」を参考に作成

図13.11　MiraiによるIoTボットの動作概要

となったネットワークカメラはOEM生産されていたため、対象機種は発見された2017年4月の時点で、全世界12万台がネットワーク接続されていたと報告されている。Miraiと比較して、特定のIoT機器に特化した攻撃を行う亜種である。

(b)　Reaper

2017年10月にMiraiのコードの一部を流用して作成されたReaperが発見された。Reaperは各種のネットワークカメラやルータなどのIoT機器が持つ、複数のぜい弱性を突いて感染を試みる。この中には上記(a)で述べたPERSIRAIの攻撃対象であるネットワークカメラのぜい弱性と同等のぜい弱性に対する攻撃も含まれており、さらに多様な攻撃方法となっている。感染の恐れのあるIoT機器は200万台あるとされ、発見された直後の7日間で2万台が感染したと報告されている。

(c)　南米や北アフリカでの亜種の拡散

2017年11月にMiraiの亜種とみられる攻撃がアルゼンチンを中心に観測された。この攻撃は、「ハードコーディングされた管理者権限のパスワードによるログイン可能なバックドア」を突いて感染を試みるもので、ポート番号23および2323に対するスキャンが急増した。その後、

南米での攻撃はコロンビア、エクアドル、パナマ、そして北アフリカのエジプト、チュニジアに拡散するとともに、対象機器もネットワークカメラ、デジタルビデオレコーダ（DVR）、ネットワークビデオレコーダ（NVR）に拡大した。

　(d)　Satori/Okiru

　　2017年12月にSatoriと名づけられたMirai亜種による攻撃の観測と約28万台のボットネットの構築が報告された。

　　Miraiの感染の仕組みで述べたように、感染したIoT機器は、ポート番号23または2323でtelnetが動作していた。IoT機器を利用している間、telnetを動作させておく必要があるかどうかはその機器の使用目的によるが、動作が不要であれば停止させるべきである。一方、telnetを無効化できないIoT機器も存在した。また、一部のIoT機器では、telnetの動作やポートのオープンが利用者には非公開で、バックドアが開いた状態のものもあった。

　　ユーザ名、パスワードが初期値のまま動作していたために感染したIoT機器も多い。機器を購入した後の利用開始時に、ユーザがパスワードを変更していなかったことが原因である。そのほか管理用パスワードがハードコーディングされており、ユーザが変更出来ないIoT機器や、一部機器ではバックドアが存在する状態で、さらにユーザ名やパスワードの存在が利用者に隠蔽されていたものもあった。

(2)　Hajime

2016年10月にMiraiを解析するために設けられたハニーポットによって新たなマルウェアが検出され、Hajimeと名づけられた[8]。ボットネットを遠隔操作するC&CサーバのアドレスがハードコーディングされているMiraiに対して、Hajimeに感染したIoT機器はP2P（Peer to Peer）通信を用いて遠隔操作されるため、ボットネットの無効化は困難である。

(3)　BrickerBot

MiraiはIoT機器をDDoS攻撃のエージェント化するものだったが、IoT機器をブリック（レンガ）化、つまり使えなくしてしまうのがBrickerBotである[4]。

2017年4月4日にセキュリティ会社のRadwareが、「BrickerBot」と名付けた潜在的攻撃について警告した。Miraiと同じようにBusyboxベースの攻撃であるこのマルウェアは、その名称の由来となったようにIoT機器を使用できなくしてしまう。

BrickerBotは一連のBusyboxコマンドを使用し、まず、カーネルを再構成す

るとともにデバイスの内部ストレージを消去したのちにリブートするというPDoS（Permanent Denial of Service）攻撃を行う。

その後、BrickerBotの作成者を名乗る者が、このマルウェアはあまりにも簡単にハッキングできるデバイスを製造している「不注意な製造業者」をターゲットにしたものであると発表している。

(4) スパムボット

スパムメールを検出するために、スパムフィルターの多くはスパムメール送信者によって使われていることが既知のSMTPサーバのIPアドレスのリストをブラックリストとして使用し、スパムメールを検出している。このようなブラックリストによるフィルタリングを回避するのがスパムボットである[4]。

Linux.ProxyMウィルスは、2次ペイロードとしてのトロイの木馬である。ターゲットが不正なリンクをクリックするなどして最初のトロイの木馬がコンピュータに感染すると、Linux.ProxyMが活動を開始する。コンピュータが感染した時点で、スクリプトがぜい弱なIoT機器のスキャンを開始し、ぜい弱なIoT機器が見つかると、そのIoT機器は、攻撃を実行する実際のマルウェアが含まれる2次ペイロードに感染させられる。このマルウェアはC&Cサーバに接続し、そこからe-メール・アドレスのリストを入手し、SMTPサーバに接続する。この時点で、感染したIoT機器はブラックリストに載っていないIPアドレスを持つSOCKSプロキシとして機能するようになり、C&Cサーバの命令に従ってスパムe-メールを送信する。

13.8 IoT 関連のガイドライン

表13.3 〜 13.5は国内外で公表されているIoT関連のガイドライン等一覧である[11]。

表13.3　IPAが公開したIoT関連の主なガイドライン等

公開資料名	対象読者と主な内容	公開年月
つながる世界の開発指針	・経営者、開発者、保守者 ・考慮すべき事項、指針	2016年3月（第1版） 2017年6月（第2版）
IoT開発におけるセキュリティ設計の手引き	・開発者 ・具体的な設計手法	2016年5月
「つながる世界の開発指針」の実践に向けた手引き Iot 高信頼化機能編	・開発者 ・設計時に考慮すべき高信頼化要件・機能	2017年5月
ネットワークカメラシステムにおける情報セキュリティ対策要件チェックリスト	・調達者（利用者、運用者） ・機能要件、対策要件、対策方法	2017年12月
IoT製品・サービス脆弱性対応ガイド	・IoT製品・サービスの開発・提供企業の経営者・管理者 ・脆弱性対策の必要性の解説	2018年3月

出典：IoT開発におけるセキュリティ設計の手引き

表13.4　国内で公開された主なIoT関連の主なガイドライン等

公開期間・団体	公開資料名	対象読者と主な内容	公開年月
経済産業省・総務省・IoT推進コンソーシアム	IoTセキュリティガイドラインver1.0	・供給者、利用者 ・具体的なセキュリティ要件	2016年7月
内閣官房サイバーセキュリティセンター（NISC）	安全なIoTシステムのためのセキュリティに関する一般的枠組	・設計者、構築者、運営者 ・基本的なセキュリティ要件	2016年8月
日本クラウドセキュリティアライアンス（CSAJC）	IoT早期導入者のためのセキュリティガイダンス（2015年4月公開英語版の翻訳）	・実装者 ・具体的な管理手法	2016年2月
	IoTにおけるID/アクセス管理要点ガイダンス（2015年9月公開英語版の翻訳）	・ID管理の運用者 ・具体的な推奨方式	2016年4月
	Internet of Things（IoT）インシデントの影響評価に関する考察	・事業者（構築者・運営者） ・リスク評価手法	2016年4月（v1.0） 2016年5月（v1.1）
	「つながる世界」を破綻させないためのセキュアなIoT製品開発13のステップ（2016年11月公開英語版の翻訳）	・IoT機器の開発者 ・具体的な設計・開発手法	2017年5月（v1.0） 2017年6月（v1.1）
重要生活機器連携セキュリティ協議会（CCDS）	製品分野別セキュリティガイドライン車載器編 製品分野別セキュリティガイドラインIoT-GW編 製品分野別セキュリティガイドライン金融端末（ATM）編 製品分野別セキュリティガイドラインオープンPOS編	・特定のIoT機器の設計に関わる会社の経営者、設計者、開発者 ・システムインテグレータ、利用者（金融端末(ATM)編のみ） ・特定の製品分野において考慮すべき設計・開発手法	2016年6月（v1.0） 2017年5月（v2.0）
	IoTセキュリティ評価検証ガイドライン	・設計者、開発者、評価検証エンジニア、管理責任者 ・セキュリティ評価検証プロセス、リスク評価手法	2017年6月
日本ネットワークセキュリティ協会（JNSA）	コンシューマー向けIoTセキュリティガイド	・コンシューマー向けIoT機器の開発者、サービス提供者 ・考慮・検討すべき事項	2016年6月
日本防犯設備協会	防犯カメラシステムネットワーク構築ガイドⅡ－インターネットとの接続に係る脅威と対策－	・システム設計／構築／運営者 ・設計時、運営時の留意点	2017年5月

出典：IoT開発におけるセキュリティ設計の手引き

337

第 13 章　IoT セキュリティ

表13.5　海外で公開された主なIoT関連の主なガイドライン

公開期間・団体	公開資料名	対象読者と主な内容	公開年月
OWASP (The Open Web Application Security Project)	Top 10 IoT Vulnerabilities from 2014	・製造者、開発者、利用者 ・具体的なセキュリティ要件	2014年
	IoT Vulnerabilities	・製造者、開発者、利用者 ・脆弱性と攻撃対象の概要	2017年8月
FTC (Federal Trade Commission：連邦取引委員会)	Internet of Things: Privacy and Security in a Connected World	・コンシューマー向けIoT機器の開発者 ・利点とリスク	2015年1月
GSMA（GSM Association）	GSMA IoT Security Guidelines	・設計者、開発者、サービス提供者、通信事業者・設計・実装方法、運用方法	2016年3月（v1.0） 2017年6月（v2.5）
	GSMA IoT Security Assessment	・開発者、サービス提供者 ・セキュリティ評価チェックリスト	2017年10月
OTA（Online Trust Alliance）	OTA IoT Trust Framework	・開発者、利用者 ・戦略的な原則	2016年3月（v1.0） 2017年6月（v2.5）
NIST (NationalInstitute of Standards and Technology：米国国立標準技術研究所)	NIST Special Publication800-183：Networks of 'Things'	・計算機科学者、IT管理者、ネットワーク専門家、ソフトウェア技術者 ・モデル化、原理・原則	2016年7月
IIC (Industrial Internet Consortium)	Industrial Internet of Things Volume G4：Security Framework	・産業向けIoT（IIoT）の所有者、システムインテグレータ、ビジネス上の意思決定者等 ・セキュリティアーキテクチャ、設計・運用方法	2016年9月
U.S. Department of Homeland Security (米国国土安全保障省)	Strategic Principles for Securing the Internet of Things	・開発者、製造者、サービス提供者、利用者 ・戦略的な原則	2016年11月
IoT Security Foundation	IoT Security Compliance Framework	・開発者 ・基本的な原則	2016年12月
ENISA（European Union Agency for Network and Information Security）	Baseline Security Recommendations for IoT	・製造者、開発者、運用者、利用者 ・基本的な推奨要件	2017年11月

出典：IoT開発におけるセキュリティ設計の手引き

13.9　IoT関連セキュリティ対策

　本節ではセキュリティを考慮した設計やセキュリティ対策の方法について述べる。

(1)　セキュリティ設計を行う手順

　一般的に、IoT機器やサービスのセキュリティ設計を行う場合は、以下の手順で実施する[11]。

　Step1：対象とするIoT製品やサービスのシステム全体構成を明確化する。

　Step2：システムにおいて、保護すべき情報・機能・資産を明確化する。

【脅威分析】

　Step3：保護すべき情報・機能・資産に対して、想定される脅威を明確化する。

【対策検討】

　Step4：脅威に対抗する対策の候補(ベストプラクティス)を明確化する。

　Step5：脅威レベルや被害レベル、コスト等を考慮して、どの対策を実装するか選定する。

第 13 章　IoT セキュリティ

(2)　脅威分析

IoT製品やサービスに対してセキュリティ対策を検討するためには、上記Step3の脅威分析を実施し、保護すべき情報・機能・資産に対して想定される脅威を明確化することが必要である[11]。

脅威分析を行うには次のようなアプローチがある。

(a)　対象となるシステム全体や構成要素に対して、想定される脅威を明確化し、脅威に対するぜい弱性（攻撃を受け入れてしまうシステム上の弱点）や、脅威に起因するシステムに対する被害（リスク）を評価し、そのリスク評価結果に基づき、リスクの高い箇所に脅威に対抗するためのセキュリティ対策を実装して脆弱性の低減を図る。

(b)　システムやサービスに対して回避したい被害を列挙し、それぞれの被害を生じさせる脅威と脆弱性を考慮した「攻撃手順」（攻撃ツリー）を明確化し、各手順を抑止するための対策を選定する。

例題として図13.12に示すネットワークカメラシステムにつき、(b)によるアプローチを説明する[11]。

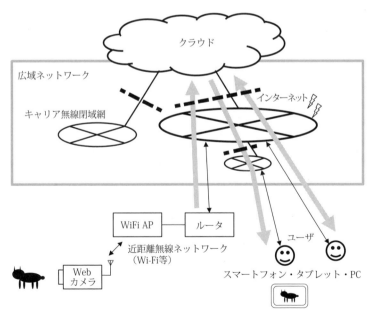

出典：「IoT開発におけるセキュリティ設計の手引き」を参考に作成

図13.12　脅威分析の例題で考えるネットワークカメラシステムの構成

339

最初に、回避しなければならない「被害」を列挙する。
　この例題では以下の三項目をネットワークカメラとして回避すべき被害と設定し、上記被害を生じる脅威(攻撃シナリオやケース)を洗い出し、攻撃手順へと段階的に詳細化して、対策を検討していく。
　(回避すべき被害1)ネットワークカメラの画像を盗み見される
　(回避すべき被害2)ネットワークカメラからの画像が改ざんされる
　(回避すべき被害3)ネットワークカメラの画像が閲覧不能とされる
　次に、その被害を発生させるいくつかの「攻撃シナリオ」に分類する。攻撃シナリオによっては、さらに細分化した「ケース」に分類することもある。最後に、その攻撃シナリオまたはケースを達成する「攻撃手順」すなわち攻撃ツリーへと分解していく。
　攻撃手順によっては、さらに複数の攻撃手順のシーケンス(AND条件)や複数の選択肢(OR条件)に細分化可能な場合もある。

表13.6　脅威分析結果の表示例

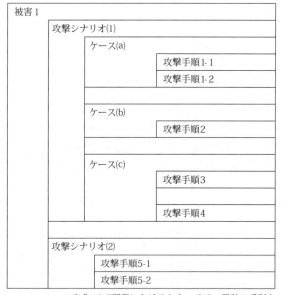

出典：IoT開発におけるセキュリティ設計の手引き

　このように脅威分析を行った結果の表示例を表13.6に示す。シーケンス(AND条件)を連続する行、複数の選択肢(OR条件)を空白行の挿入で表現して

いる。この表示例では、表13.7に示す攻撃シナリオ・攻撃手順により回避すべき被害1が発生し得ることを示している。

表13.7　回避すべき被害1に至る攻撃シナリオと攻撃手順

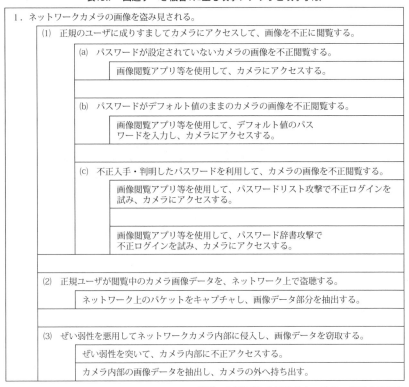

出典：IoT開発におけるセキュリティ設計の手引き

　なお、ネットワークカメラのぜい弱性を突いて侵入した後、ネットワークカメラとしての機能は正常動作させつつ、Miraiのように、その裏で攻撃者が用意した不正プログラム（マルウェア）をネットワークカメラ上で動作させる攻撃も考えられる。この場合、ネットワークカメラのユーザに直接的な被害は生じないが、DDoS攻撃の踏み台に悪用された場合、「悪意のない加害者」として攻撃者（＝「悪意のある加害者」）に加担することとなり、結果として第三者に多大な被害を生じさせる恐れがある。脅威分析においては、このような攻撃も「脅威の一つ」として捉え、セキュリティ対策を検討する必要がある。

　表13.8と表13.9に回避すべき被害2と3の分析例を示す。

第13章 IoTセキュリティ

表13.8 回避すべき被害2に至る攻撃シナリオと攻撃手順

2. ネットワークカメラからの画像が改ざんされる。			
	(1)	正規ユーザが閲覧中のカメラ画像データを、ネットワーク上で改ざんする。	
			ネットワーク上のパケットをキャプチャし、画像データ部分を改ざんする。
	(2)	脆弱性を悪用してネットワークカメラ内部に侵入し、画像データを改ざんする。	
			脆弱性を突いて、カメラ内部に不正アクセスする。
			カメラ内部の画像データを抽出し、改ざんする。

出典:IoT開発におけるセキュリティ設計の手引き

表13.9 回避すべき被害3に至る攻撃シナリオと攻撃手順

3. ネットワークカメラの画像が閲覧不能とされる。				
	(1)	ネットワークカメラをDoS攻撃して、応答不能状態または停止状態にさせる。		
			ネットワークカメラのIPアドレスおよびポート番号を割り出す。	
			ネットワークカメラに対して、大量のパケットを送信する。	
	(2)	正規ユーザのカメラへのアクセスを妨害する。		
		(a)	ホームルータをDoS攻撃して、応答不能様態または停止状態にさせる。	
				ホームルータのIPアドレスおよびポート番号を割り出す。
				ホームルータに対して、大量のパケットを送信する。
		(b)	クラウド経由のアクセスの場合、クラウドサーバをDoS攻撃して、応答不能状態または停止状態にさせる。	
				クラウドサーバのIPアドレスおよびポート番号を割り出す。
				クラウドサーバに対して、大量のパケットを送信する。
	(3)	ぜい弱性を悪用してネットワークカメラ内部に侵入し、画像データを削除する。		
			ぜい弱性を突いて、カメラ内部に不正アクセスする。	
			カメラ内部の画像データを抽出し、削除する。	

出典:IoT開発におけるセキュリティ設計の手引き

　本例題において回避すべき被害1とした「ネットワークカメラの画像を盗み見される」に関する脅威分析と対策検討結果の例を表13.10に示す。

第13章 IoTセキュリティ

表13.10　回避すべき被害1における脅威分析と対策検討結果の例

脅威				対策候補（ベストプラクティス）	
				対策名	備考
1. ネットワークカメラの画像を盗み見される。					
	(1) 正規のユーザに成りすましてカメラにアクセスして、画像を…				
		(a) パスワードが設定されていないカメラの画像を不正閲覧…			
			画像閲覧アプリ等を使用して、カメラにアクセスする。	ユーザー認証	パスワード未設定を許容しない。
				説明書周知徹底	パスワード設定の必要性を説明書にて注意喚起。
		(b) パスワードがデフォルト値のままのカメラの画像を不正…			
			画像閲覧アプリ等を使用して、デフォルト値のパスワードを入力し、カメラにアクセスする。	ユーザー認証	デフォルト値のままのパスワードを許容しない。
				説明書周知徹底	パスワード変更の必要性を説明書にて注意喚起。
		(c) 不正入手した・判明したパスワードを利用して、カメラの…			
			画像閲覧アプリ等を使用して、パスワードリスト攻撃で不正ログインを試み、カメラにアクセスする。	ユーザー認証	一定回数以上のログイン失敗でロックアウト。
				説明書周知徹底	パスワードの使いまわしを説明書にて注意喚起。
			画像閲覧アプリ等を使用して、パスワード辞書攻撃で不正ログインを試み、カメラにアクセスする。	ユーザー認証	一定回数以上のログイン失敗でロックアウト。
				説明書周知徹底	安易なパスワード利用を説明書にて注意喚起。
	(2) 正規ユーザが閲覧中のカメラ画像データを、ネットワーク上で…				
		ネットワーク上のパケットをキャプチャし、画像データ部分を…		通信路暗号化	ネットワーク上転送データの暗号化。
	(3) ぜい弱性を悪用してネットワークカメラ内部に侵入し、画像データを…				
		脆弱性を突いて、カメラ内部に不正アクセスする。		ぜい弱性対策	ぜい弱性発生時の早期パッチ提供等。
		カメラ内部の画像データを抽出し、カメラの外へ持ち出す。		データ暗号化	カメラ内部保存データの暗号化。

出典：IoT開発におけるセキュリティ設計の手引き

(3) リスク評価

リスク評価の手順は表13.11の通りである。

表13.11　リスク評価の手順

順番	項目	内容
1	リスク発見	はじめに全体像をつかむため、漏れがないように考えられるリスクを挙げる。
2	リスク特定	発見されたリスクの中から重要な影響を及ぼす可能性があるものを特定する。 逆に重要でないものは不特定として除外する。
3	リスク算定	特定したリスクの重大性を判定するため、発生確率と損害の大きさの2つの要素で定量的、もしくは定性的に算定する。
4	リスク評価	あらかじめ決めたリスク基準と比較して対策を実施するかどうかを決定する。
5	対応方針の決定	一般にリスクへの対応策として、 ①リスク回避（そのリスクが起きないようにやめてしまう） ②リスク低減（対策を練ってリスクの発生を低減させる） ③リスク移転（保険などでカバーする） ④リスク受容（受け入れる） の4つの対応方針がある。

第 13 章　IoT セキュリティ

　これを開発者向けのIoTセキュリティ対策ガイドとして、方針、分析、設計、構築・接続、運用・保守の五つのフェーズにおける対策指針としてまとめたのが表13.12である[12]。

表13.12　セキュリティ対策指針一覧

大項目	指　針	要　点
方針	指針1 IoTの性質を考慮した基本方針を定める	要点1. 経営者がIoTセキュリティにコミットする 要点2. 内部不正やミスに備える
分析	指針2 IoTのリスクを認識する	要点3. 守るべきものを特定する 要点4. つながることによるリスクを想定する 要点5. つながりで波及するリスクを想定する 要点6. 物理的なリスクを認識する 要点7. 過去の事例に学ぶ
設計	指針3 守るべきものを守る設計を考える	要点8. 個々でも全体でも守れる設計をする 要点9. つながる相手に迷惑をかけない設計をする 要点10. 安全安心を実現する設計の整合性を取る 要点11. 不特定の相手とつなげられても安全安心を確保できる設計をする 要点12. 安全安心を実現する設計の検証・評価を行う
構築・接続	指針4 ネットワーク上での対策を考える	要点13. 機器等がどのような状態かを把握し、記録する機能を設ける 要点14. 機能及び用途に応じて適切にネットワーク接続する 要点15. 初期設定に留意する 要点16. 認証機能を導入する
運用・保守	指針5 安全安心な状態を維持し、情報発信・共有を行う	要点17. 出荷・リリース後も安全安心な状態を維持する 要点18. 出荷・リリース後もIoTリスクを把握し、関係者に守ってもらいたいことを伝える 要点19. つながることによるリスクを一般利用者に知ってもらう 要点20. IoTシステム・サービスにおける関係者の役割を認識する 要点21. ぜい弱な機器を把握し、適切に注意喚起を行う

出典：IoTセキュリティガイドラインver1.0

13.10　具体的なセキュリティ対策のポイント

(1)　IoT機器設計上の対策

　IoT機器を設計製造する場合のメーカ側の対策としてはセキュリティ・バイ・デザインの観点から以下のような点に留意することが必要である[4][9]。

　(a)　初期パスワードの扱い

　　　初期パスワードを変更可能とし、セキュアなパスワードに変更すべきであると説明書等に明記して、利用者に周知徹底する。このとき、初期パスワードは変更が必須で、セキュアでないパスワードは設定不可とするように使用者に案内することが望ましい。

　(b)　不必要なポートを開かない

　　　特にインターネットに接続されるデバイスにおいては、常にポートスキャンの脅威にさらされる。このため、IoT機器の設計においては必要最小限のポートのみを開くように設計することが重要である。このため、製品出荷後に不要となる管理機能は、無効化した上で出荷する。また、

製品出荷後も一部必要となる管理機能は、利用者が無効化するための手段を提供し、説明書等に明記して、利用者に周知徹底するようにする。
(c) バックドアを作らない
　機器のメンテナンスのためにバックドアを作ると、それが機器のぜい弱性となる。一方で、OTA (Over The Air) によるファームウェアの更新や遠隔リセットなどのメンテナンス機能は重要であるため、実装に当たっては最新のガイドラインを参照して対応方式を検討する。

(2) ユーザとしてIoT機器を利用する立場での留意ポイント
IoT機器の利用者は、以下の対策を実施することが推奨されている[10]。
(a) ルータ等の使用
　13.3で述べたように、IoT機器だからといって、必ずしもインターネットに接続する必要はない。むしろ、如何にインターネットからのアクセスから遮断するかを考えることが重要である。IoT機器をインターネットに接続する場合には、直接インターネットに接続せずに、ルータ等を使用する。
(b) インターネットからのアクセス制限
　インターネットからのアクセスを許可する場合は、必要なポートのみに限定する。また、必要な発信元IPアドレスのみにアクセスを許可したり、VPNを用いて接続することを検討する。
　IoT機器を使って監視する場合、フィードバック（下り方向）としての制御機能を実装する場合は細心の注意を払う必要がある。可能であれば上り方向、すなわちセンサなどのデータの収集に限って実装するなどの考慮が必要である。
(c) UPnPの無効化
　必要がない限りは、ルータのUPnP機能を無効にする。
(d) ID、パスワードの変更
　初期設定のユーザ名及びパスワードのままでは使用せず、必ず変更を実施する。また、変更する際は、ユーザ名及びパスワードを推測されにくいものにする。
　13.5(1)で述べたように、警察庁のサイト@Policeが適宜サイバーセキュリティに関するレポートを発行しており、この中でマルウェアに感染しているデバイスはネットワークカメラやハードディスクレコーダなどのコンシューマIoT機器が上位を占めると報告されている。例示した機器は量販店や通販で簡単に購入できるものであるが、使用開始に当たって

は初期パスワードの変更をするように取扱説明書に記載されているものが多い。ところが、初期パスワードを変更せずに使っているユーザも多く、これが13.6で述べたように、悪意のある攻撃者の標的となる。

(e) IoT機器メンテナンスの実行

製造元のウェブサイト等で周知される脆弱性情報に注意を払い、脆弱性が存在する場合にはファームウェアのアップデートや、必要な設定変更等の適切な対策を速やかに実施する。

(f) 自動アップデート機能の利用

製品によっては、ファームウェアの自動アップデート機能が存在するものもある。このような製品の場合には、同機能を有効にする。

(g) 古い機器の使用中止

製造終了から年月が経過した製品は、製造元が脆弱性への対応を実施しない場合がある。脆弱性が存在するにも関わらず、製造元が対応しない製品は、使用を中止する。

■演習問題

問題1 セキュリティ面からみたIoT機器の性質を六つ挙げなさい。

問題2 次に示す日ごろのインフルエンザ予防対策を念頭にIoT機器におけるセキュリティ対策がそれぞれどのようなことに相当するか述べなさい。
- 体調の管理
- 最新のワクチン接種
- 日ごろの防疫(マスク着用、手洗いなど)
- 感染した場合の処置(隔離など)

問題3 IoTセキュリティに関して、技術者倫理としてどのようなことを考慮すべきか述べなさい。

参考文献

(1) Ashton, Kevin：That 'Internet of Things' Thing In the real world, things matter more than ideas.、RFID JOURNAL(2009)
(2) IoT推進コンソーシアム　IoTセキュリティワーキンググループ：IoTセキュリティガイドライン ver1.0, 経済産業省；総務省(2016/7)
(3) 総務省編：平成29年度 情報通信白書, 総務省(2017/7)

⑷ Perry, J Steven：IoTマルウェア攻撃の徹底調査IoTデバイスがゾンビ・ボットの群れに加わらないようにする方法，IBM(2018/5/24)
⑸ 平成30年10月期観測資料，警察庁(2018/11/30)
⑹ 平成29年観測資料，警察庁(2018/3/22)
⑺ 工藤誠也・大道晶平：IPAテクニカルウォッチ「増加するインターネット接続機器の不適切な情報公開とその対策」，独立行政法人情報処理推進機構　技術本部　セキュリティセンター（2016/5/31）
⑻ 情報セキュリティ白書2018：独立行政法人 情報処理推進機構(2018/7)
⑼ 辻宏郷：顕在化したIoTのセキュリティ脅威とその対策，独立行政法人情報処理推進機構(2017/10/11)
⑽ インターネット観測結果等(平成28年)，警察庁(2018/3/23)
⑾ 辻宏郷・岡下博子・工藤誠也・桑名利幸・金野千里：IoT開発におけるセキュリティ設計の手引き，独立行政法人情報処理推進機構(2018/4)
⑿ IoTセキュリティガイドラインver1.0：IoT推進コンソーシアム，総務省，経済産業省(2016/7)
⒀ 瀬戸洋一・他：技術者のためのIoTの技術と応用，日本工業出版㈱(2016.7)

第14章
法と倫理

14. 法と倫理

14.1 情報セキュリティと法

14.1.1 情報セキュリティと法律の関係

　IT技術の発展と普及により、情報セキュリティの重要性がますます高まってきている。安全・安心な情報社会の構築が叫ばれているが、そのためには、セキュリティ技術などによる技術的な対策だけでは不十分であり、法的な対応や教育・啓蒙活動など総合的な対策が重要である。この点は、かねてより、情報セキュリティは総合科学であるということが指摘されている通りである[1]。特に、情報システムの構築、運用に当たって、法律に違反するようなことがあれば、裁判などに発展する可能性もあるため、情報セキュリティに関する法律は重要である。ここでは、情報セキュリティに関係する代表的な法律について概観することにする。

　情報セキュリティについては、一般に、機密性(Confidentiality)、完全性(Integrity)、可用性(Availability)の三つ(CIA)を要素とするものと捉えられている。このような理解は、OECDが1992年に策定した「情報セキュリティガイドライン」以来、定着しているものである。機密性とは、データおよび情報が、権限がある者が、権限ある時に、権限ある方式に従った場合にのみ開示されることである。完全性とは、データおよび情報が正確であり、かつ正確性、完全性が維持されることである。そして、可用性とは、データ、情報、情報システムが、適時に、必要な様式に従い、アクセスでき、利用できることである。ここでも、この3要素を念頭において話を進めることにする。

　このような情報セキュリティと法律がどのような関係にあるのかということが問題となるが、この点については、両者の間には「本質的な断層が存在している」という指摘がなされている[2]。すなわち、法制度は、個々の権利利益の保護を目的としているが、情報セキュリティの場合は、法制度における保護法益に相当するものが明確化されているわけではないということである。もっとも、CIAの確保が様々な権利利益の保護につながることはある。その意味では、CIAの確保は、権利利益の保護をするための未然防止手段であるということができる。このように、情報セキュリティと法制度は、もともと目的を異にするものであり、情報セキュリティと密接に関係する法律があったとしても、それらが直接的に情報セキュリティの確保のために存在しているわけではないという点に注意する必要がある。

14.1.2 情報セキュリティの必要性を生じさせる法律 －IT化を促進する法律－

情報セキュリティの確保に関係する法律について見ていく前に、情報セキュリティの必要性を生じさせる法律について、簡単に見ていくことにしたい。

情報セキュリティが必要になってきたのは、IT化が、国や産業界において促進されてきたからであるが、IT化を促進する法律としては、2000年に、「高度情報通信ネットワーク社会形成法」（IT基本法）が制定されている。この法律は、IT社会を形成するための基本方針、重点計画の策定、国・自治体の責務などについて定めたものである。そして、このIT基本法については、「安全」(2条)や「安心」(22条)という言葉が用いられていることから、情報セキュリティに関する「事実上の基本法」であるとする見解が主張されていることが注目される[(2)]。そのほか、行政のIT化に関するこれまでの動きとしては、住民基本台帳ネットワークを導入するための住民基本台帳法の改正(1999年)、行政手続オンライン化関係三法の制定(2002年)、マイナンバーを導入するための番号法の制定(2013年)などがある。

また、IT化を促進する法律としては、書面の電子化に関する法律も重要である。書面の電子化については、「書面の交付等に関する情報通信の技術の利用のための関係法律の整備に関する法律」（IT書面一括法）が2000年に制定されたほか、「民間事業者等が行う書面の保存等における情報通信の技術の利用に関する法律」（e文書法）が2004年に制定されている。このe文書法は、従来、民間事業者などが、書面による保存が義務付けられていた文書を、電磁的記録によって保存することができるようにした法律である。電磁的記録によって保存をするための要件は、各府省の主務省令において定められているが、それらの要件は、①見読性、②完全性、③機密性、④検索性に類型化することができる。これらの要件は、書面の電子化によって情報セキュリティの必要性が生じたことを現しているといえるであろう。

14.1.3 情報セキュリティの確保に関係する法律

以下では、情報セキュリティの確保に関係する主要な法律を、機密性、完全性、可用性の三つに関係するものに分類して述べていくことにする（表14.1を参照）。

第 14 章　法と倫理

表14.1　情報セキュリティの確保に関係する主要な法律

分類	関係する主要な法律
機密性	不正アクセス禁止法、財産犯（刑法）、通信の秘密（憲法、電気通信事業法、有線電気通信法、電波法）、営業秘密の保護（不正競争防止法）、プライバシー権（民法）、個人情報保護法　etc
安全性	電磁的記録不正作出罪（刑法）、電子計算機使用詐欺罪（刑法）、電子署名法　etc
可用性	文書等毀棄罪（刑法）、電子計算機損壊等業務妨害罪（刑法）etc

(1)　機密性に関係する法律

機密性とは、アクセスを許可されていない者が情報にアクセスできないようにするということである。この機密性の問題については、第三者が外部から不正に情報にアクセスする場合と、内部の人間が情報を外部に漏洩する場合に分けることができる。前者については、主に不正アクセス禁止法、刑法上の財産犯などが関係する。前者と後者の両方に関わるものとしては、通信の秘密、営業秘密の保護、プライバシー・個人情報保護に関する法制度などがある。

(a)　不正アクセス禁止法

「不正アクセス行為の禁止等に関する法律」（不正アクセス禁止法）は、他人のコンピュータに無権限でアクセスすることを禁止した法律である。我が国では、1987年にコンピュータ犯罪に対応するための刑法改正が行われたが、不正アクセス行為の禁止については導入が見送られた。ところが、国際的にはハイテク犯罪に対する対策の強化が重視され、日本だけが不正アクセスを処罰していないことが問題とされた。そこで、我が国も、1999年に不正アクセス禁止法を制定するに至った[3][4]。

不正アクセス禁止法によって処罰される不正アクセス行為は、主に以下の二つである。一つは、他人のID・パスワードなどの識別符号を盗用する「識別符号盗用型」であり、もう一つは、セキュリティホールを攻撃することによって、アクセス制御機能自体を回避する「セキュリティホール攻撃型」である。いずれにせよ、不正アクセス行為が成立するのは、アクセス制御機能を有する特定電子計算機（電気通信回線に接続している電子計算機）に対して、電気通信回線を通じてアクセスをした場合に限られる。

なお、不正アクセス禁止法は、2012年に改正がなされ、フィッシング行為や、他人のID・パスワードの不正取得行為、不正保管行為が新たに処罰されるなど、規制の強化が行われている。

(b)　刑法上の財産犯

他人のコンピュータに不正にアクセスした上で、さらに、当該コンピュータ

内にある情報を盗んだような場合、何らかの犯罪が成立するのかが問題となる。この点に関係する刑法上の犯罪としては、窃盗罪（235条）があるが、その客体は「他人の財物」であると規定されている。この「財物」の意義については、刑法の学説上争いがあり、①固体、液体、気体などの有体物を意味すると解する「有体性説」と、②管理可能なものであれば有体物に限られないと解する「管理可能性説」（もっとも、自然界にある物質性を備えたものに限るとする「物理的管理可能性説」が有力である）が対立している[5]。いずれにせよ、情報それ自体は財物に当たらないというのが学説、判例の一般的な理解になっている。そのため、情報が何らかの物理媒体に記録されている場合にのみ、窃盗罪の対象になることになる。横領罪（252条）についても、これと似たような議論がなされている。

なお、財産犯のほかに、機密性に関係する刑法上の犯罪としては、信書開封罪（133条）や秘密漏示罪（134条）などがある。

(c)　通信の秘密

通信の分野において、機密性に関係する法制度として、通信の秘密がある。憲法21条2項は、「通信の秘密は、これを侵してはならない」と規定している。また、法律レベルでは、電気通信事業法4条、有線電気通信法9条、電波法59条が通信の秘密について定めている。ここで、保護の対象となるのは、通信の内容だけではなく、通信当事者の氏名・住所、発信場所、通信の有無、通信の回数なども含むというのが、一般的な理解である。また、「侵してはならない」というのは、①積極的に知得すること、②他人に漏示すること、③自己または他人の利益のために盗用することをしてはならないという意味に解されている[2]。このように通信の秘密は広範囲に及ぶが、本人の同意がある場合や、刑法の正当業務行為（35条）、正当防衛（36条）、緊急避難（37条）に該当する場合は、通信の秘密の侵害にはならないことになる。

(d)　営業秘密の保護

営業秘密という特別な情報については、不正競争防止法によって保護がなされている。この不正競争防止法の規定は、情報セキュリティの一つとしての機密性の確保に資する側面を有している。不正競争防止法は、「窃取、詐欺、強迫その他の不正の手段により営業秘密を取得する行為」や、「不正取得行為により取得した営業秘密を使用し、若しくは開示する行為」（2条1項4号）などを不正競争に該当するものとしている。そして、不正競争に該当する行為については、差止請求や損害賠償請求が認められている。ここで対象となる「営業秘密」となるには、①「秘密として管理されている」こと（秘密管理性）、②「生産方法、販売方法その他の事業活動に有用な技術上または営業上の情報」であること（有

用性)、③「公然と知られていないもの」であること(非公知性)の三つが要件となる。

(e) プライバシー権・個人情報保護法

プライバシー情報や個人情報については、法律上のプライバシー権や、「個人情報の保護に関する法律」(個人情報保護法)が関係してくる。現代の企業は、大量の顧客情報を取得し、利用するようになっているが、それらの顧客情報が外部に漏洩するような事件が多数起こっている。例えば、Yahoo!BB事件や、TBC事件などである。このような場合は、プライバシー権を侵害したり、個人情報保護法に違反したりする場合が多い。その意味では、プライバシー権に関する条文(特に民法709条)、判例、学説や、個人情報保護法の規定(特に安全管理措置に関する20条)も、機密性を保護する役割を有しているということになる。なお、個人情報保護法については、2015年から2016年にかけて大きな改正が行われているため、その点に注意する必要がある[6][7]。

(2) 完全性に関係する法律

完全性とは、情報の完全性、正確性を確保するということである。電子データないし電磁的記録は、改変されやすいという性質を有しており、そのため、完全性をいかにして確保するかということが重要な課題になる。電子データを改変する行為を規制した代表的な法律としては、1987年刑法改正によって導入された電磁的記録不正作出罪や電子計算機使用詐欺罪などがある。また、完全性については、電子署名法も関係してくる。

(a) 電磁的記録不正作出罪

電磁的記録不正作出罪(刑法161条の2)は、人の事務処理を誤らせる目的で、その事務処理の用に供する電磁的記録を不正に作る行為を処罰するものである。対象となる電磁的記録によって、私電磁的記録不正作出罪(1項)と公電磁的記録不正作出罪(2項)に分かれる。前者は、「権利、義務又は事実証明に関する電磁的記録」を対象とする場合で、後者は、「公務所又は公務員により作られるべき電磁的記録」を対象とする場合である。

この犯罪に関する有名な事件としては、ニフティサーブ電子掲示板詐欺事件がある。この事件において、被告人は、パソコン部品を売るつもりもないのに、Aに成りすまして、ニフティサーブの掲示板に、「パソコン部品を格安で売ります」などの書き込みを行った。そして、Aに連絡がなされて犯罪が発覚するのを防止するために、ニフティサーブのホストコンピュータに記録されたAの住所などの会員情報を改変させた。この事件に関して、京都地判平成9年5月9日判時1613号157頁は、私電磁的記録不正作出罪の成立を認めている。

なお、クレジットカードやキャッシュカードなどを偽造する行為が社会問題となったため、2001年の刑法改正によって、支払用カード電磁的記録に関する罪が新設されている。

(b) 電子計算機使用詐欺罪

電子計算機使用詐欺罪（刑法246条の2）が問題となる典型的な場面は、銀行のオンラインシステムを利用して、入金がないにもかかわらず、入金があったかのようなデータを入力し、財産上不法の利益を取得するような場合である。このような場合は、昔から存在する詐欺罪（刑法246条）の規定では処罰することができない。というのは、詐欺罪は、「人を欺いて財物を交付させた」場合にのみ成立するところ、コンピュータに虚偽の情報や不正な指令を与えても、人を欺いたことにはならないからである。そこで、このような場合を処罰するために導入されたのが、電子計算機使用詐欺罪である。これによって、人が事務処理に使用する電子計算機に虚偽の情報や不正な指令を与えて、財産権の得喪・変更に関する不実の電磁的記録を作るなどの行為をして、財産上不法の利益を得たり、他人に得させたりした場合が処罰されることになった。

(c) 電子署名法

インターネットのようなオープンネットワークを用いて情報のやり取りをする場合、他人による成りすましがなされたり、情報が送信途中で改ざんされたりする恐れがある。そこで、完全性、より詳しくいえば、作成名義の同一性や、内容の同一性を確保することが重要になる。そのための技術としては、公開鍵暗号方式を用いた電子署名（デジタル署名）がある。これは、紙の文書に対してなされるサインや押印と同じことを電子データに対してもできるようにしたものである。

もっとも、電子署名それ自体は、単なる技術に過ぎないため、これを法律的に基礎付ける必要性がある。そこで、2000年に「電子署名及び認証業務に関する法律」（電子署名法）が制定された[8]〜[10]。電子署名法によれば、電子署名の要件は以下のようになっている。すなわち、電磁的記録に「記録することができる情報について行われる措置」であって、①「当該情報が当該措置を行った者の作成に係るものであることを示すためのものであること」、②「当該情報について改変が行われていないかどうかを確認することができるものであること」のいずれにも該当するものである（2条）。そして、効果については、「当該電磁的記録に記録された情報について本人による電子署名……が行われているときは、真正に成立したものと推定する」と規定されている（3条）。

(3) 可用性に関係する法律

　可用性とは、情報へのアクセスを認可された者が、必要なときに情報にアクセスできるようにすることである。電子データないし電磁的記録が損壊されると、情報へのアクセスができなくなる。また、コンピュータが使用できなくなることによって、情報へのアクセスが不可能になる場合もある。そこで、可用性については、刑法の文書等毀棄罪や、電子計算機損壊等業務妨害罪などが関係してくる。

(a) 文書等毀棄罪（電磁的記録毀棄罪）

　従来の刑法では、文書毀棄罪については、文書だけが保護の対象とされていた。しかし、コンピュータの登場と普及によって、電子データの重要性が高まったため、1987年の刑法改正では、電磁的記録を毀棄した場合も処罰することにした。その結果、公用文書等毀棄罪に関する刑法258条は、「公務所の用に供する文書又は電磁的記録を毀棄した」場合を処罰することになり、私用文書等毀棄罪に関する刑法259条は、「権利又は義務に関する他人の文書又は電磁的記録を毀棄した」場合を処罰することになった。例えば、銀行の口座残高の記録や、電話料金の課金記録などについて、記憶媒体を物理的に損壊したり、データを消去したりした場合には、私用文書等毀棄罪が成立することになる。

(b) 電子計算機損壊等業務妨害罪

　従来の刑法では、業務妨害罪については、偽計業務妨害罪（233条）と威力業務妨害罪（刑法234条）の規定が存在したが、電子計算機を使用できなくすることによって業務を妨害する場合については、規定が存在しなかった。そこで、1987年の刑法改正では、新たにこのような場合も処罰することにした。具体的には、①人の業務に使用する電子計算機またはその用に供する電磁的記録を損壊するか、②人の業務に使用する電子計算機に虚偽の情報や不正な指令を与えるか、③その他の方法によって、電子計算機に使用目的に沿うべき動作をさせず、または使用目的に反する動作をさせて、人の業務を妨害した場合が処罰されることになった（刑法234条の2）。そして、現代社会では、様々な業務がコンピュータに依存しており、コンピュータが使用できなくなると大きな被害が発生するため、通常の業務妨害罪よりも重たく処罰することになっている。具体的には、通常の業務妨害罪では、3年以下の懲役または50万円以下の罰金であるところ、電子計算機損壊等業務妨害罪では、5年以下の懲役または100万円以下の罰金になっている。

　そのほか、可用性については、民事責任に関する問題や、個別分野において関係してくる法律（例えば、迷惑メールに関する「特定電子メールの送信の適正

化等に関する法律」(特定電子メール法)など)もあるが、ここでは割愛することにする。

(4) その他の法律 —コンピュータウイルス作成罪—

以上のほかに、ある意味では、機密性、完全性、可用性のいずれにも関係してくる可能性があるものとして、コンピュータウイルス作成罪がある。従来の刑法では、コンピュータウイルスを他人のコンピュータに感染させて業務を妨害したような場合だけが処罰の対象になり、コンピュータウイルスの作成それ自体については、何ら規定が存在していなかった。しかし、コンピュータウイルスによる被害が深刻化していることや、「サイバー犯罪に関する条約」(サイバー犯罪条約)がコンピュータウイルスの作成・提供などを処罰することを求めていることなどから、コンピュータウイルスの作成自体を処罰することが必要となった。そこで、2011年の刑法改正によって、不正指令電磁的記録に関する罪が新設されることになった。具体的には、「正当な理由がないのに、人の電子計算機における実行の用に供する目的」で、「人が電子計算機を使用するに際してその意図に沿うべき動作をさせず、またはその意図に反する動作をさせるべき不正な指令を与える電磁的記録」を作成または提供する行為などが処罰されることになった(刑法168条の2)。

ここまで、情報セキュリティに関する代表的な法律について述べてきたが、これらはあくまで代表的なものに限られており、他にも関係する法律が存在することに注意する必要がある。情報技術や情報サービスは、日々進歩しており、そのため情報セキュリティに関係する法律も、法改正や新規立法により変化していくことになる。情報システムの構築や運用に当たっては、技術的な側面だけに目を向けるのではなく、そのような法制度の動向についても気を配ることが重要である。

14.2　情報セキュリティと倫理

前節ではセキュリティと法の関係について紹介した。ただし、セキュリティは技術的および法的な対策だけでは対応できない。本節では技術的、法的な対応だけではなく倫理やモラル(道徳)での対応が重要であることを述べる。ただし、情報倫理を体系的に述べるわけではない。セキュリティ対策は技術的、法的な対応だけでは限界があり、倫理的な対応の意義を中心に紹介する。詳細は別途情報倫理の専門書などを参照していただきたい[11]~[14]。

14.2.1　セキュリティ事故

表14.2は、自治体関係で生じた情報セキュリティ事故の最近の事故である[15]。

サイバー攻撃による情報漏洩やシステムのダウンなどだけではなく、人が引き起こすセキュリティ事故(インシデント)が多い。

表14.2 自治体で生じたセキュリティ事故・事件

発覚時期	自治体名	内容	原因
2015年6月	上田市	庁内LANのPC9台がウイルス感染し、職員のアカウント情報が流出	標的型攻撃による外部からの不正アクセス
7月	三重県いなべ市	Web上の市政モニター登録アドレス107人分が攻撃者から閲覧できる状態	標的型攻撃による外部からの不正アクセス
9月	堺市	選挙管理委員会の全有権者情報役68万人分が持ち出され、インターネットで閲覧できる状態	職員による持ち出し
9月	三浦市	個人情報を含む220万人件の行政情報が持ち出され、職員の自宅に保管	職員による持ち出し
2016年6月	熊本県西原村	全住民の住民基本台帳データ約7000人分など多量の内部情報が持ち出される	職員による持ち出し
6月	松山市	元職員が検診対象者名簿など延べ14万人分のデータを個人PCなどに保管していたことが判明	職員による持ち出し
6月	佐賀県	県立高校の成績関連情報約9600人分などが漏洩	外部からの不正アクセス

　また、人格形成期の未成年者に、倫理観・道徳観が影響する顕著な事件・事故の例がある。
　(1) 未成年者による情報窃取
　佐賀県の17歳の少年が県立高校の教育情報システムに侵入し成績表など6校分の職員や生徒および保護者の住所や電話番号などを含む20万ファイル以上の個人情報を窃取し不正アクセス禁止法違反容疑で逮捕された。逮捕された少年は、以前、有料デジタル放送のB-CASカードを使わずに視聴できるプログラムを開発しインターネットで公開し、不正競争防止法違反容疑で逮捕されという報道があった[16]。
　(2) 小学生によるコンピュータウイルス配布
　動画投稿サイトを参考に作ったコンピュータウイルスを誰でも無料でダウンロードできる状態にしたとして、2017年12月、不正指令電磁的記録提供などの非行内容で、大阪府の小学3年の男子児童を児童相談所に通告していたとの報道があった。このウイルスをダウンロードしたとして、東京都の小学4の男児と、山梨県の小学5の男児も通告した。警察によると、大阪府の男児は2017年5〜6月、作成したウイルスをインターネット上にアップロードし、同6月に東京都と山梨県の男児がダウンロードしたとしている。男児らは「友達を驚かせたかった」などと話している。ウイルスが使われた形跡はなかった[17]。

両者も高度な技術を利用することの知的興味によって引き起こした事例であり、インターネットなどを利用することで、本人が意図する以上に広範に影響を与える事案と言える。これはインターネットを利用した情報セキュリティに特徴的なことである。

インターネット時代に対処すべき倫理、道徳教育を徹底することで、ある程度防げた可能性もある。

14.2.2 法と倫理

情報倫理（nformation ethics）とは、人間が情報をもちいた社会形成に必要とされる一般的な行動の規範である。個人が情報を扱う上で必要とされるものは道徳（moral）である。現在の情報社会では、道徳や倫理（ethic）が行動の規範の中核とされ、情報を扱う上での行動が社会全体に対し悪影響を及ぼさないように、より善い社会を形成しようとする考え方である。

情報倫理が重視される背景として、情報技術の進歩やインターネットサービスの発展がある。1980年代は、少なくとも一般の人にとって、情報倫理や情報セキュリティは無縁のものであった。現代はデジタル社会が到来し、スマートフォンなどもインターネットが社会に浸透し、子供までが、セキュリティを意識しなければいけない状況となっている。つまり情報発信が個々人で可能となり、それに伴うセキュリティ的なリスクは素人、専門家によらず対等に降りかかるようになった。一般人も技術的対策、法的対策、モラル・倫理的対策が要求されるようになった(*註)。

表14.3は、法とモラルと倫理の関係を示す[18]。

表14.3 法とモラルと倫理の関係

	法	モラル	倫理
根拠	国民の合意	習慣、ある社会による承認	内面的義務感や正義感、他者への思いやり
強制力	国家による強制	コミュニティによる無言の圧力	自己矛盾
強制の方法	強制	叱責、非難、後ろめたさ	自発心、良心の呵責
適用領域	法の原則が確立した分野	法が不在または法原則が未確立の分野	

法とは、国家権力により規定される。法が整備されるのは、問題が発生してからの場合が多く、また、情報技術に関係するデジタル社会およびセキュリティ

---

*註：平成18年度文部科学省が発表した情報モラルカリキュラムによる[22]

第14章 法と倫理

に関わる環境変化は非常に早い。このため法の統制だけでは対応できない[19)(20]。
　このため、法を補完するためモラルや倫理が必要である。
　(1) モラル
　情報社会において、生活者が情報機器やインターネットを利用して、お互いに快適な生活を送るために必要とされている規範や規則。社会全体あるいはコミュニティより守るように言われる規範
　(2) 倫理
　情報機器やインターネットを利用して、お互いに快適な生活を送るために必要な規範や規則であるが、情報に関するモラル・法律などの規範とその適用、技術の開発や利用等、情報社会のあり方について批判的な検討を通して得られた、個人の内面から発せられた規範や規則。個人の心から発せられる自発的なもの。
　モラルは人が所属する共同体のルールである。一方倫理は人間の内からわきでる正悪の思いである。倫理が統合しそのコミュニティのルールとなり、また、コミュニティのルールが発展し、人々の心に倫理感が生まれる。モラルと倫理は包含関係にあり、また相互関係にある。
　情報セキュリティの分野の技術の進展は早く、法の整備やコミュニティのルールが形成されていないこともあり、より重要なのは倫理感であると言える。
　情報モラル教育(文部科学省カリキュラム)
- 情報社会の倫理
- 法の理解と遵守
- 安全への知恵
- 情報セキュリティ
- 公共的なネットワーク社会の構築

　このカリキュラムの目指すものは、
　(1) 情報社会における正しい判断や望ましい態度を育てる
　情報発信に対する責任や情報を扱う上での義務を果たし、情報社会のルールを守りながら、情報社会の一員としてネットワーク社会へ参加し、それを創り上げる能力を身につける
　(2) 情報社会で安全に生活するための危険回避(情報安全教育)の方法の理解やセキュリティ知識、技術、健康への意識を育てる
　起こり得る様々な危険を回避し、人を傷つけたりせずに、また、インターネットの使いすぎの健康被害に配慮しつつ、情報社会で安全に生活するための知識をつけさせる

14.2.3 倫理教育の必要性

IPA（独立行政法人情報処理推進機構）は、「2017年度情報セキュリティの倫理に対する意識調査」報告書を2017年12月に公開した[21]。13歳以上を対象としてwebアンケートにより、情報セキュリティ対策の実施状況、情報発信に際しての意識、法令遵守に関する意識について調査した。

その結果、「インターネットを介した便利なサービスやコミュニティなどの存在は、我々の生活に密着し、不可欠なものとなっている。しかし、ネットは便利である一方で、匿名性が高いなどの特徴がある。これにより様々な脅威を生み、容易に繋がれることを悪用した手口など、身近なところに危険が潜んでいることを意識する必要がある。」

「悪意ある投稿経験者の投稿後の心理で、最も多いのは、「気が済んだ、すっとした」で35.6%、前年比4.3%増であった。特に10代は45.5%、20代は40.5%と他世代より高い傾向が見られた。なお、悪意ある投稿の割合は、投稿経験者のうち、22.6%で、その投稿理由では、「人の投稿やコメントを見て不快になったから」、「いらいらしたから」であった。」

という調査結果であった。

技術の進歩とサービスの低価格化により、インターネットは目覚しい発展、普及し、今や職場や家庭にはなくてはならない存在になった。しかし、コンピュータウイルスの侵入、情報の改ざん、盗聴、フィッシング、スパイウエア、迷惑メール等、情報セキュリティ問題が大きくクローズアップされている。

高度デジタル社会は、生活の利便性を高め、仕事の効率を上げるというプラス面だけではなく、マイナス面にも注意が必要である。サイバー空間（バーチャル世界）は、実世界に比べはるかに犯罪を実行しやすい環境になっている。少しの知識さえあれば、中高生（小学生でも）でもほとんど罪意識がなくゲーム感覚で、世界規模の影響を及ぼす犯罪の危険性がある。

したがって、技術的、法的な対策のほか人に関する倫理・道徳の教育による対策が重要となっている。

デジタル社会（あるいは情報社会）の抱える問題として
- 素人、専門家にかかわらず、マルウエアによる攻撃などを受ける
- 意識せず加害者となる可能性がある
- 技術的対策だけでは、安全安心を実現できない
- 完全な技術的対策はあり得ない
- 攻撃者も同じ技術を使う
- 技術の運用への弊害

- 技術的対策費の増大
- 堅固な技術的な対策は利便性に欠ける
- 情報セキュリティの徹底は、スタッフのプライバシーを侵害することもある
- 技術的な可能なことと実行してよいことは異なる

などの問題がある。

インターネット社会は、技術や社会制度が著しく変化し、教育で教わらない場面に遭遇することが多い。技術的対策や法的な対応だけでは、安全安心な社会を構築できないため、情報社会における正しい判断や望ましい態度を育てる必要がある。また、情報社会で安全に生活するための危険回避の方法の理解やセキュリティの知識・技術、健康への意識を育てることが重要である。

ただし、情報モラル教育は情報モラルに重点を置いているが、情報社会の規律の単なる押し付けや、画一的な規律は危惧される。つまり、新しい場面で、独力で何が正しいのかを判断し行動しなければならない。したがって、情報セキュリティに関しては、情報倫理的な観点で対応する必要があると思える。

正しい、正しくないという社会的規範よりも、個人として、この情報社会をどう感じるのか、情報社会の歪みや矛盾を批判することが重要である。

■演習問題

問1 情報セキュリティと法制度の間には、どのような関係があるか、説明しなさい。

問2 情報セキュリティの必要性を生じさせるような法律、すなわち、IT化を促進するような法律としては、どのようなものがあるか、説明しなさい。

問3 情報セキュリティの確保、特に機密性の確保に関係する法律としては、どのようなものがあるか、説明しなさい。

問4 なぜ現代社会においては、セキュリティ対策として技術的および法的対策だけでなく倫理的対策が必要なのか述べなさい。

参考文献

(1) 辻井重男：情報セキュリティ総合科学序論―矛盾の超克という視点から，電子情報通信学会技術研究報告SITE技術と社会・倫理，Vol.108，No.331(2008)
(2) 岡村久道：情報セキュリティの法律，改訂版，商事法務(2011)
(3) 不正アクセス対策法制研究会：逐条不正アクセス行為の禁止等に関する法律，第2版，立花書房(2012)
(4) 園田寿，野村隆昌，山川　健：ハッカー vs.不正アクセス禁止法，日本評論社(2000)
(5) 大谷實：刑法講義各論，新版第4版補訂版，成文堂(2015)
(6) 瓜生和久：一問一答平成27年改正個人情報保護法，商事法務(2015)
(7) 日置巴美，板倉陽一郎：個人情報保護法のしくみ，商事法務(2017)
(8) 夏井髙人：電子署名法，リックテレコム(2001)
(9) 渡辺新矢，髙橋美智留，小林　覚：電子署名・認証―法令の解説と実務，青林書院(2002)
(10) 高野真人，藤原宏高：電子署名と認証制度―e-businessのための実務運用上の指針と問題点，第一法規(2001)
(11) https://ja.wikipedia.org/wiki/情報倫理
(12) 静谷啓樹：情報倫理ケーススタディ，サイエンス社(2008)
(13) 清野正哉：情報倫理，中央経済社(2008)
(14) 田代光輝ほか：情報倫理，共立出版(2013)
(15) http://www.security-next.com/category/cat191/cat25
(16) https://www.huffingtonpost.jp/2016/06/26/saga- fusei-internet_n_10692586.html
(17) https://www.sankei.com/affairs/news/180315/afr1803150025-n1.html
(18) 山田恒夫，辰巳丈夫：情報セキュリティと情報倫理，5章，放送大学教育振興会　(2014)(2014)
(19) 宮地充子，菊池浩明編著：情報セキュリティ，15章，オーム社(2003)
(20) 辻井重男，笠原正雄編著：情報セキュリティ，14章，昭晃堂(2003)
(21) https://www.ipa.go.jp/security/fy29/reports/ishiki/index.html
(22) http://www.mext.go.jp/a_menu/shotou/zyouhou/1296900.htm

演習問題の解答例

演習問題の解答例

1章　情報セキュリティの概要

問1　情報セキュリティの機能を三つあげ説明しなさい。

解答例

　情報セキュリティの定義は、「情報システムに依存する者を機密性（Confidentiality）、完全性（Integrity）、可用性（Availability）の欠如に起因する危害から保護すること」であり、情報セキュリティの主要な機能として、機密性、完全性、可用性の三つがある。これらの三つの要素のことを、アルファベットの頭文字を取って「情報セキュリティのC.I.A.」と呼ぶ。さらに、機密性、完全性、可用性に、真正性（Authenticity）、責任追跡性（Accountability）、否認防止（Non-repudiation）および信頼性（Reliability）のような特性を維持することを含めることもある。

問2　情報セキュリティ技術がなぜ他のエンジニアリング技術と比較し扱いが難しいのか説明しなさい。

解答例

　エンジニアリングの多くは、例えば材料工学を例に説明すると、摩耗などに起こる事故は工学的に予測ができ、問題も事故として露見する。このため設計時のリスク分析で、多くの問題の対策、保守も可能となる。また、ソフトウエアエンジニアリングは、要求仕様を実現するように対処するが、セキュリティエンジアリングは、不具合が起こらないように要求仕様を定義することが難しい。設計当初のリスク分析は有効であるが、つまり、セキュリティは人が起こす問題であり、人の意図した攻撃を予測することは難しく、対策も時間の経過により、新たな手法で攻撃されるので、継続的な対策が必要となる。また、事故（インシデント）が露見しない、あるいは露見することが遅いという問題も対策を困難にしている。

問3　最新のマルウエアの状況について説明しなさい。

ように仕向けることで、暗号化された通信の内部からユーザーの個人情報などの機密情報を盗み出すことが可能になる。SSLはバージョン3.0の次から名称が「TLS」(Transport Layer Security)に変更されている。

(2) WiFiで用いられているプロトコルWPA2には、Kracks (Key Reinstallation AttaCKs) と呼ばれる攻撃が発見された。この攻撃は中間者攻撃であり、KRACKsとは、クライアント(Wi-Fi子機)とアクセスポイント(Wi-Fi親機)間の通信がWPA2/WPAで暗号化されていても盗聴されてしまう脆弱性である。WPA2の認証プロトコルの仕様である「4-way handshake」などに起因している。WPA2/WPAをサポートするすべてのWi-Fi機器に影響があり、電波の到達範囲内にいる悪意を持った第三者によって悪用が可能となる。

問3 ブロックチエーンのプロトコルについて調べなさい。

[解答例]

ブロックチェーン(Blockchain)とは、分散型台帳技術、または、分散型ネットワークである。ビットコインの中核技術を原型とするデータベースである。ブロックと呼ばれる順序付けられたレコードの連続的に増加するリストを持つ。各ブロックには、タイムスタンプと前のブロックへのリンクが含まれている。理論上、一度記録すると、ブロック内のデータを遡及的に変更することはできない。ブロックチェーンデータベースは、Peer to Peerネットワークと分散型タイムスタンプサーバーの使用により、自律的に管理される。

詳細は下記のような参考文献を学習する。

田篭 照博:堅牢なスマートコントラクト開発のためのブロックチェーン[技術]入門、技術評論社2017年などの書籍を調べる。

問4 暗号をハードウェア実装するメリット、デメリットを考えなさい。

[解答例]

(1) メリット
①耐タンパ性の向上
②暗号処理の高速化
③ユーザ利便性

(2) デメリット

ブラックボックス化する。利用者がどのような処理をしているのか把握できなくなる。

問5　ISO/IEC19790のレベル2の要件を説明しなさい。

[解答例]

レベル1に次の要件を加える; 物理的な改竄の痕跡を残すこと、及びオペレータの役割ベースでの認証を行うこと。詳細には暗号モジュール評価基準に下記のような記述がある。

セキュリティレベル2は、タンパー証跡をもつコーティング若しくはシール、又は暗号モジュールが持つ除去可能なカバー若しくはドアに対してこじ開け耐性のある錠を含むタンパー証跡に関する要求事項を追加することで、セキュリティレベル1の暗号モジュールの物理的セキュリティのメカニズムを強化したものである。タンパー証跡をもつコーティング又はシールは、暗号モジュールに付設され、暗号モジュール内の平文の暗号鍵及びクリティカルセキュリティパラメータ(以下CSPと記す)への物理的なアクセスがあった場合、そのコーティングまたはシールは必ず破壊されなければならない。タンパー証跡をもつシールまたはこじ開け耐性のある錠は、許可されていない物理的なアクセスから保護するために、カバーまたはドアに付設される。

6章　情報ハイディング技術

問1　暗号化通信とステガノグラフィによる秘匿通信の違いを述べよ。

[解答例]

6.1節を参照

問2　電子透かしにより著作権者のIDをメディアに埋め込む場合を考える。埋め込み可能なビット数を64ビットとすると、識別可能な著作権者数の上限はいくつか?

[解答例]

2^{64} = 18,446,744,073,709,551,616

問3 電子透かしの用途である表6.1の「機器制御」と「不正コピー元の特定」を比較し、各々の長所・短所について述べよ。

[解答例]
「機器制御」の長所は、レコーダやビューワなどの制御コードを電子透かしとしてコンテンツに埋め込むため、レコーダやビューワ側でコンテンツのコピーの可否判定や視聴回数制御が可能である。一方で、このような制御を実現するためには、当該コンテンツを再生する全てのレコーダやビューワに電子透かしの検出器を組み込む必要があり、電子透かし方式の標準化や、レコーダやビューワに電子透かし検出器を組み込むことを強制する仕組みが必要になる。

「不正コピー者特定」の長所は、上述の「機器制御」の欠点であるレコーダやビューワへの電子透かし検出器の組み込みは不要となるが、不正コピーされたコンテンツから不正コピー者を特定するため、不正コピー自体を止めることができず、不正コピーを抑止することしかできないという欠点がある。

問4 ステガノグラフィでは秘匿通信を行う前に送受信者間で鍵情報（ステゴ鍵）を共有する必要があるが、この鍵を共有するためのプロトコルを挙げよ。

[解答例]
公開鍵暗号ベースの鍵共有プロトコルや、Diffie-Hellman鍵共有プロトコルを参照のこと。

7章 バイオメトリクス

問1 次の用語を説明しなさい。
① テンプレートデータ、② アイリスコード、③ 識別・認証(検証)、
④ マニューシャ

[解答例]
① テンプレートデータ：照合の基準となる特徴点などのデータであり、「テンプレート」と呼ばれる情報を事前に採取登録し、認証時にセンサで取得した情報と比較することで認証を行う。単に画像の比較によって認証とする方式から、生体反応を検出する方式まで様々なレベルがある。
② アイリスコード：虹彩(アイリス)とは黒目の内側で瞳孔より外側のドー

ナツ状の部分のこと。胎児のときから瞳孔から外側に向かってカオス状の皺が発生し生後2年まで成長し止まり、生涯変化しないと言われる。
③ 識別・認証(検証)：認証(Verification)とは、主体(ユーザやシステムなど)が自ら名乗ったとおりの者であることを証明することであり、識別や照合(検証)を行って、事前に登録している本人であることをシステムが確認することをいう。1対1の対応関係を確認する検証(1：1照合)は認証と同定義として使われる場合もある。識別(Identification)とは、システムに入力された本人の特徴を示す情報と、あらかじめシステムの中に登録された情報を比較し、あらかじめ設定したしきい値以下のもっとも近いものを探すこと(類似度の高いもの照合により確認すること)をいう。1:n照合ともいう。
④ マニューシャ：人間の指紋には隆線とその間に形成された谷の紋様がその個人を特徴づけるものになるのですが、精度良く判別しようとすれば、紋様の詳細を見なければならない。また、その紋様とは隆線が示すパターンとも言える。その詳細を覗いてみるとあちらこちらで特徴点(マニューシャ：Minutia)なるものを発見することができる。その種類としては端(Ridge ending)分岐(Ridge bifurcation)湧出(Ridge divergence)ドットor島(Dot or Island)囲み(Enclosure)等がある。

問2 バイオメトリクスは二つに分類できる。分類名とその分類に含まれるモダリティを列挙しなさい。

[解答例]
- 身体的特徴によるバイオメトリクス： 指紋、虹彩、静脈
- 行動的特徴によるバイオメトリクス： 声紋、署名、歩容

問3 バイオメトリック認証装置の精度を表す二つの基準を説明しなさい。

[解答例]
　　7章7.4節参照

問4 バイオメトリクスは究極の個人情報でありパスワードでもあるといわれているが、その長所と短所を説明しなさい。

[解答例]
スマートホンの普及などにより、パスワードは覚えるのに苦労し、数多くのシステムがパスワードを要求し、複数のパスワードを管理する必要がでてきたが、人間が管理できる限界にある。したがって、バイオメトリクス などを用いたアクセス制御が有効となっている。このように個人特有の特徴を用いるため、安全性を高めることができる反面、多くのバイオメトリクスが外部に露出しているため、知らない間に盗難される恐れもある。また、究極の個人情報ゆえ、プライバシーの問題もある。例えば、顔は容易に撮影可能であり、また、ネットなどでの共有も可能であるためプライバシーの問題が発生する可能性がある。

問5 バイオメトリック認証システムの安全性を高める技術としてキャンセラブルバイオメトリクス、生体検知 (Liveness detection) 技術、暗号技術などがあるが、その優劣を論じなさい。

[解答例]
キャンセラブルバイオメトリクス は、生体情報を暗号化したまま管理・照合する生体認証のこと。生体情報は生涯不変であり、パスワードのように変更できない。キャンセラブル生体認証では、生体情報をコード変化した状態で使用するため、情報を何度でも変更できる。

生体検知機能は、人体の電気特性、光学特性、生理的特性等を用いて、身体的特徴が生体によって提示されたか否かを確認する機能である。

バイオメトリクス をパスワードの代わりに利用する場合の問題点として、(1)体表面に露出しているものが多いため、偽造生体を作られる恐れがある、また、(2)人間に固有の属性であるため、漏洩するとパスワードのように再発行できない問題があった。生体検知技術は、前者(1)の問題に有効であり、センシング時点で、偽造か否かを判断する技術であり、生体認証をより安全に使うための必須の技術である。例えば虹彩は写真などで偽造できるが、虹彩撮影時に光を被写体に当てることで、虹彩の広がりを調べることで生体か偽造かを判定する。キャンセラブル バイオメトリクス は後者の問題に対し有効と言われているが、データベースやネットワークから生体情報を窃取するより露出している

生体情報を盗めばいいので、その効果は非常に低い。また、FIDOなどの新しい生体認証の認証フレームワークは生体情報は端末で個人が責任もって管理する方式が主流であり、互換性もない。保管した生体情報は暗号化などで安全性を確保できる。

問6 バイオメトリックシステムにおける脆弱性と脅威について最低三つ挙げなさい．

[解答例]
(1) 脆弱性：生体情報は露出しているものが多い　脅威：顔を撮影するカメラ、指紋センサ面の指紋の油脂から指紋パターンをコピー
(2) 脆弱性：テンプレートデータを定期的に更新しない　脅威：生体情報は経年変化を生じる
(3) 脆弱性：生体情報は天候や照明条件などの変化に弱い　脅威：テンプレート採取時と認証時の天候や照明条件が異なる

8章　サイバーセキュリティ技術

問1　サイバー攻撃による脅威の例を一つ挙げ、どのような脆弱性に関連するか述べなさい。

[解答例]
脅威とはシステム又は組織に損害を与える可能性があるインシデントの潜在的な原因であり、ソフトウェア・ハードウェアの設計や実装上の欠陥や、システム運用の不備、および物理的保護の欠如などの脆弱性が、脅威によって悪用・侵害されることで、守るべき対象に被害や悪い影響をもたらす。

サイバー攻撃は、悪意を持った攻撃者による意図的な脅威であり、機器の初期設定のままの、推測されやすいパスワード設定などの脆弱性を悪用されることによる不正アクセスの脅威により、情報の改ざんや漏洩などの被害をもたらす場合がある。

問2　NISTのサイバーセキュリティ・フレームワークの五つの機能とその内容を述べなさい。

演習問題の解答例

> 解答例

NISTのサイバーセキュリティ・フレームワークでは、サイバーセキュリティ対策について、経営レベルから実施・運用レベルまでを組織全体で共有できる形で示しており、「特定」「防御」「検知」「対応」「復旧」の五つの機能で構成されている。

「特定」では組織が持つ情報資産とそれに対する脅威を洗い出し、対策すべきリスクを特定する。「防御」ではサイバー攻撃を防ぐために、特定したリスクに応じて適切な防御策を検討し実施する。「検知」では防御策を突破される恐れのある状況や突破されたことを検知するための対策を検討し実施する。「対応」では検知されたサイバー攻撃(セキュリティインシデント)に対処するための適切な対策を検討し実施する。「復旧」ではサイバー攻撃などセキュリティインシデントにより影響を受けた機能やサービスを復旧するための適切な対策を検討し実施する。

問3 クロスサイトスクリプティングの種類を三つ挙げ、概要を説明しなさい。

> 解答例

クロスサイトスクリプティング(XSS)は、スクリプト等を埋め込まれたWebサイトを介してユーザーに攻撃を行う手法である。XSSには三つのタイプがある。

Reflected(反射型)XSSは、HTTPリクエスト中に含まれる攻撃コードがWebページ上で動作するタイプであり、攻撃者はリンクの設置や掲示板へのリンクの書き込みなど、何らかの手段を用いて標的を特定のURLに誘導する必要がある。Stored/Persistent(蓄積型)XSSは、掲示板の投稿などWebサイトが蓄積しているコンテンツに悪意のあるコード等を含ませて動作させる攻撃で、標的がそのページにアクセスするのを待って攻撃を仕掛ける。DOM Based XSSは、Webブラウザ内部で行われるデータの操作を悪用した攻撃であり、動的なWebページを操作した結果に、意図しないスクリプトを出力させ攻撃に利用する。

問4 ネットワークセキュリティで用いられるセキュリティ対策を一つ挙げ、その対策で防げる攻撃の例を挙げなさい。

解答例

ネットワークセキュリティでは、ネットワークの入口や出口において、適切なセキュリティ機器やシステム・サービスによる対策を行うことが必要である。

ウェブアプリケーションファイアウォール（WAF）によるセキュリティ対策では、80番や443番など、ファイアウォールで停止できないポートを利用した攻撃に対し、通信内容を確認して防御を行う。クロスサイトスクリプティングやSQLインジェクションなど、Webアプリケーションへの攻撃の対策として有効である。

9章 情報セキュリティマネジメントシステム（ISMS）および情報セキュリティ監査

問1 JIS Q 27001とJIS Q 27002について、それぞれの内容と役割、これら規格間の関係について説明せよ。

解答例

- JIS Q 27001は情報セキュリティマネジメントシステムの要求事項（ISMS requirements）を示すものであり、組織がISMSを構築する際の要求事項が提示されている。また、その附属書Aでは、情報セキュリティリスクを低減するために選択すべきセキュリティ対策（JIS Q 27001では管理策と呼ぶ）が示されている。
- JIS Q 27002は情報セキュリティマネジメントの実践のための規範を示すものであり、JIS Q 27001が要求事項であるのに対し、JIS Q 27002はガイドラインという位置付けのものである。具体的には、JIS Q 27001の附属書Aで示される各管理策に対して、その実施の手引きや関連情報が示されている。

問2 情報セキュリティポリシーについて説明せよ。

解答例

情報セキュリティポリシーは、組織がどのように情報セキュリティに対処してゆくかについての基本となる方針を示す文書である。その文書構成としては、組織として事業を継続する上でどのようなセキュリティを達成する必要があるかを示す情報セキュリティ基本方針、その基本方針の下でどのようなセキュリティ対策を施すかの方針を定める情報セキュリティ対策基準から構成されるのが一般的である。

問3　ISMSにおけるPDCAサイクルについて説明せよ。また、PDCAそれぞれのフェーズで実施する内容について説明せよ。

[解答例]

PDCAサイクルとは、Plan（計画）− Do（実施）− Check（点検）− Act（処置）というマネジメントサイクルの各フェーズの頭文字をとったものである。Actの次はPlanに戻り、より向上した次のサイクルにステップアップするというスパイラルアップの考え方であり、ISMSの構築・運用において基本となるものである。

ISMSにおいてPDCAサイクルの各フェーズで実施する内容を以下に示す。
- Plan：組織における情報セキュリティの基本となる方針を策定。
- Do：Planフェーズで策定した方針を具体的な対策に展開・実装し、運用。
- Check：Doフェーズで実装し運用している対策が決められた通りに運用され有効に機能しているか、また、その運用において改善すべき点がないか等をチェック。
- Act：Checkフェーズでの結果に基づき、改善すべき点に対しその改善計画を作成し実行。

問4　情報セキュリティリスクアセスメントを実施する目的は何かを説明せよ。また、情報セキュリティリスクアセスメントを構成するプロセスについて示し、これら各プロセスで実施する内容について説明せよ。

[解答例]

情報セキュリティリスクアセスメントとは、組織において想定される情報セキュリティ上のリスクを特定するとともに、特定したリスクを分析・評価し、対応すべきリスクを決定するプロセスである。ここで決定したリスクに対してリスク対応策を計画、実装し運用してゆくことがISMSの中心となる活動であり、ISMSを構築する上での基本となる活動である。

情報セキュリティリスクアセスメントで実施するプロセスとその内容を以下に示す。

(1) 情報セキュリティリスクの特定

　　対象組織で求められる情報セキュリティに対して望ましくない影響を与える可能性を有するリスクを特定する

演習問題の解答例

(2) 情報セキュリティリスクの分析
　　上記(1)で特定した情報セキュリティリスクが実際に発生する可能性と発生した場合に生じる影響の大きさについて評価し、リスクの大きさ（リスクレベル）を算出する
(3) 情報セキュリティリスクの評価
　　上記(2)のリスク分析によって算出したリスクレベルを、組織で決めたリスク基準（リスクの重大性を評価するための目安とする条件）と比較し、対応すべきリスク（リスク基準より高いレベルのリスク）を特定する。

問5 自分に関係する、または、自分で調査した組織を選定し、次の問に答えよ。
(1) 選定した組織に対し、①事業上の特徴、②組織の特徴、③場所の特徴、④技術の特徴、⑤資産の特徴、の五つの観点からその特徴を記述せよ。
(2) 上記組織でセキュリティ上重要と考えられる資産（守るべき資産）を一つ想定せよ。
(3) その資産に対して情報セキュリティリスクアセスメントを実施し、対応すべきリスクを一つ抽出せよ。
(4) 上記(3)で抽出したリスクに対するリスク対応策を示せ。

[解答例]

解答者が所属する大学の研究室を組織として選択し、この組織について以下に解答する。
(1) ① 事業上の特徴
　　　　教育及び研究を実施。教育においては、学生の成績などの機微な個人情報を、研究においては機密を要する研究情報を保持しており、これら情報の安全な管理のためにISMSが必要。
　　② 組織の特徴
　　　　研究室は、教授（研究室責任者）、准教授、研究室業務をサポートする事務職員、研究室配属の学生から構成。本研究室では、企業との共同研究を行っており、企業との守秘義務契約の対象となる研究情報を保持している。
　　③ 場所の特徴
　　　　大学構内の建物内に位置する研究室。大学構内や建物には誰でも入れるが、研究室の入口は暗証番号によるロック付き鍵にて常時施錠。

暗証番号は研究室に所属する教員と事務職員及び学生のみが知っている。
　④　技術の特徴
　　研究室内共用サーバと研究室構成員各自に貸与された端末が研究室内ネットワークに接続されている。研究室内ネットワークは、大学の情報センターが管理する大学基幹ネットワークと接続しており基幹ネットワーク経由で外部インターネットに接続されている。
　⑤　資産の特徴
　　学生の成績情報や企業との共同研究情報など、機密性を要する情報を保持している。これら機密性を要する情報資産は、研究室責任者である教授のもとで管理されている。なお、これら情報は研究室内共用サーバに保存しており、このサーバは准教授が管理者となって管理している。
(2) 守るべき情報資産として、研究室共用サーバに格納されている、企業との守秘義務契約の対象となる研究情報を挙げる。
(3) 対応すべきリスクとして、守秘義務契約の対象となる研究情報の漏洩を挙げる。この情報は、大学基幹ネットワーク経由で外部接続している研究室共用サーバに格納されており、リスク源、事象としては次が想定される。
・リスク源：外部の攻撃者、共用サーバ及び端末の不十分なセキュリティ管理
・事象：外部からの不正アクセス
(4) リスク対応策としては表9.2から以下を選択する。
・共用サーバと端末に対する対策
　　―マルウェアからの保護（運用のセキュリティ）
　　―技術的脆弱性管理（運用のセキュリティ）
・共用サーバ内の共同研究情報に対する対策
　　―暗号による管理策（暗号）

問6　情報セキュリティ監査において、監査証拠を入手するために実施する監査技法を四つあげ、それぞれについて、その内容を説明せよ。

|解答例|

四つの監査技法とその内容を以下に示す。
(1) 質問（ヒアリング）

マネジメント体制又はコントロールについての整備状況又は運用状況を評価するために、関係者に対し口頭で問い合わせ、説明や回答を求める。
(2) 閲覧（レビュー）
マネジメント体制又はコントロールについての整備状況又は運用状況を評価するために、規程、手順書、記録（電子データを含む）等を調べ読むことによって問題点を明らかにする。
(3) 観察（視察）
マネジメント体制又はコントロールについての整備状況又は運用状況を評価するために、監査人自らが現場に赴き、目視によって確かめる。
(4) 再実施
コントロールの運用状況を評価するために、監査人自らが組織体のコントロールを運用し、コントロールの妥当性や適否を確かめる。

10章　CC（ISO/IEC 15408）と情報システムセキュリティ対策の設計・実装

問1　ISO/IEC 15408とCCとの関係について述べよ。また、CCとCEM、それぞれについて、その策定された目的と内容を説明せよ。

【解答例】
ISO/IEC 15408は、IT製品やシステムを対象として、技術面でのセキュリティ対策が適切に設計され実装されていることを評価、認証するための国際標準であり、CC（Common Criteria）はこの国際標準の元となる基準である。ISO/IEC 15408とCCは基本的に同一内容であるが、それらの発行のタイミング及びバージョンは必ずしも一致していない。

CCは、対象となるIT製品やシステムにおいて、そのセキュリティ対策の十分性、正確性が達成されていることを評価するための基準を示したものである。

第3者機関の評価者がこのCCという基準に基づいて対象となるIT製品を評価する際に、評価者によって評価結果がぶれないようにするためのガイドラインとして、評価者が実施する最低限のアクションが記述されたドキュメントがCEM（Common Methodology for Information Technology Security）である。

問2　次の語句を説明せよ。
　　①PP　　②ST　　③TOE　　④セキュリティ機能要件
　　⑤セキュリティ保証要件　　⑥EAL

演習問題の解答例

解答例

① PP（Protection Profile）
　次の②で説明するSTの作成を容易にすることを目的としてCCで規定されている、STのテンプレートという位置付けのドキュメント。例えばDBMSのPP、ファイアウォールのPP、というように特定の製品に依存しない製品種別レベルでの内容をSTのテンプレートとして提供する。

② ST（Security Target）
　対象となるIT製品やシステムが実現すべきセキュリティ機能要件を、その機能要件がなぜ必要であるかの根拠（脅威と対策方針、対策方針を達成する機能の分析など）と合わせて示すドキュメント。STの具体的な構成や内容はCC Part1において示される。

③ TOE（Target of Evaluation）
　CCによる評価の対象となるIT製品やシステムのこと。

④ セキュリティ機能要件
　TOEで実装することが求められる技術的なセキュリティ対策。セキュリティ機能要件の具体的な内容はCC Part2においてセキュリティ機能コンポーネントとして示される。

⑤ セキュリティ保証要件
　TOEがセキュリティ機能要件を正確に実装しているという保証を得るための方法。セキュリティ保証要件の具体的な内容はCC Part3においてセキュリティ保証コンポーネントとして示される。

⑥ EAL（Evaluation Assurance Level）
　STで定義されるセキュリティ機能要件がTOEに正確に実装されていることを保証するレベルを示す指標。セキュリティ保証コンポーネントのどこまでを満足するかによって、7つのレベルが規定されている。EALが高くなるほど、より厳密な評価がなされ、より信頼度の高い保証が得られるが、その分、開発者側、評価者側両方において評価にかかる負荷やコストが大きくなる。

問3　STの「セキュリティ課題定義」で記述すべき項目を三つあげ、それぞれの内容について説明せよ。

解答例

セキュリティ課題定義で記述すべき3項目とその内容を以下に示す。

(1) 脅威
　　TOEに対して存在しうる脅威。どのような脅威が存在しうるかは、資産、脅威エージェント、脅威エージェントの有害なアクションの三つの観点から分析、評価する。
(2) 組織のセキュリティ方針
　　TOEが運用される環境を管理する組織において決められているセキュリティ上の規則やガイドラインなどの、組織としてのセキュリティ方針。
(3) 前提条件
　　TOEの運用環境において、TOEがセキュリティ対策を実行する上で前提となる条件。

問4 本章の10.1節で、開発プロセスで脆弱性が作り込まれる要因の例として、①不正確な設計、②開発段階での不慮の誤り、③開発段階での悪意のあるコードの意図的な組み込み、④不十分なテスト、が示されている。これら各項目に対して、それらの要因がどのような状況で発生し得るか、また、考えられる発生原因について考察せよ。

|解答例|

① 不正確な設計
　　STで定義するセキュリティ機能要件に対する設計者の理解不足や誤った理解により発生することが考えられる。ST作成者と設計者との間でのコミュニケーション不足やSTでの不正確/不十分な記載などが発生原因として考えられる。
② 開発段階での不慮の誤り
　　開発者の不注意により発生することが考えられる。開発者の不十分なスキル、開発段階でのレビュー不足などが発生原因として考えられる。
③ 開発段階での悪意のあるコードの意図的な組み込み
　　悪意を持つ第3者が開発現場に不正に入り込み、ソフトウェア開発環境に不正アクセスすることにより発生することが考えられる。開発現場の入退室管理などの物理的な保護が不十分、開発環境に対する不十分なアクセス管理などが発生原因として考えられる。
④ 不十分なテスト
　　テスト実施者の不注意により発生することが考えられる。テスト実施者の不十分なスキル、テストチームでのレビュー不足などが発生原因として

考えられる。

問5 身の回りにある情報システム、または、IT製品を選択し、次の問いに答えよ。

(1) 選択した情報システム、又はIT製品で、TOEとする範囲を決定し、そのTOEがどのような用途で用いられるものかを記述せよ。

(2) 選択した情報システム、または、IT製品のシステム構成図を示し、図の中で上記(1)で決定したTOEの範囲を示せ。

(3) 上記(1)(2)で定義したTOEに対して、STの「セキュリティ課題定義」を記述せよ。

|解答例|

解答者が所属する大学の研究室の研究用情報システムを対象として、以下に解答する。

(1) 研究用情報システムを構成するファイルサーバをTOEとする。本サーバは研究室メンバ間で共有する研究データ等の情報を格納し、研究室メンバ間での情報共有のために利用する。

(2)

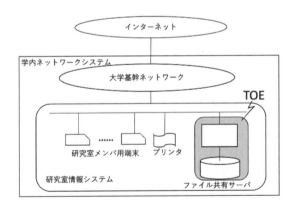

(3)
① 脅威
・資産：共用サーバでは守秘義務を要する企業との共同研究データが格納されている。
・脅威エージェント：大学の研究情報を狙う外部の攻撃者
・脅威エージェントの有害なアクション：攻撃者による不正アクセス

以上より、脅威として、「外部の攻撃者による不正アクセスにより機密性を要する研究データが漏洩する事象」が考える。
② 組織のセキュリティ方針
企業との共同研究において契約により守秘義務が課せられる研究データは、共同研究に従事する研究者以外が取り扱うことができないように管理しなければならない。
③ 前提条件
・TOEであるファイル共有サーバは施錠管理されている研究室内に設置。

問6 「演習問題5」で記述した「セキュリティ課題定義」に対して、同じくSTの「セキュリティ対策方針」を記述せよ。

[解答例]
(1) TOEのセキュリティ対策方針
TOEに以下の機能を持たせる。
① TOEにアクセスしようとするエージェントに対する識別と認証を実現する機能
② 識別・認証されたエージェントに対する必要最小権限のアクセス制御を実現する機能
③ データの暗号化を実現する機能
(2) 運用環境のセキュリティ対策方針
① TOEが設置される研究室に対する入退室管理の運用体制の整備。
② TOE上のソフトウェアに対し発見された脆弱性情報の収集と、発見された脆弱性への対策を実施する運用体制の整備。
③ 共同研究従事者に付与するアカウントの管理体制の整備。
(3) セキュリティ対策方針根拠
・(1) ①より共同研究従事者以外のTOEへのアクセスを制限する。
　→脅威及び組織のセキュリティ方針への対応
・(1) ②より共同研究従事者で認可された人間以外が共同研究データを取扱うことを制限する。　→脅威及び組織のセキュリティ方針への対応
・(1) ③より、万一外部に流出した場合でも、共同研究従事者で認可された人間以外が参照することを制限する。　→脅威及び組織のセキュリティ方針への対応
・(2) ①より研究室メンバ以外の入室を制限　→前提条件への対応

- (2) ②より発見されている脆弱性を突いた不正アクセスを防ぐ →脅威への対応
- (2) ③より共同研究従事者以外へのアカウント付与を制限
  →脅威及び組織のセキュリティ方針への対応

11章　個人情報保護技術

問1　プライバシーと個人情報の相違を述べなさい。

解答例

　個人情報とは、個人情報保護法2条1項では、生存する個人に関する情報であって、当該情報に含まれる氏名、生年月日その他の記述等により特定の個人を識別することができるもの（他の情報と容易に照合することができ、それにより特定の個人を識別することができることとなるものを含む）、および個人識別符号（パスポート番号、指紋、電話番号など）をいう。

　一方、プライバシーとは、改正個人情報保護法2条3項では要配慮個人情報として定義されている。要配慮個人情報とは、本人の人種、信条、社会的身分、病歴、犯罪の経歴、犯罪により害を被った事実その他本人に対する不当な差別、偏見その他の不利益が生じないようにその取扱いに特に配慮を要するものとして政令で定める記述等が含まれる個人情報をいう。

　ただし、プライバシーとは、主観的であり、要配慮個人情報より広い概念である。プライバシーの権利は、憲法 第13条が関係し、個人の尊重（尊厳）、幸福追求権及び公共の福祉についてなど憲法上の保護が認められるべき権利として、本条を根拠として憲法上保護された権利であると認められることがある（プライバシーの権利のほか肖像権など）。

問2　個人情報保護法における個人情報、要配慮個人情報、匿名加工情報の特徴について簡単に説明しなさい。

解答例

　個人情報：生存するための個人を識別を識別するための情報で、氏名や生年月日、指紋・虹彩・顔の特徴などの生体認証のデータ、マイナンバーなどの個人識別符号が含まれる。

　要配慮個人情報：個人情報保護法で規定される個人情報のうち、特に取扱いの配慮が必要な個人情報をいう。たとえば、本人の人種、信条、社会的身分、

病歴、犯罪の経歴が含まれる。個人情報の取得や第三者提供にあたり、本人による事前の同意を必須としている。

匿名加工情報：特定の個人を識別できないように個人情報を加工して得られる個人に関する情報。一定のルールのもとで当該個人情報を復元できないようにした情報であるため、個人情報には該当せず、本人の同意なしで第三者提供が可能となる。

問3 プライバシー影響評価とはなにか、また、プライバシー影響評価ではなぜ事前に評価するのか、簡単に説明しなさい。

[解答例]

プライバシー影響評価とは、個人情報に関するリスクアセスメント手法である。個人情報の収集を伴う新たなシステムの導入にあたり、プライバシーへの影響を事前に評価し、その回避または緩和のための法制度・運用・技術的な変更を促す一連のプロセスである。

事前評価が必要な理由：
- 個人情報は漏えいや流出などの事故があった場合、回収が困難であり、事後対策では遅い。事前に評価を行うことがステークホルダー間の信頼構築の面で重要である。
- 個人情報保護を含めた情報セキュリティ対策に要するコストは後工程になるほど増大になるため、事前に評価することで対策コストを抑える効果がある。

12章　デジタルフォレンジック技法

問1 デジタルフォレンジックが一般組織で利用される例を一つ取り上げ、説明しなさい。

[解答例]

(1) 民事訴訟

民事訴訟において証拠として採用しうる情報を発見する目的で、デジタルフォレンジックを利用する。特に米国にはeDiscoveryという制度が存在し、事実審理の前に原告・被告の双方が要求された情報を提出しなければならない。この際にもフォレンジックが証拠の絞り込みや分析に利用される。

(2) コンプライアンス対応

業界団体が定める基準に適合するために、デジタルフォレンジックを利用する。たとえばクレジットカード加盟店は、カード情報に関わる事故の発生時に認定機関によるフォレンジックを受け、業界標準に適合していたか否かを確認する必要がある。

(3) 内部不祥事調査

組織の従業員が不正行為を行っていると疑いがあるときに、真偽の調査や証拠発見のためにフォレンジックを利用する。従業員が使っていたPCのストレージを複製して分析すること1とが一般的だが、アプリケーションサーバやメールサーバ、ファイルサーバなどのログが利用されることもある。

(4) サイバー攻撃によるインシデント対応

サイバー攻撃によるインシデント対応において、侵害原因を特定して意思決定に資するため、デジタルフォレンジックを利用する。CSIRTと呼ばれるセキュリティ対応チームにおけるフォレンジック担当は、原因特定に加えてマルウェア解析を行うこともある。

問2　インシデント対応におけるフォレンジックにおいては、証拠の収集を最優先とすべきでないことがある。その理由を説明しなさい。

[解答例]

サイバー攻撃によるインシデント対応は、被害を最小限に抑えることを目的としている。侵害が拡大している場合には、迅速に封じ込めを行わなければならない。このため、証拠保全よりも対応を優先させる必要がある。たとえば、他のコンピュータにも攻撃を行うワームに感染した場合、メモリの状態が変わることを許容して、感染端末をネットワークから切断する。また、ストレージ全体を分析する時間的余裕がない場合には、一部のデータだけを取得して分析するファストフォレンジックという手法を用いる。

問3　デジタル証拠の収集に関し、ネットワークフォレンジックの制約を、コンピュータフォレンジックと比較して説明しなさい。

[解答例]

コンピュータフォレンジックではインシデントが発生したのちに証拠を収集できるが、パケットやフロー、ログなどネットワークフォレンジックで得られるデジタル証拠は事前に準備しておかなければ取得できない。また、ログにつ

いてはコンピュータフォレンジックと異なり複数の機器のログを組み合わせて分析することから、都度個別に収集するのでは労力を要する。

問4 マルウェア解析における動的解析と静的解析との違いを説明しなさい。

> **解答例**

動的解析では、サンドボックスと呼ばれる専用の環境でマルウェアを実際に実行し、その動作を記録・分析する。比較的手軽に行えるが、マルウェアが有する機能すべてが発見できるわけではない。サンドボックス環境であることを認識すると動作しないように作られているマルウェアもある。静的解析は、デバッガや逆アセンブラツールを利用して実際にコードを分析する。マルウェアの詳細な機能を解明することができるが、アセンブラを理解する必要があるなど、要求される知識水準が高く、解析に時間がかかる。

13章 IoTセキュリティ

問題1 セキュリティ面からみたIoT機器の性質を六つ挙げなさい。

> **解答例**

(1) 数が多いため脅威の影響範囲や影響の度合いが大きい
(2) 対象機器のライフサイクルが長いためセキュリティ面でぜい弱性を持つIoT機器が長期に渡って使用され続けることがある
(3) 分散設置されたり他の装置に組み込まれたりするため、IoT機器に対する監視の目が行き届かないことが多い
(4) IoT機器側とネットワーク側の環境や特性の相互理解が不十分な場合がある
(5) 機器の機能や性能が限られていて、セキュリティに十分なリソースが割けない場合が多い
(6) システム構築の際、IoT機器の開発者が想定していない接続がされることがある

問題2 次に示す日ごろのインフルエンザ予防対策を念頭にIoT機器におけるセキュリティ対策がそれぞれどのようなことに相当するか述べなさい。

> [解答例]

(1) 体調の管理に相当するのもの
- 機器の健全性確認として製造元のウェブサイト等で周知される脆弱性情報に注意を払い、脆弱性が存在する場合にはファームウェアのアップデートや、必要な設定変更等の適切な対策を速やかに実施する

(2) 最新のワクチン接種に相当するのもの
- ウィルス検知ソフトが提供されていればそれを導入し、パターンファイル等を常に最新のものにする
- ファームウェアの自動アップデート機能があれば有効にする

(3) 日ごろの防疫に相当するのもの
- セキュリティ対策が不完全なIoT機器はルータなどを介してインターネットに接続するようにし、直接インターネットに接続しない
- 購入機器はインターネットに接続する前に初期パスワードを変更する
- 動作中に不必要なポートは閉じる
- 製造終了から年月が経過したIoT機器製品は、使用を中止する

(4) 感染した場合の処置に相当するのもの
- ネットワークから切り離す
- 感染した機器の影響範囲を局所化する

問題3 IoTセキュリティに関して、技術者倫理としてどのようなことを考慮すべきか述べなさい。

> [解答例]

IoT機器やIoTシステムを構築する立場、使用する立場、脅威から守る立場などそれぞれの立場に立ち、決定すべき仕様の項目について、以下のイリノイ工科大学のマイケル・デイビス教授が整理した7段階法と呼ばれる倫理的意思決定法を適用して決定する。

(1) 倫理的問題が何かを明確にする
(2) 事実関係を整理する
(3) 関連する要因、条件を特定する
(4) 取りうる行動を考え、リストアップする
(5) これらリストアップされた代替案を次の観点から検討する
- 与える危害が大きくないか
- 報道されても大丈夫か

- 決定を大勢の前で弁明できるか
- 自分が被害者になっても支持できるか
- 同僚はどう考えるか
- 所属機関はどう考えるか

(6) (1)から(5)までの検討結果を基に取るべき行動を決定する
(7) 抜けがないか(1)から(6)までを再度検討する

14章 法と倫理

問1 情報セキュリティと法制度の間には、どのような関係があるか、説明しなさい。

[解答例]

情報セキュリティは、機密性(Confidentiality)、完全性(Integrity)、可用性(Availability)の三つを要素とするが、このような情報セキュリティと法律の間には、本質的なギャップが存在している。というのは、法制度は、個々の権利利益の保護を目的としているが、情報セキュリティの場合は、法制度における保護法益に相当するものが明確化されているわけではないからである。もっとも、CIAの確保が様々な権利利益の保護につながることはある。その意味では、CIAの確保は、権利利益の保護をするための未然防止手段であるということができる。このように、情報セキュリティと法制度は、もともと目的を異にするものであり、情報セキュリティと密接に関係する法律があったとしても、それらは直接的に情報セキュリティの確保のために存在しているわけではないということがいえる。

問2 情報セキュリティの必要性を生じさせるような法律、すなわち、IT化を促進するような法律としては、どのようなものがあるか、説明しなさい。

[解答例]

情報セキュリティの必要性を生じさせる法律、すなわち、IT化を促進する法律としては、まず、2000年に制定された「高度情報通信ネットワーク社会形成法」(IT基本法)がある。この法律は、IT社会を形成するための基本方針、重点計画の策定、国・自治体の責務などについて定めたものである。そのほか、行政のIT化に関するものとしては、住民基本台帳ネットワークを導入するための改正住民基本台帳法(1999年)、行政手続オンライン化関係三法(2002年)、マ

イナンバーを導入するための番号法（2013年）などがある。また、書面の電子化に関する法律も重要である。書面の電子化については、2000年に制定された「書面の交付等に関する情報通信の技術の利用のための関係法律の整備に関する法律」（IT書面一括法）や、2004年に制定された「民間事業者等が行う書面の保存等における情報通信の技術の利用に関する法律」（e文書法）がある。このe文書法は、従来、民間事業者などが、書面による保存が義務付けられていた文書を、電磁的記録によって保存することができるようにした法律である。

問3 情報セキュリティの確保、特に機密性の確保に関係する法律としては、どのようなものがあるか、説明しなさい。

[解答例]
機密性の確保の問題については、第三者が外部から不正に情報にアクセスする場合と、内部の人間が情報を外部に漏洩する場合に分けることができる。前者に関係する法律としては、主に、「不正アクセス行為の禁止等に関する法律」（不正アクセス禁止法）、財産犯（窃盗罪、横領罪）に関する刑法の規定などがある。前者と後者の両方に関係するものとしては、通信の秘密の保護に関する憲法21条2項、電気通信事業法4条、有線電気通信法9条、電波法59条、営業秘密の保護に関する不正競争防止法の規定、プライバシー権の保護に関係する民法の規定、個人情報保護法（特に安全管理措置に関する規定）などがある。

問4 なぜ現代社会においては、セキュリティ対策として技術的および法的対策だけでなく倫理的対策が必要なのか述べなさい。

[解答例]
情報倫理が重視される背景として、以下の2点が挙げられる。
(1) セキュリティ問題は人が引き起こす
不正アクセスやコンピュータウイルスは自然界に存在するものでなく、人が人為的に作成し悪意をもって使用する。また、個人の不注意によって、例えば、不適切な利用の仕方により、個人情報などを保管したPCやスマートホンを紛失することにより情報漏洩などの問題を引き起こす。
(2) 情報技術の進歩やインターネットサービスの発展
1980年代は、少なくとも一般の人にとって、情報倫理や情報セキュリティは無縁のものであった。現代はデジタル社会が到来し、スマートフォンなども

インターネットが社会に浸透し、子供までが、セキュリティを意識しなければいけない状況となっている。つまり情報発信が個々人で可能となり、それに伴うセキュリティ的なリスクは素人、専門家によらず対等に降りかかるようになった。

　以上のように、技術的対策対策だけでなく、組織のルールや一人一人が、モラル・倫理的な規範のもと対応することの重要性が高まった。

索引

あ

アーティファクト 302
RSA暗号 40, 46
RSA署名 49
RSA-OAEP暗号 54
ISMS適合性評価制度 236
ISO/IEC 27000ファミリー 234
IoTデバイス 324
IoTセキュリティ 328
ICカードと連携した認証モデル 151
ITセキュリティ評価及び認証制度（JISEC） 245, 264
IT基本法 351
IT書面一括法 351
相手認証 51
悪意のあるプログラム 172
アクセス日時 311
Act（処置） 214
圧縮関数 27
@Police 332
アメリカ国立標準技術研究所（NIST） 20
アルゴリズム特化攻撃 30
暗号化 20
暗号化鍵 18
暗号化関数 20
暗号系プロトコル 81
暗号処理の高速化 96, 98
暗号スイートの選択 85
暗号標準化動向 32
暗号文 20
暗号プロトコル 78
暗号モジュール試験及び認証制度（JCMVP） 102, 245, 265
安全性証明理論 53
ECB（Electronic Code Book）モード 23
eDiscovery（電子証拠開示） 297
e文書法 351
EU一般データ保護規則 11
EUデータ保護指令 275
一方向性 26
一般データ保護規則（GDPR：General Data Protection Regulation） 11, 280
入口対策出口対策 8, 178
インジェクション攻撃 187
インシデント 172
インシデント対応 299, 303

397

索引

インプリメンテーション・ティア（階層） …………………………………… 177
ウイルス ……………………………………………………………………… 181
Web モデル …………………………………………………………………… 71
Web アプリケーションへの攻撃 …………………………………………… 187
ウェブフィルタリング（Web Filtering） …………………………………… 197
ウォッチリスト（watch list） ………………………………………………… 145
埋め込みビット数の確保 …………………………………………………… 116
Embedded Process 型 ……………………………………………………… 151
運用環境のセキュリティ対策方針 ………………………………………… 252
営業秘密 ……………………………………………………………………… 353
影響評価 ……………………………………………………………………… 285
永続性（permanence） ……………………………………………………… 130
エコシステム ………………………………………………………………… 321
HMAC 方式 …………………………………………………………………… 29
SHA（Secure Hash Algorithm）シリーズ ………………………………… 28
SSL（Secure Socket Layer）プロトコル …………………………………… 72
SSL/TLS ハンドシェイク …………………………………………………… 85
SQL インジェクション ……………………………………………………… 187
ST（Security Target、セキュリティターゲット） ………………………… 243
ST 概説 ………………………………………………………………………… 249
SPN（substitution permutation network）構造 …………………………… 21
X.509 証明書 ………………………………………………………………… 64
X.509 公開鍵証明書 ………………………………………………………… 72
閲覧（レビュー） …………………………………………………………… 231
F 関数 ………………………………………………………………………… 21
LDAP インジェクション …………………………………………………… 187
エレメント …………………………………………………………………… 254
エンドツーエンドセキュリティ …………………………………………… 193
エンドポイント（End Point） ……………………………………………… 197
エントリ更新日時 …………………………………………………………… 311
OEM 生産 …………………………………………………………………… 344
OECD プライバシーガイドライン ………………………………………… 275
OS コマンドインジェクション …………………………………………… 187
OCSP モデル ………………………………………………………………… 68
落とし戸付き一方向性関数 ………………………………………… 40, 42, 46
オプトアウト ………………………………………………………… 273, 282
オプトイン …………………………………………………………………… 273
オムニバス方式 ……………………………………………………………… 281

か

カービング …………………………………………………………………… 311
改正個人情報保護法 ………………………………………………… 10, 272
階層モデル …………………………………………………………………… 69
解読 …………………………………………………………………………… 54

索引

開発者アクションエレメント	258
外部目的	226
顔	136
顔認証	136
鍵スケジュール部	21
鍵のカプセル化メカニズム（KEM：Key Encapsulation Mechanism）	43
渦状（whorl）	130, 135
カバー画像	113
カバーテキスト	122
カバーメディア covermedia	108
カバーメディアの不要性	116
仮名化	289
可用性（Availability）	2, 210, 350
ガルトン	130
頑強性	55
観察（視察）	231
監査技法	231
監査計画の立案	229
監査調書の作成と保存	230
監査手続きの実施	230
監査人（監査実施者）の要件	228
換字処理（substitution）	22
汗腺	139
完全性（Integrity）	2, 210, 350
管理策基準	227
関連情報の表示・誘導	111
キーストローク（keystroke）認証	140
機器制御	111
擬似乱数	24
（擬似）乱数生成器	20
擬似乱数生成器	20, 24
規則／細則や手順書	218
揮発性	305
機密性（Confidentiality）	2, 210, 350
逆像計算	41
キャリア閉域網	327
キャンセラブル バイオメトリクス	142
弓状（arch）	130, 135
脅威	172, 244, 251
脅威ハンティング	313
脅威エージェント	251
脅威エージェントの有害なアクション	251
脅威の発生可能性の評価	222
脅威分析	339
共通鍵暗号	18, 20, 40
共通鍵暗号への攻撃法	30

索引

業務上の義務	229
組み合わせアプローチ	225
クライアント認証モデル	149, 150
クラウド型	198
クラス	254
クロスサイトスクリプティング（XSS）	188
軍事暗号	18
k-匿名化	290
刑法上	352
ゲートウェイ型	198
血管パターン	137
結果	220
権限認証	131
権限付与（authorization）	60
検証者	80
憲法21条2項	353
公開鍵暗号	40
公開鍵暗号基盤	62
公開鍵暗号基盤PKI	141
公開鍵証明書	63
公開鍵暗号を用いた相手認証プロトコル	80
攻撃者	54
虹彩	136
虹彩認証精度	137
更新日時	311
行動計測によるバイオメトリクス	139
5G	323
互換性（Interoperability）	154
国際標準化組織 ISO/IEC JTC1 SC27	32
国際標準 ISO/IEC 27002	213
誤検出の防止	116
誤差（エラー）	152
個人認証	130
個人識別符号	10, 274
個人識別情報（PII）	277, 278
個人情報	270, 273
個人情報保護委員会	271
個人情報保護法	272, 354
個人情報保護に関するコンプライアンス・プログラムの要求事項	275
個人情報保護マネジメントシステム	275
個人データ	273
コネクティッド・カー	321
個別性	271
コミュニケーション及び協議	218
Containment,Eradication, and Recovery（根絶・復旧・封じ込め）	179
コンピュータウイルス（computer virus）	174

コンピュータウイルス作成罪 357
コンピュータフォレンジック 304
コンポーネント 254
コンポーネント間の依存構造 257
コンポーネント間の階層構造 257

さ

サーバ認証モデル 149, 150
財産犯 352
再実施 231
サイドチャネル攻撃 97
サイバー攻撃 172, 174
サイバーセキュリティ基本法 9, 200
サイバーセキュリティ・フレームワーク（CSF） 176
サイバー・フィジカル・システム（CPS） 323
作成日時 311
差分解読法 30
サンドボックス 313
CRL モデル 68
CIA から AIC へ 205
C&C サーバ 8, 333
シーザー暗号 18
シード（seed） 24
CC（Common Crieria）プロジェクト 264
CBC（Cipher Block Chain）モード 23
Sheep and Goats 現象 145
耳介 139
識別（identification） 60, 132, 144, 145, 159
事後規制（オプトアウト） 282
自己伝染機能 174
資産 251
事象 220
辞書攻撃 190
次世代ファイアウォール（NGFW：Next Generation Firewall） ... 196
実施コストの低減 116
質問（ヒアリング） 231
自動指紋識別システム AFIS（Automated Fingerprint Identification Systems） ... 130
指紋（fingerprint） 130, 135
指紋自動識別システム AFIS 160
終生不変 130
周波数変更方式 113
十分性認定 282
十分な専門知識 280
手指動作 140
順像計算 40

索引

準同型暗号方式···291
証拠の内容・提示エレメント·····································258
証拠保全···296
詳細リスク分析···225
衝突困難性···26
衝突困難ハッシュ関数···49
情報資産···174, 222
情報資産価値の評価···222
情報セキュリティ (information security)·························2, 210
情報セキュリティ監査···210, 214, 225
情報セキュリティ監査基準·······································228
情報セキュリティ監査制度·······································225, 226, 237
情報セキュリティ基本方針·······································212
情報セキュリティ対策基準·······································217
情報セキュリティと法···350
情報セキュリティの C.I.A.······································2
情報セキュリティポリシー·······································212, 215
情報セキュリティマネジメントシステム（ISMS）···················210
情報セキュリティリスク対応·····································222
情報セキュリティリスクアセスメント·····························219
情報セキュリティリスクの特定···································219
情報セキュリティリスクの評価···································222
情報セキュリティリスクの分析···································221
情報セキュリティリスクマネジメント·····························218
情報ハイディング（information hiding）··························108
情報倫理（nformation ethics）···································359
証明書発行ポリシー（Certificate Policy、CP）····················67
証明書失効···68
助言型監査···226
署名···139
署名検証···50
署名生成関数···48
署名生成···50
所有物···61
処理時間の低減···116
処理時間妥当性···142
身体計測によるバイオメトリクス·································135
信頼性（reliability）··3
信頼モデル···68
数論問題の困難性···52, 56
ステークホルダーエンゲージメント·······························280
ステガノグラフィ（steganography）·······························108, 120
ステガノグラフィの機能···120
ステガノグラフィの原理···122
ステガノグラフィの技術要件·····································124
ステゴ鍵 stego key···121

402

ステゴ画像	113
ステゴテキスト	122
ステゴメディア stego media	109, 121
Stored Template 型	151
ストリーム暗号	20, 24
ストリーム暗号の安全性	31
スパイウェア	181
スパムボット	336
脆弱性	141, 173, 244
脆弱性の程度の評価	222
生体的特徴	61
静的解析	313
静的署名認証	140
精度保存性	142
性能評価(Performance)	154
声紋	139
声紋認識	139
セーフティ	328
責任追跡性(accountability)	3
セキュア実装	78
セキュアプロトコル	78
セキュリティ	116, 328
セキュリティ技術へのAI活用の例	204
セキュリティ対策方針	252
セキュリティ・バイ・デザイン	321
セキュリティ課題定義	251
セキュリティ機能コンポーネント	245, 247, 254
セキュリティ基本設計	249
セキュリティ機能要件	244, 253, 254
セキュリティターゲット(ST)	246
セキュリティ対策の十分性	243
セキュリティ対策の正確性	243
セキュリティ保証コンポーネント	245, 247, 258
セキュリティ保証要件	254
セクトラル方式	282
ゼロデイ攻撃	185
線形解読法	30
前提条件	251
潜伏機能	174
素因数分解問題(integer factoring problem：IF)	47
総当り攻撃	153
相互承認協定 CCRA	265
相互認証モデル(ブリッジモデル)	70
相互認証モデル(メッシュモデル)	69
操作モード	20, 23
組織の状況の確定	218

索引

組織のセキュリティ方針 …………………………………… 251
ソフトロー …………………………………………………… 270

た

対応策の検討 ………………………………………………… 223
対応策の評価 ………………………………………………… 224
第三者 ………………………………………………………… 279
第三者認証（certification） ………………………………… 60
第三者機関 …………………………………………………… 271
対象システムの意思決定時の利用 ………………………… 280
代替的 PET …………………………………………………… 288
耐タンパ性 …………………………………………………… 327
耐タンパ性の向上 …………………………………………… 96
タイプ I エラー（本人拒否率） …………………………… 152
タイプ II エラー（他人受入率） …………………………… 152
タイムスタンプ ………………………………………… 74, 311
耐量子計算機暗号 …………………………………………… 56
谷（Valley） ………………………………………………… 135
楕円曲線暗号 ………………………………………………… 47
多義性 ………………………………………………………… 271
多層防御（多重防御） …………………………………… 5, 179
他人受入誤差 ………………………………………………… 153
他人受入率 …………………………………………………… 153
多要素認証 …………………………………………………… 191
Check（点検） ……………………………………………… 214
知識 …………………………………………………………… 61
著作権の確認 ………………………………………………… 111
著作権の問合せ ……………………………………………… 111
追跡（Tracking） …………………………………………… 159
通信の秘密 …………………………………………………… 353
つながる世界 ………………………………………………… 320
DFIR 活動 …………………………………………………… 314
DFA 攻撃（Differential Fault Analysis） ………………… 98
DMZ（非武装地帯：DeMilitarized Zone） ……………… 195
TLS（Transoport Layer Security）プロトコル ………… 72
Do（実施） …………………………………………………… 212
TOE 概要 …………………………………………………… 249
TOE 記述 …………………………………………………… 250
TOE のセキュリティ対策方針 …………………………… 252
DoS/DDoS 攻撃 …………………………………………… 183
TCP SYN Flood 攻撃 ……………………………………… 184
蹄状（loop） …………………………………………… 130, 135
Diffie-Hellman 鍵共有 …………………………………… 44, 81
データ攪拌部 ………………………………………………… 21
データ入力機能 ……………………………………………… 148

データのランダム化 21
データ保護指令 280
データ保護影響評価DPIA（Data Protection Impact Assessment） 281, 286
Detection and Analysis（検知・分析） 179
Davis-Mayer 構成方法 28
出口対策 8, 178
デジタルフォレンジック（Digital Forensics） 296
デジタル・フォレンジック研究会 302
デジタル署名 26, 48, 60, 62
デジタル証拠 302, 304, 307
手の甲（平）の静脈： 138
デューデリジェンス 280
点検委員会 288
電子計算機使用詐欺罪 355
電子計算機損壊等業務妨害罪 356
電子署名法 355
電子透かし（digital watermarking） 109
電子透かしの原理 113
電子透かしの技術要件 116
電磁的記録 296
電磁的記録毀棄罪 356
電磁的記録不正作出罪 354
電子投票 81, 90
電子認証 61
電子入札 81, 92
転置処理（permutation） 22
テンペスト（TEMPEST） 98
同一性認証 131
動的解析 313
動的署名認証 140
道徳（moral） 359
登録局（Registration Authority,RA） 66
登録データ保管機能 148
特徴抽出機能 148
特定個人情報保護評価 287
匿名加工情報 274
匿名化 289, 290
匿名化技術 289
独立性と公共性の程度 280
トラストアンカー 69
トレーサビリティ 11
トロイの木馬 181

な

内閣サイバーセキュリティセンター（NISC：National center of Incident readiness and Strategy for Cybersecurity） 201

索引

内部目的 …………………………………………………………… 226
匂い ………………………………………………………………… 139
認証 ……………………………………………………… 60, 132, 144, 159
認証機能 …………………………………………………………… 48
認証機関 …………………………………………………………… 264
認証局（CA：Certification Authority） ………………………… 56, 63, 65
認証局の階層構造 ………………………………………………… 67
認証実践規定（Certification Practice Statement、CPS） ……… 67
認証と識別 ………………………………………………………… 144
ネットワークセキュリティ ……………………………………… 193
ネットワークフォレンジック …………………………………… 304

は

バースデーパラドックス ………………………………………… 31
ハードウエア実装 ………………………………………………… 78, 95
ハードロー ………………………………………………………… 270
ハーフオープン …………………………………………………… 183
バイオメトリクス（biometrics） ………………………………… 130
バイオメトリック認証 …………………………………………… 141
バイオメトリック認証モデル …………………………………… 144, 146
バイオメトリック技術の標準化 ………………………………… 154
バイオメトリック認証処理 ……………………………………… 148
排他的論理和 ……………………………………………………… 20
パケット …………………………………………………………… 307
パスワードモデル ………………………………………………… 146
パスワード認証に対する攻撃 …………………………………… 190
パスワードリスト攻撃 …………………………………………… 190
発行局（Issuance Authority、IA） ……………………………… 66
ハッシュ関数 ……………………………………………………… 25, 49, 93
ハッシュ関数の安全性 …………………………………………… 31
発病機能 …………………………………………………………… 174
バッファオーバーフロー ………………………………………… 191, 192
ハニーポット ……………………………………………………… 335
番号法 ……………………………………………………………… 271, 287, 351
判定機能 …………………………………………………………… 148
万人不同 …………………………………………………………… 130
PII 管理者 ………………………………………………………… 279
PII 主体 …………………………………………………………… 278
PII 処理者 ………………………………………………………… 279
PIA 実施の準備 …………………………………………………… 285
PIA 評価の実施 …………………………………………………… 285
PIA 計画 …………………………………………………………… 280
PIA 評価 …………………………………………………………… 280
PIA 報告 …………………………………………………………… 280, 286
PDCA サイクル …………………………………………………… 211, 275

406

索引

BB84プロトコル ……………………………………………… 57
ピクセル値変更方式 …………………………………………… 113
非形式的アプローチ …………………………………………… 225
秘匿通信 ………………………………………………… 108, 121
ビッグデータ …………………………………………………… 164
否認防止（non-repudiation） ………………………………… 3
秘密計算 ………………………………………………………… 291
秘密分散方式 …………………………………………………… 291
評価機関 ………………………………………………………… 264
評価者アクションエレメント ………………………………… 258
評価準備 ………………………………………………………… 285
評価保証レベル（EAL：Evaluation Assurance Level） … 245, 254, 262
表層解析 ………………………………………………………… 312
標的型攻撃 …………………………………………………… 5, 185
品質保証（Assurance） ……………………………………… 154
ファイアウォール ……………………………………………… 195
ファイルシステム ……………………………………………… 310
ファストフォレンジック ……………………………… 303, 307
ファミリ ………………………………………………………… 254
Fiat-Shamir認証 ………………………………………………… 52
V字開発モデル ………………………………………………… 329
Feistel構造 ……………………………………………………… 21
フォレンジック ………………………………………………… 303
フォレンジックプロセス ……………………………………… 301
復元困難性 ……………………………………………………… 142
復号 ……………………………………………………………… 20
復号化鍵 ………………………………………………………… 18
復号化関数 ……………………………………………………… 20
不正アクセス ………………………………………… 172, 174, 183
不正アクセス禁止法 …………………………………………… 352
不正競争防止法 ………………………………………………… 353
不正コピー元の特定 …………………………………………… 111
不正侵入検知システムIDS（Intrusion Detection System） … 8, 196
不正侵入防止システムIPS（Intrusion Prevention System） … 8, 196
普遍性（universality） ………………………………………… 130
プライバシー …………………………………………………… 270
プライバシー影響評価（Privacy Impact Assessment） … 277, 279, 283
プライバシー課題 ……………………………………………… 166
プライバシー強化技術 ………………………………………… 288
プライバシー権 ………………………………………………… 354
プライバシーコミッショナー制度 …………………………… 271
プライバシー11原則 …………………………………………… 277
プライバシーとしてのバイオメトリクス …………………… 141
プライバシー・バイ・デザイン（Privacy by Design） … 280, 282, 288
プライバシーフレームワーク ………………………………… 277
プライバシー保護技術 ………………………………………… 288

407

索引

プライバシー保護強化技術（privacy enhanching technologies）	288
プライバシーマーク制度	275
ブラインド署名	90
Plan（計画）	212
Preparation（準備）	179
ブルートフォース（Brute-force）攻撃	190
フレームワーク・コア	176
フレームワーク・プロファイル	177
フロー	308
ブロック暗号	20
ブロック暗号の安全性	30
プロテクションプロファイル（PP）	246
分岐点（Bifurcation）	135
文書等毀棄罪（電磁的記録毀棄罪）	356
平均攻撃空間	153
平文	20
ベースラインアプローチ	224
ペリメータセキュリティ	193
ヘンリーフォールズ	131
法	350
法科学	296
法律	350
補完的PET	288
保証型監査	226
ホスト型	198
Post-Incident Activity（事件発生後の対応）	179
ボット	181
ボットネット	333
保有個人データ	273
ボラタイル（volatailes）	139
本人が持つ知識による認証（I know）	132
本人拒否誤差	153
本人拒否率	153
本人認証	131
本人の所有物による認証（I have）	132
本人の身体的・行動的特徴による認証（I am）	132

ま

マイナンバー	274, 287
マスターファイルテーブル（MFT）	311
マニューシャ：Minutia	135
マネジメント基準	227
マルウェア（Malicious Software）	174, 179
マルウェア解析	299, 312
マルウェアの検出技術	182

マルチステークホルダーエンゲージメント	283
マルチモーダル バイオメトリクス	143
マルチモーダルバイオメトリック認証	143
民法 709 条	354
無名化	289, 290
メタデータ	311
メッセージ認証	26
メッセージ認証子	28
メディアの劣化防止	116
メディア処理への耐性	116
網膜血管	137
文字列対応テーブル	123
モニタリング及びレビュー	219
モノのインターネット	320
モラル	360

や

唯一性（uniqueness）	130
有意性検定法	152
Euclid の互除法	46
ユーザ利便性	96, 100
UTM（統合脅威監視：Unified Threat Management）	199
指静脈.	138
指静脈パターン認証技術	138
要配慮個人情報	11, 270, 274
横展開	310
予備評価	285
4G	323

ら

ラウンド関数	21
離散対数問題	44, 47
リスクアセスメント	218
リスク基準	222
リスク源	220
リスク対応	219, 222
リスク特定	220
リスクの算定	222
リスク評価	222, 343
リスク分析	221, 285
リスクマネジメントプロセス	218
リバースブルートフォース攻撃	190
リポジトリ（Repository）	66
隆線（Ridge）	135
隆線の端点（Ridge Ending）	135

索引

流動性	271
量子計算機	56
倫理	359, 360
倫理教育	361
ルート認証局	67

わ

ワーム（computer worm）	174, 181
ワンタイムパッド（One-time Pad）	24

アルファベット

A

authentication	60
Act	214
AES（Advanced Encryption Standard）	21
AFIS	145
AI	164
AIC	205
All On Card（AOC）	151

B

Bluetooth	326
BrickerBot	335
Busybox	326

C

CAN	325
CC（Common Criteria）	242, 245
CC Part2	254
CC Part3	258
CCRA（Common Criteria Recognition Arrangement）	265
CEM（Common Methodology for Information Technology Security）	247
Censys	332
Chain of Custody	296, 302
Check	214
CIA	205
Common Criteria	264
Connected Industries	324
CPO（Chief Privacy Officer）	287
CPS	324
CRYPTREC	33
CSIRT（Computer Security Incident Response Team）	298, 314
CVE（Common Vulnerabilities and Exposures）	193

索引

D

DDoS ··· 333
DES（Data Encryption Standard） ····························· 18
DFIR（Digital Forensics and Incident Response） ········· 304
DLP（Data Loss Prevention） ···································· 199
DNA ·· 139
DNT（Do Not Track） ·· 282
DOM Based XSS ··· 189

E

EAL：Evaluation Assurance Level ································ 245
ECRYPT（European Network of Excellence for Cryptology） ······ 34
ECU（Engine Control Unit） ····································· 321
Embedded Process 型 ·· 151

F

FAR（False Acceptance Rate） ·································· 153
FIDO（First IDentity Online） ······················· 133, 141, 166
FIPS140-2 ·· 101
Forensic ·· 296
FRR（False Reject Rate） ·· 153

H

Hajime ·· 335
HMAC ·· 29

I

ICO（Information Commissioner's Office） ············· 286
identification ······························· 60, 132, 144, 145, 159
IDS/IPS ·· 196
IDS（Intrusion Detection System） ·························· 196
IETF ··· 63
Industries4.0 ··· 323
Industrial Internet ··· 324
IoT（Internet of things） ····························· 164, 165, 202, 320
IPsec ·· 81, 87
ISMS（Information Security Management System） ····· 210
ISO 22307 ·· 277, 279, 280
ISO 31000 ·· 218, 277
ISO/IEC 15408 ·· 242, 264, 277
ISO/IEC 19592-2:2017 ·· 291
ISO/IEC 19790 ·· 103
ISO/IEC 27000 ··· 210

411

ISO/IEC 27001 ·· 214
ISO/IEC 27001（JIS Q 27001） ·· 231
ISO/IEC 27002（JIS Q 27002） ·· 231
ISO/IEC 29100 ·· 277
ISO/IEC 29101 ·· 277
ISO/IEC 29134 ·· 280

J

J-BIS（Japan Biometrics Identification System） ······························ 161
JCMVP（Japan CMVP） ·· 102
JCMVP：Japan Cryptgraphic Module Validation Program ··············· 265
JIS Q 15001 ·· 277
JIS Q 15001:2017 ··· 274
JIS Q 27000 ·· 210
JIS Q 27001 ··· 214, 231
JIS Q 27002 ··· 213, 231
JIS Q 31000 ·· 218
JISEC：Japan Information Technology Security Evaluation and Certification Scheme ··· 264
JIS X 9250 ·· 277

L

LPWA ··· 323

M

M2M（Machine to Machine） ··· 321
MAC：Message Authentication Code ·· 29
Mach On Card（MOC） ··· 151
Mirai ·· 333

N

NIST SP 800-61 ·· 6, 299
NIST SP 800-86 ··· 296, 301
NVD（National Vulnerability Database） ······································ 193

O

OEM ··· 334
Okiru ·· 335
OTA ·· 345

P

P2P ··· 335
PDoS ·· 336
PERSIRAI ·· 333

PET ··· 288
PKI (Public Key Infrastructure) ··· 56, 62

R

Reaper ··· 334
Reflected XSS：HTTP ··· 189
RS-232C ··· 325
RS-485 ··· 325
RSA-OAEP ··· 54

S

S-box ··· 22
Satori ··· 335
SHODAN ··· 332
Shor's algorithm ··· 56
SHS (Secure Hash Standard、FIPS180-1) ··· 28
SIEM (Security Information and Event Management) ··· 199, 200
Society5.0 ··· 324
SoS (System of Systems) ··· 320, 330
SPI ··· 325
SSL/TLS ··· 81, 83
Store On Card (SOC) ··· 151
Stored/Persistent XSS ··· 189

T

TOE (Target of Evaluation) ··· 245, 251

U

UART ··· 325
UPnP ··· 345
UTM ··· 199

V

verification ··· 132, 144, 159

W

WAF (Web Application Firewall) ··· 198
Wi-Fi ··· 326

Z

ZigBee ··· 326
Z-Wave ··· 326

筆者紹介

瀬戸洋一（1章、5章、7章、14章2節）
1979年慶応義塾大学大学院修士課程修了（電気工学専攻）、同年日立製作所入社、システム開発研究所にて、画像処理、情報セキュリティの研究に従事。2006年より現在まで、公立大学法人首都大学東京産業技術大学院大学　教授。情報セキュリティ、プライバシー保護技術の教育研究に従事。工学博士（慶大）、技術士（情報工学）、情報処理安全確保支援士。2009年電子情報通信学会功労顕彰を受賞、2010年経済産業省産業技術環境局長賞を受賞、著書「バイオメトリックセキュリティ」「実践的プライバシーリスク評価技法」等多数。

佐藤尚宜（2章、3章、4章）
1996年九州大学大学院数理学研究科博士課程修了、同年数理学博士（九州大学）。1999年日立製作所へ入社、システム開発研究所にて暗号と情報セキュリティに関する研究と開発に従事。主に公開鍵暗号の研究に携わり、公開鍵暗号や電子署名の実システムへの適用手法や、高機能暗号方式の開発、クラウドサービス化などを担当。

越前　功（6章）
1997年東京工業大学大学院理工学研究科修士課程修了（応用物理学）。日立製作所システム開発研究所を経て、現在、国立情報学研究所　副所長、同研究所　情報社会相関研究系　研究主幹・教授。2010年ドイツ・フライブルク大学客員教授、2011年ドイツ・マルティン・ルター大学客員教授、2017年より津田塾大学客員教授。2016年情報セキュリティ文化賞、2014年ドコモ・モバイル・サイエンス賞など受賞。博士（工学）（東京工業大学）。

中田亮太郎（8章）
2018年産業技術大学院大学修士課程修了（情報アーキテクチャ専攻）、同年情報セキュリティ大学院大学情報セキュリティ研究科博士後期課程入学（在学中）。昭和女子大学にて従事しながら情報セキュリティの研究や人材育成についての活動を行う。JASA情報セキュリティ内部監査人。私立大学情報教育協会情報セキュリティ講習会運営委員。情報システム学修士（専門職）。

織茂昌之（9章、10章）
1981年京都大学大学院修士課程修了（精密工学）。同年㈱日立製作所入社。同社システム開発研究所にて、自律分散システム技術、セキュリティシステム技術等の研究開発に従事。2000年より、同社情報・通信グループにて、ISMS構築支援やISO15408設計支援等のセキュリティコンサルテーション業務に従事。2009年より、同社HIRT（Hitachi Incident Response Team）センタにて社内セキュリティ業務に従事。2015年より現在まで、国立大

学法人筑波大学　教授、情報セキュリティリスク管理室長。工学博士（京都大学）。

長谷川久美（11 章）
　1999 年津田塾大学学芸学部国際関係学科卒業、同年㈱東芝 OA コンサルタント入社、以来、主に情報セキュリティ、ネットワーク、システム導入・操作支援研修の企画、開発、担当に従事。2018 年産業技術大学院大学　修士課程修了（情報アーキテクチャ専攻）。情報処理安全確保支援士、情報処理技術者（ネットワークスペシャリスト）、JASA 情報セキュリティ内部監査人。情報システム学修士（専門職）。

渡辺慎太郎（12 章）
　2002 年一橋大学経済学部卒業、2013 年産業技術大学院大学修士課程修了（情報アーキテクチャ専攻）。株式会社ジュピターテレコム（J:COM）サイバーセキュリティ推進部マネージャーとして、セキュリティ戦略および CSIRT 業務に従事。主たる保有資格に CISA、CISSP、GCFA、GCIH、情報処理安全確保支援士、IT ストラテジスト、システム監査技術者など。産業技術大学院大学認定登録講師。情報システム学修士（専門職）。

小檜山智久（13 章）
　1984 年東京理科大学大学院理工学研究科修士課程修了（電気工学専攻）。同年日立製作所入社、マイクロエレクトロニクス機器開発研究所にて情報機器の開発に従事。日立アメリカ駐在などを経て 2003 年システム開発研究所 第 5 部 部長（分掌：ユビキタスセキュリティ）。2004 年本社コーポレートシニアスタッフとして全社シンクライアントシステム立ち上げに従事。2013 年日立産機システムに転籍、現在 IoT 統括センタ IoT ソリューション部 部長。技術士（電気電子、情報工学、総合技術監理）。

村上康二郎（14 章 1 節）
　1998 年慶應義塾大学大学院法学研究科修士課程修了、2002 年同博士課程単位取得退学、2009 年情報セキュリティ大学院大学博士課程修了。東京工科大学メディア学部専任講師、同准教授を経て、現在、東京工科大学教養学環准教授。これまで、慶應義塾大学湘南藤沢キャンパス非常勤講師、経済産業省・総務省などの政府関係委員会の委員長・委員、情報ネットワーク法学会理事などを歴任。現在は、ISO/IEC JTC1 SC27/WG5 委員などを務める。著書「現代情報社会におけるプライバシー・個人情報の保護」（日本評論社、2017）他。博士（情報学）、修士（法学）。

改訂版
情報セキュリティ概論

2019年3月15日 改訂版初版第1刷発行

定　価：本体 4,000 円＋税　《検印省略》

　　　著　　者　　瀬　戸　洋　一　　佐　藤　尚　宜
　　　　　　　　　越　前　　　功　　中　田　亮太郎
　　　　　　　　　織　茂　昌　之　　長谷川　久　美
　　　　　　　　　渡　辺　慎太郎　　小　檜　山　智　久
　　　　　　　　　村　上　康　二　郎

　　発　行　人　　小　林　大　作
　　発　行　所　　日本工業出版株式会社
　　　　　　　　　https://www.nikko-pb.co.jp　e-mail: info@nikko-pb.co.jp
　　　　　　　　　本　　　　社　〒113-8610　東京都文京区本駒込6-3-26
　　　　　　　　　　　　　　　　TEL：03-3944-1181　FAX：03-3944-6826
　　　　　　　　　大阪営業所　〒541-0046　大阪市中央区平野町1-6-8
　　　　　　　　　　　　　　　　TEL：06-6202-8218　FAX：06-6202-8287
　　　　　　　　　振　　　替　00110-6-14874

　■乱丁本はお取替えいたします。　　　　　　　　　　© 日本工業出版株式会社 2019

ISBN978-4-8190-3103-5　C2055　　　¥4000E

NIKKO学DVD

サイバーセキュリティ入門講座
パート1：情報セキュリティの基礎
パート2：サイバー攻撃と防御

講師：瀬戸洋一・渡辺慎太郎（産業技術大学院大学）
発行：日本工業出版株式会社
講義時間180分（DVD2枚組）・テキスト付　　定価：50,000円＋税

FAX 03-3944-0389

フリーコール 0120-974-250

この講座は、実践的なサイバーセキュリティ技術の基本を学ぶ入門講座である。昨今、標的型攻撃やランサムウエア（身代金）攻撃の脅威が企業や役所に影響を与えている。このため、情報システムを開発あるいは運用管理する技術者は、情報漏えいなどサイバー攻撃の脅威から組織を守るためのスキルを身につけることを求められている。情報セキュリティの知識体系は、暗号など応用数学的な領域から法律、倫理および組織の内部統制、また、理論から実践的な技術領域までと非常に広い。したがって、実践的な技量を学ぶことは容易ではない。本教材は、基礎的であるが実践的な技量を身につけられるよう、2つのパート（情報セキュリティの基礎、サイバー攻撃と防御）構成とした。

◆講義目次

パート1：情報セキュリティの基礎
1. 社会情勢およびセキュリティ定義
2. 暗号と認証技術
3. フォレンジック
4. セキュリティ評価
5. 法と倫理

パート2：サイバー攻撃と防御
1. 標的型サイバー攻撃
2. サイバー防御の概要
3. 検知技法
4. 公開サーバーのセキュリティ
5. よりよい対策のために

日本工業出版㈱　販売課　〒113-8610東京都文京区本駒込6-3-26 TEL0120-974-250/FAX03-3944-0389
sale@nikko-pb.co.jp　http://www.nikko-pb.co.jp/

―切り取らずにこのままFAXしてください―
FAX03-3944-0389

ご氏名※						
ご住所※	〒				勤務先□	自宅□
勤務先		ご所属				
TEL※		FAX				
E-Mail		@				
セット数	定価50,000円（講義DVD2枚 約180分、教材1冊含む）＋税×　　セット＝ 教材追加1冊5,000円＋税×　　冊数＝					

※印は必須事項です。